全套管全回转灌注桩施工新技术

雷　斌　刘小敏　魏垂勇　张忠海　孔德健　主编

中国建筑工业出版社

图书在版编目 (CIP) 数据

全套管全回转灌注桩施工新技术 / 雷斌等主编.
北京：中国建筑工业出版社，2025.1. -- ISBN 978-7
-112-30608-4

Ⅰ. TU753.3

中国国家版本馆 CIP 数据核字第 2025KV9103 号

责任编辑：杨 允
责任校对：赵 力

全套管全回转灌注桩施工新技术

雷 斌 刘小敏 魏垂勇 张忠海 孔德健 主编

*

中国建筑工业出版社出版、发行（北京海淀三里河路 9 号）
各地新华书店、建筑书店经销
霸州市顺浩图文科技发展有限公司制版
三河市富华印刷包装有限公司印刷

*

开本：787 毫米×1092 毫米 1/16 印张：26 字数：644 千字
2025 年 1 月第一版 2025 年 1 月第一次印刷
定价：**88.00** 元
ISBN 978-7-112-30608-4
(43810)

本书编委会

主　编：

　　雷　斌　　刘小敏　　魏垂勇　　张忠海　　孔德健

副主编：

　　钱　昶　　廖启明　　梁尧祥　　王海荣　　徐景洪

参编人员：

　　陈　卫　　夏振涛　　程杰林　　张刚华　　王　刚　　曾纪红　　郭旭东

　　李树青　　童　心　　胡晓虎　　李欣霖　　薛　蕊　　冯栋栋　　李景峰

　　李　波　　徐成斌　　王志权　　黄　凯　　赵建国　　尚增弟　　李洪勋

　　莫森升　　雷　帆　　王　通

参编单位：

　　深圳市工勘岩土集团有限公司

　　徐州景安重工机械制造有限公司

　　杭州南坤建设有限公司

　　深圳市金刚钻机械工程有限公司

　　徐州徐工基础工程机械有限公司

　　江苏铿博重工有限公司

　　上海韧高科技有限公司

　　深圳市宏建基础工程有限公司

　　武汉鑫地岩土工程技术有限公司

　　宇通重型装备有限公司

　　五广（上海）基础工程有限公司

　　深圳市工勘基础工程有限公司

　　深圳市工勘建设集团有限公司

　　深圳市鸿宇建筑服务有限公司

前　言

　　全套管全回转钻机是德国、日本在 20 世纪 80 年代中期，在整体式搓管机的基础上相继开发推出的新型全套管施工设备，该设备主要适用于地下障碍物（包括废旧混凝土预制桩、灌注桩、钢管桩、钢板桩、承台基础等）清除，以及复杂破碎填石地层、沿海滩涂淤泥层、地下水丰富的砂卵砾石层、岩溶发育地层灌注桩钻进成孔，钻进时通过回转机构的楔形夹紧装置固定钢套管，动力装置对钢套管施加扭矩和垂直荷载，驱动钢套管 360°回转，同时底节套管高强合金刀头对地层进行切削，并配合冲抓斗在套管内取土，使套管在地层中钻进下沉，实现套管护壁钻进，具有适用地层广泛、成孔质量可靠、施工绿色环保等特点。国内自 20 世纪 90 年代开始引进全套管全回转施工工法，用于桥梁和铁路基础工程建设，在东南沿海地区有所应用，随后在青藏铁路、北京外环高架和地铁施工中投入使用，综合施工效率较同等地质条件下其他施工工艺有很大提高，成桩质量得到显著提升，充分显示了这种工法的科学性和先进性。2004 年，上海引进了 2 台日本车辆生产的全套管全回转钻机，用于地铁 4 号线坍塌事故的工程修复，取得了良好的效果，是国内应用全套管全回转钻机进行大型事故抢险的成功案例。全套管全回转钻机属装备制造业中的大型桩基础施工装备，对于重大路桥建设项目的基础施工具有关键支撑作用，特别是国家"十一五"期间（2006—2010 年），高速铁路网和高速公路网建设等重大基础建设项目更是需要大规模地采用全套管全回转钻机。而在 2011 年之前，全套管全回转钻机只在德国和日本等少数国家生产，当时我国还未对该钻机进行研发，国内进口的同类设备仅数十台，而且大部分是二手设备，远远不能满足基础建设需求。2011 年我国开始研制全套管全回转钻机，此后研发的系列设备在国内外得到了广泛应用，经过十多年广大桩工机械科研人员的技术创新，已经形成了桩径从 800～3200mm 的各种系列品牌全套管全回转钻机的整机设计和制造能力，各型设备在我国大型、重点工程基础建设中发挥了关键作用，完成了贵阳龙洞堡国际机场 T3 航站楼 B3 区位、澳凼第四跨海大桥主桥墩、横琴口岸及综合交通枢纽开发工程（莲花大桥改造入境匝道、出入境匝道连接桥、既有桥墩加固）桩基础工程、深圳市城市轨道交通 14 号线布吉站基坑支护等项目施工，与设备配套的施工技术已达到国际领先水平。

　　在我国全套管全回转设备不断创新发展的同时，国内基础行业涌现出了一批承担全套管全回转灌注桩施工的专业队伍，培养了一批具有丰富现场施工管理经验的专业技术人员，形成了系统、完整、先进、可靠的全套管全回转钻进成桩施工技术，总结出系列的全套管全回转施工应用成果，编制的《全套管全回转灌注桩施工技术标准》T/ASC 45—2023（简称《标准》），经中国建筑学会批准已于 2024 年 2 月 1 日起实施。为更好地配合《标准》的使用，更广泛地推广全套管全回转钻进成桩新技术，特此编著本书与《标准》配套使用。

本著作共包括9章，前8章的每一节均涉及一个领域的应用技术，每节从背景现状、工艺特点、适用范围、工艺原理、工艺流程、工序操作要点、机械设备配置、质量控制、安全措施等方面予以综合阐述。第1章介绍全套管全回转灌注桩施工新技术，包括全套管全回转灌注桩套管内气举反循环清孔、复杂条件下深长嵌岩桩全套管全回转与液压反循环钻进成桩、旋挖与全套管全回转钻机组合装配式钢结构平台钻进技术；第2章介绍岩溶区全套管全回转成桩新技术，包括岩溶区大直径超长桩全套管全回转双套管变截面综合成桩、无充填溶洞全回转钻进灌注桩钢筋笼双套网成桩等技术；第3章介绍全套管全回转、旋挖、RCD成套钻进成桩新技术，包括海上百米嵌岩桩全套管全回转与旋挖/RCD钻机组合成桩、深厚填海区硬岩全套管全回转与RCD滚刀钻扩成桩、填海区深长大直径斜岩面桩全套管全回转/RCD及搓管机成套组合钻进成桩等技术；第4章介绍低净空全套管全回转桩施工新技术，包括基坑底支撑梁下低净空全套管全回转灌注桩综合成桩、复杂地层深基坑栈桥板区支撑梁底低净空灌注桩综合成桩、高铁桥下5m超低净空盾构穿越区隔离灌注桩组合成桩等技术；第5章介绍全套管全回转与潜孔锤组合施工新技术，包括限高区基坑咬合桩硬岩全回转与潜孔锤组合钻进、海堤填石层钢管桩潜孔锤阵列引孔与全套管全回转双护筒定位成桩等技术；第6章介绍拔桩清障施工新技术，包括全套管全回转钻机旧桩无损拔除技术、旧桩拔除及新桩原位复建成套施工、高架桥下盾构穿越区低净空废旧灌注桩清除及桥基保护综合施工等技术；第7章介绍全套管全回转钢管结构柱后插定位新技术，包括逆作后插法钢管柱旋挖与全套管全回转组合"三线一角"综合定位、逆作法"旋挖＋全套管全回转"钢管柱后插定位施工、基坑钢管结构柱定位环板后插定位施工等技术；第8章介绍全套管全回转钢管结构柱先插定位新技术，包括逆作法钢管柱先插法工具柱定位/泄压/拆卸施工、大直径嵌岩逆作先插钢管支承桩柱全套管全回转与旋挖/RCD钻机组合成桩定位、逆作法旋挖扩底与先插钢管柱全套管全回转定位、逆作法钢管柱全套管全回转定位钢管柱与孔壁间隙双料斗对称回填等技术；第9章介绍全套管全回转设备与机具，包括全套管全回转钻机、套管、冲抓斗、楔形钎锤、冲锤等。

本书由深圳市工勘岩土集团有限公司雷斌策划，并由编委会成员共同编著完成。在编著过程中，得到了参编人员及所在单位的大力支持和协助，在此表示衷心感谢。我们也期待您在使用过程中，不断提出宝贵的意见和建议，共同推动全套管全回转设备应用技术的进步。限于作者的水平和能力，书中难免存在疏漏和不妥之处，将以感激的心情诚恳接受批评和指正。

雷　斌
2024年6月于深圳工勘大厦

V

目　录

第 1 章　全套管全回转灌注桩施工新技术

1.1　全套管全回转灌注桩套管内气举反循环清孔技术

1.1.1　引言

全套管全回转钻机是一种可以驱动套管做 360°回转的全套管施工设备，已越来越广泛地用于复杂地层条件下的灌注桩施工。全套管全回转钻机在作业时，在自身回转装置产生的下压力和扭矩的作用下驱动钢套管转动，并利用底节钢套管高强刀头对土体、岩层的切削作用，边回转套管边压入钢套管，同时利用冲抓斗挖掘取土，直至套管下沉至桩端持力层；在钻进至满足设计要求后，用捞渣斗清除孔内虚土，使沉渣厚度满足设计要求；终孔确认后，吊放钢筋笼、灌注导管，灌注前再次测量孔底沉渣，沉渣厚度满足要求后，边灌注桩身混凝土、边起拔套管，直至桩顶超灌高度满足要求。

在地下水不丰富地层使用全套管全回转钻机主要采用干孔钻进，使用捞渣斗将孔底沉渣清除。但当处于地下水丰富地层时，套管内泥浆使得采用捞渣斗清孔较困难，尤其当套管底部未完全跟进至孔底时，会出现清渣时间较长，或难以满足设计对沉渣厚度的要求。在灌注混凝土前，如孔底沉渣厚度超标，则需要采取气举反循环进行二次循环清孔。但由于全套管全回转钻机操作平台高出地面 3.5m 左右，现场采用套管内泥浆气举反循环清孔操作，循环管路布设较为复杂，还需要布设泥浆循环系统、空压机等，现场安装时间长，辅助机具多，大大影响施工效率。

深圳市龙岗区新霖荟邑项目桩基础工程场地处于岩溶发育区，采用全套管全回转钻机施工，针对上述问题，综合项目实际条件及施工特点，项目组开展"全套管全回转灌注桩套管内气举反循环清孔施工技术"研究，采用在套管内气举反循环清渣桶一次清孔、清渣头悬浮沉渣二次清孔，达到了清孔便利、操作简单、清孔速度快、成桩质量好的效果，并形成了施工新技术，取得显著的社会效益和经济效益，实现了质量保证、经济便捷、安全可靠的目标。

1.1.2　工程实例

1. 工程概况

新霖荟邑项目位于深圳市龙岗区仙田路与新城路交会处东北侧，项目占地面积约 33200m^2，拟建 5 栋高 90.1m 的住宅楼、1 栋高 87.2m、1 栋高 87.2m 的住宅楼、1 处高 14.65m 的幼儿园及高 5.09～8.00m 附属裙楼，地下室为 2 层。桩基工程设计采用灌注桩，桩型为端承桩，桩数 580 根，桩径为 1.0m，设计桩身混凝土强度等级为 C35。

2. 地层分布

地质勘察资料显示，该场区自上而下主要分布填土层、粉质黏土、含砂粉质黏土，场地内下伏基岩为白云质灰岩，岩溶较发育，钻孔溶洞见洞率 66.7%，以单层、多层串珠溶洞分布，洞高最大 8.80m；灰岩面起伏较大，相邻钻孔间基岩高差大于 5m。

3. 施工情况

本项目前期对灌注桩施工工艺做了充分的市场调研和技术论证，最终选择采用旋挖和全套管全回转钻进工艺施工。本项目灌注桩施工采取的工艺技术措施主要包括：

（1）旋挖钻进主要针对溶洞不发育（洞高 2～3m）的桩孔，开动 3 台旋挖钻机，共完成 382 根桩；全套管全回转工艺主要针对施工溶洞发育地层（洞高大于 3m）的桩孔施工，开动 4 台全套管全回转钻机，共完成 198 根溶洞桩施工。

（2）在溶洞集中分布、埋藏深、多层串珠、无充填的片区，采用全套管全回转钻进工艺，在套管进入溶洞后往套管内注入水泥浆，再慢慢起拔套管，使水泥浆在全套管全回转钻机高水头压力下渗入各层溶洞中，静置 10d 左右再行钻进施工，这种预处理措施减小了后期溶洞处理的难度，达到了一定程度的充填效果。

（3）旋挖钻机遇特殊溶洞分布的桩孔，尤其在溶洞段出现塌孔、缩径等造成无法成孔的情况时，则改用全套管全回转工艺施工；全套管全回转钻进时，遇到极硬岩穿越困难时，改用旋挖钻机凿穿硬岩；项目施工过程中，多次使用上述办法，顺利完成部分困难桩孔的钻进，这种全套管、旋挖钻机优势互补的钻进工艺提高了施工工效。

（4）对于采用全套管全回转钻进施工的桩孔，采用清渣桶一次捞渣清孔、清渣头二次悬浮沉渣清孔方法，确保了清孔效果，孔底沉渣厚度完全满足设计要求，使成桩质量得到有效保证。

（5）对于溶洞段灌注桩身混凝土，对钢筋笼包制单层或双层密目钢丝网和尼龙网，以及控制混凝土灌注速度等多重保护和工艺措施，使溶洞发育桩孔的混凝土充盈系数得到有效控制。

（6）桩基工程于 2019 年 10 月 8 日开始正式施工，于 2020 年 1 月 18 日完成桩基施工，比合同工期提前 48d。

现场全套管全回转钻进施工见图 1.1-1，一次清孔清渣桶见图 1.1-2，二次清孔清渣

图 1.1-1　全套管全回转配合冲抓斗钻进

头见图 1.1-3，技术人员现场研发活动见图 1.1-4。

图 1.1-2 一次清孔清渣桶

图 1.1-3 二次清孔清渣头

图 1.1-4 技术人员现场研发活动

4. 桩基检测情况

基坑开挖后，采用抽芯、低应变、静载荷试验等检测方法对灌注桩进行了现场检测，桩身完整性、孔底沉渣、混凝土强度、桩身承载力等全部满足设计及规范要求。

1.1.3 工艺特点

1. 清孔操作便捷

本工艺采用的一次清孔清渣桶和二次清孔清渣头，根据全套管全回转灌注桩施工特点制作，体积小、重量轻，只需与空压机风管连接，安装便捷；使用时采用吊装作业，安放和倒渣方便。

2. 沉渣清理可靠

本工艺在套管内采用清渣桶实施气举反循环清渣，空压机产生的高风压能将孔底沉渣反复循环，并集纳在清渣桶内不断排出，可确保一次清孔的效果；当孔内安放钢筋笼和灌注导管后，如果孔底沉渣超标，则采用清渣头通过高风压将孔底沉渣悬浮，并迅速灌注桩身混凝土，可确保桩底沉渣满足设计和规范要求。

3. 降低施工成本

本工艺采用清渣桶一次清孔，利用清渣头二次悬浮孔底沉渣，清孔设备制作经济，操作中不使用大型的清孔机械设备，施工过程中产生的泥浆量少，清孔时间短，且清渣桶、清渣头可重复使用，总体施工综合成本低。

4. 利于文明施工

本工艺通过套管气举内循环清孔，清出的泥渣堆放在指定位置，与传统气举反循环清孔工艺相比，清渣量大大减少，且可避免挖设大型的泥浆循环系统，为现场文明施工提供了良好条件。

1.1.4　适用范围

适用于全套管全回转灌注桩一次清孔、二次清孔，以及采用旋挖钻机、冲孔钻机、回转钻机施工的灌注桩清孔。

1.1.5　工艺原理

本工艺在常规气举反循环清孔原理的基础上，提出了一种在套管内进行气举反循环清渣桶一次清孔、清渣头悬浮沉渣二次清孔的方法，保证了清孔质量。

1. 套管内气举反循环清渣桶一次清孔

1）工艺原理

本工艺所述的一次清孔在全套管全回转钻机钻进至设计深度后进行，清孔时将接有高压风管的清渣桶吊入孔底上方附近，开启空压机，将高压空气送入孔底与孔底处的泥浆混合，其重度小于孔内泥浆的重度，产生套管内外泥浆重度差，在清渣桶底附近产生低压区，连续充气使内外压差不断增大。当达到一定的压力差后，气液混合体沿清渣桶与套管间的间隙上升流动，由于上返未形成封闭空间，在上返一定高度后气液失去进一步的上升动能，则下降至清渣桶内和孔底，部分沉渣积盛在清渣桶内，这样就形成了套管内气举反循环式清孔排渣方式。

孔内泥浆携带孔底沉渣在套管进行气举反循环，沉渣不断落入清渣桶内盛存，气举反循环每次运行约 10～15min 后，再将清渣桶提出孔口倒渣；经过多次循环存渣、倒渣操作，直至将孔底沉渣清除干净。

清渣桶一次清孔工艺原理见图 1.1-5，气举反循环清渣桶一次清孔现场操作见图 1.1-6。

2）清渣桶结构

（1）清渣桶由铸钢制成，高度 1300mm、外径 900mm、桶壁厚 25mm，桶底设有两根钢制高风压管，两根气管与桶底孔口焊接。气举反循环清渣桶平视图和俯视图见图

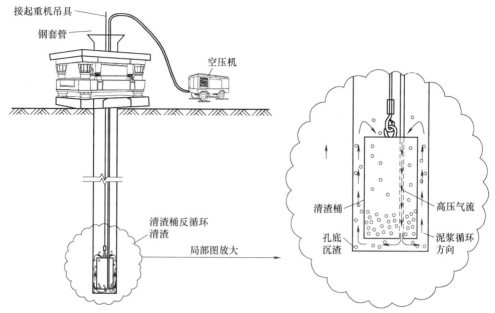

图 1.1-5　全套管全回转气举内循环清渣桶一次清孔工艺原理图

图 1.1-6　气举反循环清渣桶一次清孔现场操作

1.1-7，气举反循环清渣桶实物见图 1.1-8，清渣桶钢制气管与桶底焊接见图 1.1-9。

（2）将两根直径分别为 25mm、20mm 钢制高风压管与桶底对应大小的孔口焊接，两根高风管均高出桶身 20cm，高压风管在管口处设置与空压机气管连接的螺纹连接头。高压风管见图 1.1-10。

（3）在清渣桶桶口横梁处切割出一个圆孔，采用卸扣从孔内穿过与清渣桶连接在一起形成起吊环装置。清渣桶起吊环、起吊环连接钢丝绳起吊见图 1.1-11。

（4）在清渣桶桶身外侧壁焊接圆环，圆环外径为 6cm、内径为 3cm，圆环焊接位置在距桶底 20cm 左右，使用卸扣从圆孔中穿过形成倾吊环装置。使用倾吊环倾倒泥浆见图1.1-12。

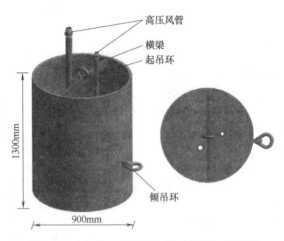

图 1.1-7　气举反循环清渣桶平视图和俯视图

图 1.1-8　气举反循环
清渣桶实物

图 1.1-9　清渣桶钢制气管
与桶底焊接

图 1.1-10　高压风管

图 1.1-11　清渣桶起吊环、起吊环连接钢丝绳起吊

图 1.1-12　使用倾吊环倾倒泥浆

2. 清渣头悬浮沉渣二次清孔

1）工艺原理

在钢筋笼、灌注导管安放就位后，在灌注混凝土前，再次测量孔底沉渣厚度，如测出沉渣厚度超过设计要求，则按规范要求进行二次清孔。本工艺所述的二次清孔方法，是将接有高压风管的清渣头通过灌注导管下至孔底附近，启动空压机形成套管内气举反循环（原理同上述一次清孔），高风压和上返泥浆将沉淀在孔底的沉渣冲击上返在套管内悬浮，当沉渣完全悬浮后，迅速灌注桩身混凝土成桩。

在采用清渣桶气举套管内循环一次清孔满足要求的情况下，二次清渣头的清孔主要是将孔底的沉渣通过气举循环方式，达到沉渣悬浮的效果，完全能满足施工技术要求。全套管全回转气举内循环清渣头悬浮沉渣二次清孔工艺原理见图 1.1-13。

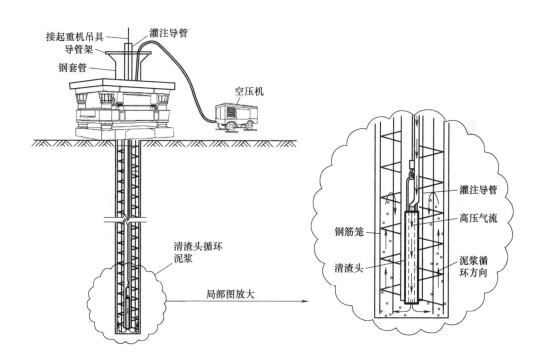

图 1.1-13　全套管全回转气举内循环清渣头悬浮沉渣二次清孔工艺原理图

2）清渣头结构

（1）清渣头由铸铁制成，为实体高度 1200mm、外径 180mm、壁厚 50mm 的中空结构，中空洞内径 80mm。

（2）顶部与高压气管接头焊接，中空洞作为风管的延续，将高风压送至孔底。

（3）顶部设起吊环。

气举内循环清渣头结构、实物及吊放见图 1.1-14～图 1.1-16。

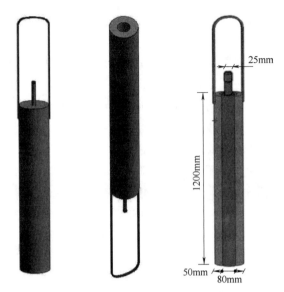

图 1.1-14　气举内循环清渣头结构图

图 1.1-15　气举内循环清渣头

图 1.1-16　清渣头吊放入
灌注导管

1.1.6　施工工艺流程

全套管全回转灌注桩套管气举内循环清孔施工工艺流程见图 1.1-17。

1.1.7　工序操作要点

1. 全套管全回转钻进

（1）采用景安重工 JAR260H 全套管全回转钻机与特制钢套管，套管直径 1000mm，配套 120 型履带起重机、220 型挖掘机等。全套管全回转钻机及配套设备见图 1.1-18，套管及合金管靴见图 1.1-19。

（2）使用全套管全回转钻机与专门配备的液压动力站，将带特制刀头钢套管回转切入，同时使用冲抓斗反复抓取全套管内的土进行取土；遇块石、孤石或硬质夹层时，使用十字冲锤冲碎孤石后，再使用冲抓斗进行抓取。冲抓斗取土见图 1.1-20、十字冲锤实物见图 1.1-21。

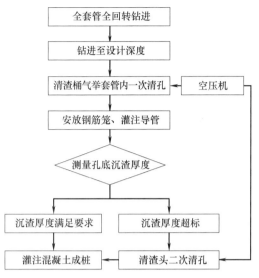

图 1.1-17　全套管全回转灌注桩套管气举内
循环清孔施工工艺流程图

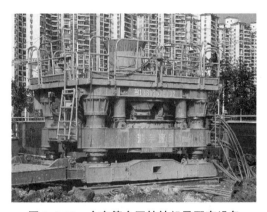

图 1.1-18　全套管全回转钻机及配套设备

图 1.1-19　套管及合金管靴

（3）抓斗取土时，套管超过成孔深度 2m 左右，当每节套管沉入桩孔内在钻机平台上剩余 50cm 时，及时接入下一节套管。套管孔口连接见图 1.1-22。

图 1.1-20　冲抓斗取土

图 1.1-21　十字冲锤

图 1.1-22　套管孔口连接

2. 钻进至设计深度

（1）使用冲抓斗反复取土，同步套管回转切削下沉，直至达到岩面。

（2）钻进至岩层后，采用十字冲锤对岩层进行冲碎后，使用冲抓斗抓取，岩样与勘察、设计、监理等单位进行持力层判定；在完成岩层判定后，继续十字冲锤破碎、抓斗捞渣，直至达到设计深度，并与监理、业主等进行终孔验收。

3. 清渣桶气举套管内一次清孔

（1）终孔验收后，对于孔底沉渣采用清渣桶捞渣法进行一次清孔。

（2）进行气举反循环清孔时，根据孔深、空压机容量选择清渣桶高压风管，当孔深小于 50m 时，选择清渣桶 20mm 高压风管；当孔深大于 50m，则选择清渣桶 25mm 高压风管。

（3）空压机气管与清渣桶高压风管连接完毕后，开启空压机，观察空压机气管有无渗漏、异常声响，若发生异常立即停机检查维修，若无异常将清渣桶吊入套管内。清渣桶高压风管与空压机气管连接见图 1.1-23，清渣桶与钢丝绳连接起吊见图 1.1-24。

（4）用起重机将清渣桶慢慢下放至套管内，先将清渣桶放至孔底，并记录入孔深度；再将清渣桶上提 50cm 左右，开始清渣。清渣桶吊放入孔见图 1.1-25。

图 1.1-23　清渣桶高压风管与空压机气管连接　　　图 1.1-24　清渣桶与钢丝绳连接起吊　　　图 1.1-25　清渣桶吊放入孔

（5）选用排气量 12.5m³/min、排气压力 1.0MPa 的 KSDY-12.5/10 空压机与清渣桶连接进行套管内循环；循环过程注意套管内循环情况，根据泥浆上返高度及时增大或减小气压，现场空压机见图 1.1-26。

（6）清渣桶进行清渣时，派专人观察套管内气举循环状况，当套管内泥浆较少时及时加清水入套管内，保持套管内泥浆液面位置不小于套管总长的 1/3，保证套管内正常循环；清渣桶气举反循环 10～15min 后，吊出清渣桶并倒出桶内沉渣。套管内气举反循环观察监控见图 1.1-27，清渣桶提升出孔口并吊至指定位置见图 1.1-28，倾倒清渣桶桶内沉渣见图 1.1-29。

图 1.1-26 现场空压机

图 1.1-27 套管内气举反循环观察监控

图 1.1-28 清渣桶提升出孔口并吊至指定位置

（7）倾倒沉渣完毕后，使用清水清洗清渣桶后再次吊入套管内，反复在套管内进行循环清渣，直至清渣桶内无沉渣时结束。清水清洗清渣桶见图 1.1-30。

图 1.1-29 倾倒清渣桶桶内沉渣

图 1.1-30 清洗清渣桶

4. 安放钢筋笼、灌注导管

（1）钢筋笼按设计要求制作，经监理工程师现场隐蔽验收合格后吊放入孔。

（2）钢筋笼使用起重机起吊，一次性垂直吊装到位，需接长的钢筋笼在全套管全回转钻机平台上进行对接，钢筋笼制作、吊装见图 1.1-31。

图 1.1-31　钢筋笼制作、吊装

图 1.1-32　灌注导管套管口安装

（3）钢筋笼安放完毕后，安放灌注导管，采用直径 300mm 导管，下放至距孔底 30～50cm 位置。灌注导管套管口安装见图 1.1-32。

5. 测量孔底沉渣厚度

（1）导管下放完毕，混凝土罐车到达现场后，再次采用测绳测量桩孔孔底沉渣厚度，确定是否满足设计要求。

（2）若沉渣厚度满足要求，上报监理下达灌注令；若沉渣厚度不满足要求，则进行二次清孔。

6. 清渣头气举导管内二次清孔

（1）孔底沉渣厚度不满足设计要求时，采用气举反循环清渣头对孔底沉渣进行二次清孔。

（2）操作时，将清渣头的高压风管口与空压机气管连接，采用起重机将清渣头放入灌注导管内，直至孔底位置，然后再上提 30～50cm。

（3）开启空压机，开始套管内泥浆气举反循环；泥浆循环过程中，派专人在操作平台上观察套管内泥浆循环情况；循环期间，上下移动清渣头的位置，确保清渣悬浮效果。

（4）在二次清孔 5～10min 后，关闭空压机，将测量绳放入孔底测量沉渣厚度，孔底沉渣厚度满足要求后，将清渣头吊出孔，并立即灌注混凝土。

清渣头安装见图 1.1-33，清渣头吊入灌注导管见图 1.1-34，清渣头循环完毕吊出导管见图 1.1-35。

图 1.1-33 清渣头安装

图 1.1-34 清渣头吊入灌注导管

图 1.1-35 清渣头吊出导管

7. 灌注混凝土

（1）孔底沉渣厚度满足要求后，快速完成孔口灌注斗安装，立即开始灌注混凝土，最大限度地缩短准备时间。

（2）采用强度等级 C35 商品混凝土进行水下灌注。

（3）灌注混凝土采用料斗吊灌，初灌斗容量为 $3m^3$，保证初灌混凝土面上升高度超过导管底部 0.5m 以上。灌注桩身混凝土见图 1.1-36。

（4）混凝土灌注时，在每辆混凝土罐车卸料完毕后，对桩孔内混凝土面上升高度进行测量，根据埋管深度及时拆管，确保灌注时导管埋深。由于本项目处于岩溶发育区，套管最下端在混凝土面以下不少于 8m，避免混凝土在溶洞段渗漏而造成孔内灌注事故。

图 1.1-36 灌注桩身混凝土

1.1.8 机械设备配置

本工艺现场施工所涉及的主要机械设备见表 1.1-1。

主要机械设备配置表　　　　　　表 1.1-1

名称	型号	备注
全套管全回转钻机	JAR260H	灌注桩成孔
履带起重机	120 型	配合全套管全回转钻机成孔、清渣、灌注混凝土

名称	型号	备注
挖掘机	220 型	转运成孔渣土
空压机	KSDY-12.5/10	配合清渣桶、清渣头在套管内清渣
冲抓斗	HT600	抓取套管内桩土
清渣桶	直径 900mm	捞取套管内虚土
清渣头	外径 180mm	二次反循环清渣
十字冲锤	直径 600mm	冲碎、硬岩

1.1.9　质量控制

1. 全套管全回转钻机成孔

（1）由专职测量人员测放桩位中心点，吊放全套管全回转钻机并对准桩中心点后，再次进行桩位复核。

（2）全套管全回转钻机施工时，采用自动调节装置调整钻机水平，并在钻机旁边安置铅垂线或经纬仪随时进行套管垂直度校正，保证成孔垂直度满足设计要求。

（3）全套管全回转成孔时，由专人记录成孔深度，并根据深度及时连接下一节套管，保证套管深度比当前成孔深度超前 2m。

（4）护壁钢套管接长时，采用螺栓连接，连接采用初拧、复拧，保证连接紧固。

（5）遇块石、孤石时，采用十字冲锤破碎后再使用冲抓斗抓取。

2. 清渣桶套管内一次清孔

（1）清渣桶在套管内清孔时，由专人监控，根据套管内反循环上升情况，及时调整气压大小。

（2）套管内泥浆较少时，及时加清水入套管内，保证套管内正常进行循环。

（3）清渣桶在套管内循环 10～15min 后将清渣桶吊出，并将清渣桶内的沉渣倒出，并用清水将清渣桶清洗干净。

（4）清渣桶套管内多次循环清渣、倒渣，直至倒出无沉渣后，再进行下一道工序。

3. 清渣头套管内二次清孔

（1）清渣头高压气管连接空压机气管后开启空压机，观察空压机气管有无渗漏、异常声响，无异常方可将清渣桶吊入套管内进行清孔。

（2）清渣头进行循环过程中，上下移动清渣头的位置，确保孔底悬渣效果。

（3）清渣头反循环 5～10min 后，关闭空压机，吊出清渣头，再次测量孔底沉渣厚度，沉渣厚度满足要求后，立即灌注混凝土。

1.1.10　安全措施

1. 全套管全回转钻机钻进

（1）履带起重机、全套管全回转钻机由持证专业人员操作。

（2）履带起重机施工时，严禁无关人员进入履带起重机施工半径内。

（3）起吊钢套管时，派司索工现场指挥；冲抓斗使用前，检查其完好状况。

（4）全套管全回转钻机作业平台上，设置安全护栏，确保平台上作业人员的安全。

（5）每天班前对冲抓斗配置的钢丝绳进行检查，对不合格钢丝绳及时进行更换。

2. 清孔作业

（1）清孔时，合理选用空压机，确保清孔效果。

（2）空压机由专业人员现场操作。

（3）每次使用空压机进行清孔前，对空压机气管进行漏气检查，对有漏气现象的气管进行更换，更换过后再次检查有无漏气现象。

1.2 复杂条件下深长嵌岩桩全套管全回转与液压反循环钻进成桩技术

1.2.1 引言

在滨海滩涂、人工填海造地或深厚淤泥、砂层，且周边环境存在建（构）筑物、桥梁等复杂条件施工大直径深长嵌岩灌注桩时，常出现塌孔、缩颈、灌注混凝土充盈系数超大等一系列技术难题。为了更有效、快速、安全地在以上复杂条件下进行灌注桩施工，通常情况下会采用振动锤下入深长套管隔离不良地层，并采用旋挖钻机凿岩钻进的技术措施。但由于振动锤在沉拔钢套管的激振力、旋挖嵌岩时的机械振动，均对场地地基及周边环境造成较大的不利影响。

2020 年 6 月，"横琴口岸及综合交通枢纽开发工程-市政配套工程（莲花大桥改造入境匝道、出入境匝道连接桥、既有桥墩加固）桩基础工程"开工，该项目为莲花大桥珠海桥口处的匝道桥梁的部分改造工程。项目新建莲花大桥入境匝道桥梁总长 754m，共计 26 跨，桥墩采用独柱墩加小盖梁形式，桩基设计采用钻孔灌注桩，为 2 根 $\phi1.8$m 或 2 根 $\phi2.0$m 灌注桩，灌注 C45 水下混凝土，桩端持力层为中风化或微风化岩层，其中 $\phi1.8$m 桩进入持力层不小于 3.6m、$\phi2.0$m 桩进入持力层不小于 4.0m，平均桩长 77.5m（桩成孔深度超过既有桥桩底）。

场地原始地貌单元属滨海滩涂地貌，原地势低洼，后经人工填土、吹砂填筑而成，岩石上部覆盖层平均厚度约 71.8m，地层从上至下主要包括：素填土（厚 3.86m）、冲填土（厚 2.76m）、淤泥（厚 14.62m）、粉质黏土（厚 10.90m）、淤泥质土（厚 6.88m）、砾砂（厚 37.28m），下伏基岩为燕山三期花岗岩，其中强风化花岗岩（厚 1.89m）、中风化花岗岩（厚 10.66m）（岩石饱和单轴抗压强度标准值 $f_{rk}=25.8$MPa）。

针对此类不良地层条件及特殊周边环境的桩基础工程施工，经综合考虑和优化选择，采用灌注桩全套管全回转与全断面入岩组合钻进成桩施工工艺，即针对上部土层采用全套管全回转钻机下入钢套管护壁、冲抓出土成孔，防止成孔过程中出现缩径、塌孔问题，确保周边建（构）筑物的安全稳定；针对大直径硬岩成孔，则采用液压反循环钻机（简称"RCD 钻机"）进行全断面滚刀钻头研磨破碎，再通过气举反循环配合清渣；最后，采用全套管全回转钻机灌注桩身混凝土，并起拔护壁钢套管，保证了在场地条件复杂的情况下，高效、安全、可靠、环保地完成灌注桩施工任务。具体组合钻进成桩工艺见图 1.2-1～图 1.2-4。

图 1.2-1　全套管全回转钻机土层钻进

图 1.2-2　RCD 钻机岩层全断面钻进

图 1.2-3　全套管全回转钻机灌注混凝土

图 1.2-4　全套管全回转钻机起拔套管

1.2.2　工艺特点

1. 组合钻进工效显著

本工艺采用全套管全回转钻机下沉深长套管护壁,采用 RCD 钻机全断面滚刀钻头破岩,两种钻机的组合钻进成桩充分发挥各自机械的技术优势,既能适用于现场存在不良地层的情况,又能有效保证入岩施工效率。

2. 全断面破岩效率高

本工艺采用 RCD 钻机入岩施工,配置全液压动力旋转头,大扭矩及推力通过钻杆传递至滚刀钻头的焊齿上,有效攻克大断面坚硬岩层钻进难题;同时,钻机根据需要选取不同配重进行加压钻进,以合理的技术参数实现高效破岩。

3. 施工质量安全可靠

本工艺土层段采用全套管护壁,套管下至岩面,避免了不良地层可能导致的塌孔和缩径,保证了周边建(构)筑物的安全;入岩钻进时,利用气举反循环将研磨破碎的岩屑及时排出,通过泥浆过滤系统筛分固、液体,确保流入孔内的循环泥浆质量和携渣效果,有效保证了成孔和成桩质量。

4. 综合成本低

本工艺采用灌注桩全套管全回转与 RCD 钻机全断面入岩组合钻进，相比传统冲击成孔、旋挖钻进成孔工艺，大大缩短了入岩时间，节省了大量的直接费用和安全措施费；同时，全套管全回转钻进采用冲抓取土，泥浆使用量和废渣量减少，整体综合成本低。

5. 提升文明施工水平

本工艺直接在套管内采用冲抓斗抓取土层出渣，直接装车后外运；RCD 钻机全断面研磨破岩施工产生的振动小、噪声低，泥浆循环时采用特制泥浆箱进行钻渣沉淀排出，泥浆进行净化循环利用，避免了泥浆外运处理，绿色环保效果显著。

1.2.3 适用范围

适用于大直径、嵌岩深、复杂地质条件及周边环境的桩基础施工，特别适用于易缩径、塌孔地层，旋挖钻机施工作业面不足场地，以及对施工振动敏感的环境等。

1.2.4 技术路线

1. 关键技术问题

针对复杂条件下深长嵌岩桩的施工，需要解决如下几方面的关键技术问题：

（1）实现超深孔上部覆盖层（淤泥、砂等）超深、超长的钻孔护壁，防止塌孔影响邻近既有桥梁桩和周边地面发生沉降变形。

（2）实现大断面硬岩的高效钻进，并有效减少入岩振动对周边环境的干扰。

（3）在超长套管护壁的情况下，在灌注桩身混凝土后，实现长套管的顺利起拔，并保证周边环境不受影响。

2. 技术解决方法

为有效解决上述关键技术问题，拟从以下几方面采取技术措施：

（1）钻进过程中同步下入全套管护壁，采用全套管全回转钻机边抓斗取土边沉入套管，完成上部土层的钻进。

（2）大直径硬岩钻进采用 RCD 钻机配置滚刀钻头全断面一次性入岩成孔，利用 RCD 钻机的大扭矩和钻头研磨入岩，入岩钻进无振动影响；同时，采用 RCD 钻机配置的气举反循环排渣系统，实现对超深孔底的排渣清孔。

（3）终孔后，再次利用全套管全回转钻机灌注桩身混凝土，并起拔钢套管；现场采用 1 台全套管全回转钻机配置 2 台 RCD 钻机，实现现场钻机设备的合理配置和利用。

1.2.5 工艺原理

针对不良地层和复杂周边环境的大直径深长嵌岩灌注桩，采用全套管全回转与 RCD 钻机组合钻进成桩施工工艺，重点在于全套管全回转钻机及 RCD 钻机的组合使用，首先采用全回转钻机长套管土层护壁，配合冲抓斗进行硬岩上部土层段钻进作业，然后换用 RCD 钻机就位进行全断面破岩钻进至设计桩底标高，吊放安装钢筋笼后，再重新将全套管全回转钻机就位，完成桩身混凝土灌注及套管起拔，组合施工流程示意见图 1.2-5。

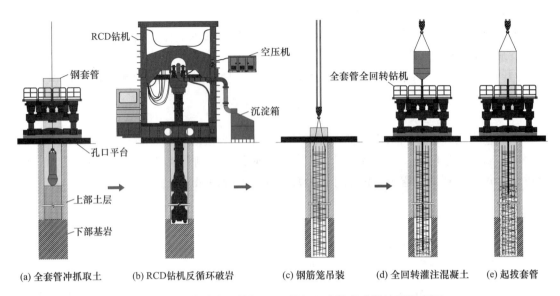

(a) 全套管冲抓取土　　(b) RCD钻机反循环破岩　　(c) 钢筋笼吊装　　(d) 全回转灌注混凝土　　(e) 起拔套管

图 1.2-5　全套管全回转与 RCD 钻机组合钻进成桩流程示意图

**图 1.2-6　全套管全回转钻机下沉
套管及冲抓取土排渣成孔**

1. 深长钻孔全套管护壁技术

　　由于该项目填土、淤泥、黏土、砾砂不良地层厚度大，地层条件极不稳定，灌注桩在此类地层中钻进时易发生塌孔、缩颈，本工艺采用全套管护壁辅助钻进施工，以全套管全回转钻机旋转并下压套管至岩面，利用套管护壁，采用起重机起吊释放冲抓斗落入套管内冲抓取土，其钻进成孔见图 1.2-6，钻进流程具体见图 1.2-7。

2. 全断面硬岩研磨钻进技术

　　1）RCD 钻头结构及性能

　　（1）为增加 RCD 钻头的重量，提升研磨硬岩的效果，RCD 钻机通过钻杆连接若干配重

(a) 测量定位，安装首节套管　　　　(b) 下压套管，冲抓斗套管内土层取土　　　　(c) 逐节接长套管护壁至岩面

图 1.2-7　全套管全回转下沉钢套管及冲抓取土钻进流程示意图

块，底部连接 RCD 钻头。配重根据施工所需压力配置，通常 2～3 个，每个配重块约
2.3t，配重为钻头提供竖向碾压力。现场 RCD 钻机破岩钻头见图 1.2-8、图 1.2-9。

图 1.2-8　RCD 钻机带配重块的钻头

图 1.2-9　钻杆＋配重＋钻头

（2）RCD 钻头底部为平底式设计，底部布置滚刀，滚刀底部设置基座与钻头底部相
连，基座固定相对钻头底部不可移动，滚刀沿基座中心点转动；RCD 钻头底部设置 2 个
圆形送气孔和 1 个方形排渣孔，其中空压机产生的压缩空气通过通风管，经送气孔吹入孔
底，切削岩石产生的碎屑则混合泥浆经过方形排渣孔，沿钻杆中空通道上返至地面。
RCD 钻头底部进浆孔、进气孔见图 1.2-10。

（3）RCD 钻头顶部连接中空钻杆（图 1.2-11），单根标准钻杆长 3.0m，采用法兰式
连接结构，中心管为排渣通道，管壁外侧有 2 根高压空气通风管，钻杆法兰之间采用高强
度螺栓和销轴连接。

2）RCD 钻头研磨岩体钻进原理

RCD 钻机利用动力头提供的液压动力，带动钻杆、配重块、钻头回转，钻进过程中
钻头底部的滚刀绕自身基座中心点持续转动，滚刀上镶嵌有金刚石颗粒，金刚石颗粒在轴
向力、水平力和扭矩的作用下，连续研磨、刻划、犁削岩石，当挤压力超过岩石颗粒之
间的联结力时，部分岩石从岩层母体中分离成为碎岩，随着钻头的不断旋转压入，碎
岩被研磨成为细粒状岩屑随着泥浆排出桩孔，整体破岩钻进效率大幅提高，显著缩短
施工工期。

图 1.2-10   RCD 钻头底部   图 1.2-11   RCD 钻机钻杆
进浆孔、进气孔

3. 气举反循环排渣

本工艺采用空压机产生的高压空气，通过 RCD 钻机顶部连接接口沿通风管送入孔底，空气与孔底泥浆混合导致液体密度变小，此时钻杆内压力小于外部压力形成压差，泥浆、空气、岩屑碎渣组成的三相流体，经钻头底部方形排渣孔进入钻杆内腔发生向上流动，形成孔内反循环排出桩孔至沉淀箱；沉淀箱为三级分离净化装置，第一级采用筛网初分粗颗粒，第二级和第三级采用重力沉淀，进一步分离出混合液体中的粗颗粒。粗料集中收集堆放，净化后的泥浆则通过泥浆管流入孔内循环，持续清孔、排渣直至完成孔内沉渣清理。RCD 钻机气举反循环管路连接及排渣示意见图 1.2-12、图 1.2-13。

图 1.2-12   RCD 钻机气举反循环管路连接

4. 超长套管起拔

在 RCD 钻机完成钻进成孔后，将 RCD 钻机吊移；安放钢筋笼后，再次将全套管全回转钻机吊装就位，采用全套管全回转钻机回转结构的液压抱箍提升系统，在灌注桩身混凝土时，随钢套管内混凝土面的上升，逐节起拔并拆卸护壁套管。

图 1.2-13　RCD 钻机气举反循环排渣

1.2.6　施工工艺流程

深长嵌岩桩全套管全回转与 RCD 钻机组合钻进施工工艺流程见图 1.2-14。

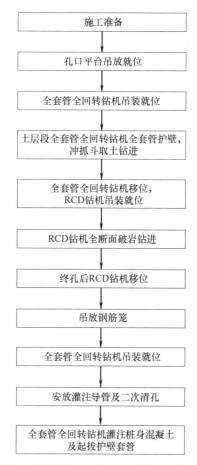

图 1.2-14　深长嵌岩桩全套管全回转与 RCD 钻机组合钻进施工工艺流程图

1.2.7　工序操作要点

1. 施工准备

（1）平整场地，土质疏松段换填压实，必要时在场地内铺设厚钢板，保证施工区域内起重机、混凝土运输车等重型设备行走安全。

（2）桩中心控制点采用全站仪测量放样，桩中心点做好标识，并拉十字交叉线设置四个护桩。

2. 孔口平台吊放就位

（1）因全套管全回转钻机和 RCD 钻机的自重和尺寸大，为防止机械设备放置地面的

图 1.2-15　孔口平台

集中荷载对地基造成沉降，专门设计采用了一种扩大地基接触面积的孔口平台（图 1.2-15），形成全套管全回转钻机和 RCD 钻机的统一公共作业面，其尺寸及结构可供两种钻孔设备使用。

（2）孔口平台由 I56c 工字钢制成，平台主龙骨"井"字形为双拼形式，其余为单根加强；平台接地面侧使用 16mm 厚钢板分散压应力，钢板与龙骨工字钢分段焊接，间距 500mm 一道焊缝，焊缝长 100mm，平台龙骨及底板平面布置示意见图 1.2-16，平台现场制作见图 1.2-17。

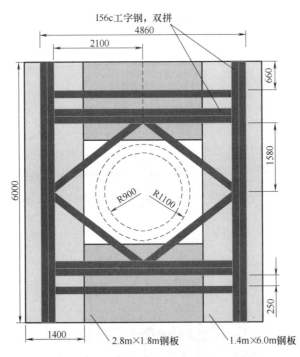

图 1.2-16　平台龙骨及底板平面布置图

图 1.2-17　平台现场制作

（3）采用起重机将平台放置于桩位上，使平台中心与桩中心重合，并通过拉十字交叉线进行定位复核，现场平台吊放见图 1.2-18。

图 1.2-18　现场平台吊放

3. 全套管全回转钻机吊装就位

（1）首先吊放定位基板，然后在基板上设置十字交叉线形成基板中心点，并在中心点引出一条铅垂线对齐桩中心点、平台中心点，使基板中心、平台中心、桩位中心三点重合，见图 1.2-19。

（2）定位基板上设有 4 个固定位置限位圆弧（图 1.2-20），全套管全回转钻机起吊对位时，由 3 人负责现场对位，并由司索工手持对讲机指挥起重机司机移位，

图 1.2-19　全套管全回转钻机定位基板对中就位

将钻机安置于基板的限位圆弧内，使钻机中心、平台中心及桩中心"三点一线"重合，全套管全回转钻机定位基板限位圆弧就位见图 1.2-21。

（3）钻机就位后，安装钻机反力叉，并将起重履带起重机将反力叉固定，防止作业时钻机移动，见图 1.2-22。

图 1.2-20　定位基板上 4 个限位圆弧

图 1.2-21　全套管全回转钻机定位基板限位圆弧就位

图 1.2-22　全套管全回转钻机反力叉安装及固定

4. 土层段全套管全回转钻机全套管护壁，冲抓斗取土钻进

（1）全套管全回转钻机就位后，起吊钢套管前，对每节套管长度进行现场测量，见图 1.2-23。

（2）起吊首节底部带合金刀齿钢套管（图 1.2-24），放入钻机回转结构的定位块内，

图 1.2-23　现场测量套管长度

定位块将钢套管夹紧固定，全套管全回转钻机通过左右两侧回转油缸的反复推动使套管转动，首节钢套管下方头部带有合金刃脚，加压使套管一边旋转切割土体，一边向下沉入，见图 1.2-25。

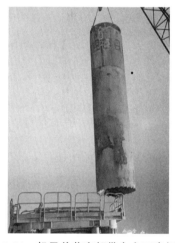

图 1.2-24　起吊首节底部带合金刀齿钢套管　　　　　图 1.2-25　压入首节套管

（3）首节套管固定后，进行平面位置及垂直度复测和精调工作，确保套管对位准确、管身垂直。

（4）钢套管下沉时，采用全站仪对准钢套管外侧进行垂直度调整及监测，当发生套管倾斜时，及时进行纠偏；如底部出现不明障碍物使套管下沉时发生斜位，则采用冲击锤将障碍物破除再进行套管行走垂直纠偏处理。

（5）全套管全回转钻机钻进时，采用起重机配合冲抓斗在套管内冲抓取土，提升冲抓斗至距离土面 4～5m，通过起重机脱钩功能使抓斗迅速下落，利用抓斗的自重和冲力贯入地层内，再提升吊索使抓斗头部夹片回扣夹紧土体并提出管泥头车内，冲抓斗套管内冲抓取土作业见图 1.2-26。

（6）冲抓下沉钢套管过程中，遇到预应力管桩旧基础，采用直接冲抓拔除处理，现场冲抓废旧基础管桩见图 1.2-27。

（7）上部土层冲抓作业时，注意套管内冲抓面与套管底的距离，保持套管底比开挖面超前不少于 2m，以确保孔壁稳定。现场一边冲抓取土，一边采用挖掘机配合渣土清运出场，保持现场文明施工。

图 1. 2-26　冲抓斗套管内冲抓取土作业

图 1. 2-27　冲抓废旧基础管桩

（8）完成首节套管内土体抓取后进行套管接长，使用螺旋锁扣件连接，套管之间设置定位销，使套管准确对位并承担旋转时的剪力作用，锥形环焊接在套管上，套管对接后使用六角扳手扭紧承托环，锁紧套管完成对接，钢套管接长见图 1.2-28。

（9）完成第二节钢套管压入（图 1.2-29）后，继续用抓斗冲抓取土，重复以上抓土、接长下入钢套管等步骤，直至将套管压入至岩层顶面，此时抓斗无法继续进行抓土操作，桩孔完成上部土层钻进。

图 1.2-28　钢套管接长　　　　　　　　　图 1.2-29　钢套管接长并下压

（10）在桥墩基础和桥面下附近施工时，注意净空高度和对邻近基础的影响，采用套管超前支护钻进，并采用短节钢套管接长，严密监控吊装高度，做好各项保护措施，起吊短节套管接长及下压见图 1.2-30。

图 1.2-30　起吊短节套管接长及下压

5. 全套管全回转钻机移位，RCD 钻机吊装就位

（1）套管下沉至岩面后，将全套管全回转钻机吊离桩孔，钻机移位后桩孔工况见图 1.2-31。

（2）将 RCD 钻机吊运放置于桩位孔口平台上，钻机中心与桩位中心、平台中心重合；同时，吊放双螺杆式空气压缩机就近就位，RCD 钻机和空压机吊装就位见图 1.2-32。

图 1.2-31　钻机移位后桩孔工况

图 1.2-32　RCD 钻机和空压机吊装就位

（3）RCD 钻机就位后，安装钻机泥浆循环系统管路，接通出浆管与进浆管，见图 1.2-33。

6. RCD 钻机全断面破岩钻进

（1）钻机就位对中后，将机架向后倾斜，打开平台盖板（图 1.2-34），准备起吊滚刀钻头入孔。

图 1.2-33 现场安装 RCD 钻机泥浆循环管路

（2）滚刀钻头吊入前，检查钻头工况及与钻杆的连接情况，符合要求后吊放入孔。现场检查滚刀钻头见图 1.2-35。

图 1.2-34 RCD 钻机机架后倾，打开平台盖板   图 1.2-35 现场检查滚刀钻头

（3）滚刀钻头入孔后，闭合钻机平台盖板，恢复机架垂直，将钻头固定在孔口；随后吊入连接钻杆，并在孔口将钻杆与钻头连接。现场钻杆吊装及孔口连接见图 1.2-36。

图 1.2-36 现场钻杆吊装及孔口连接

（4）钻杆连接后，将钻头放入孔底附近，启动空压机，在钻头中通入压缩空气，钻机开始钻进；钻机利用动力头提供的液压动力驱动钻杆并带动钻头旋转，依靠钻头底部的球齿合金滚刀与岩石研磨钻进，高压空气在孔内形成负压，泥浆及破碎岩屑经由中空钻杆从孔底携带至孔口设置的泥浆沉淀箱，经浆渣分离后泥浆流回至孔内再循环，RCD 钻机入岩钻进见图 1.2-37。

图 1.2-37　RCD 钻机入岩钻进

（5）入岩钻进过程接长钻杆时，先停止钻进，将钻具提离孔底 15～20cm，维持冲洗循环 10min 以上，以完全除净孔底钻渣并将管道内泥浆携带的岩屑排净，再停机进行钻杆接长操作；钻杆连接时，检查钻杆密封圈状况，将连接螺栓拧紧，以防钻杆接头漏水漏气，避免影响反循环排渣效果。RCD 钻机钻杆接长见图 1.2-38。

图 1.2-38　RCD 钻机钻杆接长

图 1.2-39　吊移 RCD 钻机

（6）破岩钻进过程中，观察进尺和排渣情况，钻孔深度通过钻杆长度进行测算，每次钻杆接长详细记录钻杆长度，并通过排出的碎屑岩样判断入岩地层情况。

7. 终孔后 RCD 钻机移位

（1）当 RCD 钻机完成入岩钻进至设计桩底标高时，对钻孔进行终孔检验，包括孔深、持力层、垂直度等。

（2）终孔验收合格后，吊移 RCD 钻机（图 1.2-39）。

8. 吊放钢筋笼

（1）钢筋笼在加工场制作，制作完成后进行隐蔽验收，合格后入孔安放。钢筋笼制作见图 1.2-40。

图 1.2-40　钢筋笼制作

（2）采用起重机吊运钢筋笼，钢筋笼入孔后将其扶正缓慢下放，现场钢筋笼吊放见图 1.2-41。

（3）下放至笼体上端最后一道加强箍筋接近套管顶时，使用两根钢管穿过加强筋的下方，将钢筋笼临时固定在套管上，再起吊下一节钢筋笼进行孔口接长；钢筋笼采用机械连接，声测管、界面管采用 CO_2 气体保护焊机连接。钢筋笼孔口固定见图 1.2-42，钢筋笼孔口接长见图 1.2-43。

图 1.2-41　现场钢筋笼吊放　　　　　图 1.2-42　钢筋笼孔口固定

（4）完成钢筋笼孔口接长后，继续吊放笼体，并采用吊笼将钢筋笼安放至孔底，钢筋笼孔口吊笼固定见图 1.2-44。

9. 全套管全回转钻机吊装就位

（1）重新将全套管全回转钻机放置于孔位平台上，使钻机中心与平台中心、桩中心重合。

（2）完成全套管全回转钻机就位后，准备进行桩身混凝土灌注。全套管全回转钻机吊装就位见图 1.2-45。

图 1.2-43 现场钢筋笼孔口接长

图 1.2-44 钢筋笼孔口吊笼固定

图 1.2-45 全套管全回转钻机吊装就位

10. 安放灌注导管及二次清孔

（1）灌注桩身混凝土前，对灌注导管进行水密测试。测试合格后，分节吊放入孔，具体见图 1.2-46。

（2）二次清孔在完成钢筋笼吊放及灌注导管安装后进行，二次清孔采用气举反循环法；清孔过程中，及时向孔内补充泥浆，始终维持孔内水头高度，气举反循环二次清孔见图 1.2-47。

图 1.2-46 灌注导管分节吊放

图 1.2-47 气举反循环二次清孔

（3）二次清孔排出的沉渣经过三级泥浆净化系统进行固液分离，净化后的泥浆再次回流至孔内循环使用，沉渣经分筛后流入沉淀池内，三级泥浆净化系统及沉渣沉淀池见图1.2-48。

11. 全套管全回转钻机灌注桩身混凝土及起拔护壁套管

（1）完成清孔后，立即报监理工程师复测沉渣厚度；达到要求后，随即拆除清孔装置，吊装孔口灌注料斗，准备进行桩身混凝土灌注。吊放初灌料斗见图1.2-49。

图 1.2-48 三级泥浆净化系统及沉渣沉淀池

图 1.2-49 吊放初灌料斗

（2）初灌料斗体积$6m^3$，在料斗与导管接触部位安放球胆作为隔水塞，料斗底口安设密封盖板；采用混凝土泵车输送混凝土进行桩身灌注，在料斗内输送混凝土将满时，采用副卷扬提升料斗底部的盖板，初灌混凝土压住球胆沿导管冲入孔底，随即球胆上返、孔口返浆，桩身混凝土初灌见图1.2-50。

（3）初灌完成后，拆除初灌料斗，采用混凝土罐车泵管直接向灌注导管内输送混凝土灌注，桩身混凝土泵车灌注见图1.2-51。

图 1.2-50 桩身混凝土初灌

图 1.2-51 桩身混凝土泵车灌注

（4）灌注过程中，每灌入一罐车混凝土后及时测算孔内混凝土面上升高度和导管埋深，并及时拆除灌注导管和套管，保证导管埋深处于2～4m范围，套管在混凝土中的埋置深度为4～8m。

（5）现场起拔套管时，用钢丝绳钩吊住导管，当套管松开螺栓连接后，用孔口灌注架固定导管，松开导管钩挂钢丝绳，再将套管移开。现场全套管全回转钻机起拔和吊移套管见图1.2-52。

图 1.2-52　现场全套管全回转钻机起拔和吊移套管

（6）每一节套管完成拔除出孔后，采用起重机运离孔口集中堆放，具体见图 1.2-53。当吊离最底部套管（图 1.2-54），完成桩身混凝土灌注后，吊离全套管全回转钻机及孔口平台，并及时采取孔口围护措施。

图 1.2-53　套管起拔后集中堆放　　　　**图 1.2-54　起拔最底部首节套管**

1.2.8　机械设备配置

本工艺现场施工所涉及的主要机械设备配置见表 1.2-1。

主要机械设备配置表　　　　　　　　　　　　表 1.2-1

名称	型号	参数	备注
全套管全回转钻机	JAR260H	孔径 2600mm，扭矩 5292kN·m	下沉、起拔护壁套管
RCD 钻机	JRD300	孔径 3000mm，最大扭矩 145kN·m	钻进入岩成孔
双螺杆式空气压缩机	WBS-132A	排气压力 1.2MPa，流量 $20m^3/min$	RCD 钻机反循环钻进
三级泥浆净化系统	自制	三级沉淀循环箱	泥浆循环出渣、二次清孔
履带起重机	SCC550E	额定起重量 55t，额定功率 132kW	吊装作业
CO_2 气体保护焊机	NBC-350A	额定电流 35A，额定电压 31.5V	制作孔口平台、钢筋笼等
全站仪	iM-52	测距精度 1.5mm+2ppm	桩位测放、垂直度检测等
挖掘机	PC200-8	额定功率 110kW	平整场地、渣土转运、清理

33

1.2.9　质量控制

1. 孔口平台制作与吊装

（1）平台制作材料按设计图纸的规格、型号制作，焊接材料品种、规格、性能等符合现行国家产品标准和设计要求。

（2）采用与钢材相匹配的电焊条，以满焊方式连接，焊接前清除铁锈、油污、水气等杂物，焊缝长度、高度、宽度符合相关规范要求。

（3）孔口平台吊点对称设置，轻缓吊放，以免造成碰撞或由于起吊导致的变形，影响后续桩孔钻进成孔质量。

（4）孔口平台吊放于压实平整的场地上，保证整体稳固，并保持中心点与桩位中心重合，偏差不得大于 50mm。

2. 全套管全回转钻进成孔

（1）测量人员测放桩位中心点，以全套管全回转钻机回转结构中心对准桩位中心点后，再次测量复核。

（2）全套管全回转钻机钻进时，采用自动调节装置调整钻机水平，并在钻机旁安置两组铅垂线或全站仪进行护壁套管垂直度监测及校正，保证成孔垂直度满足设计及相关规范要求。

（3）全套管全回转钻机钻进成孔时，安排专人记录成孔深度，并根据成孔深度及时连接下一节套管，保证套管深度比当前成孔深度超前不小于 2m。

（4）钢套管间采用螺栓连接，连接采用初拧、复拧两种方式，保证连接紧固。

3. RCD 钻机入岩钻进成孔

（1）吊装 RCD 钻机就位，确保钻头中心与桩孔位置及孔口平台中心保持一致，采用十字线交叉法校核对中，并通过全站仪复核。

（2）严格按照 RCD 钻机规程操作，入岩成孔过程中随时观测钻杆垂直度，发现偏差及时调整。

（3）RCD 钻机钻进破岩过程中，采用优质泥浆护壁，钻进过程中保证泥浆反循环管路畅通。

（4）接长钻杆时，检查钻杆法兰盘处的使用状况，如有裂纹或损伤，进行撤换修复后再使用，防止钻进过程中出现钻杆断裂，造成钻具脱落事故。

（5）RCD 钻机累计破岩深度超过 5m 后，提起钻头观察球齿滚刀磨损情况，及时换用新的滚刀，保持破岩钻进工效。

4. 钢筋笼制安及混凝土灌注

（1）吊装钢筋笼前，对钢筋笼进行检查，检查内容包括长度、直径，焊点是否变形等，隐蔽验收合格后投入现场使用。

（2）钢筋笼采用"双勾多点"方式缓慢起吊，吊运时防止扭转、弯曲，严防钢筋笼由于起吊操作不当导致变形。

（3）钢筋笼孔口采用机械对接，对接时做好声测管、界面管的对接；钢筋笼孔口采用吊笼安放到位，并在孔口进行固定，确保钢筋笼顶标高满足要求。

（4）利用导管灌注桩身混凝土，导管埋深始终保持在 2～6m 范围内。

（5）桩身混凝土连续灌注施工，始终保持孔内套管在混凝土中的埋置深度不小于 4m。

1.2.10 安全措施

1. 孔口平台制作与吊装

（1）孔口平台焊接时，按要求佩戴专门的防护用具（如防护罩、护目镜等），并按照相关操作规程进行焊接操作。

（2）施焊场地周围清除易燃易爆物品，并在施焊作业旁配备灭火器材。

（3）设置专门司索信号工指挥吊装孔口平台，采用四吊起点平稳操作，作业过程中无关人员撤离影响半径范围，并在吊装区域设置安全隔离带。

2. 全套管全回转钻进成孔

（1）全套管全回转钻机采用四点起吊就位，起吊过程使用对讲机与起重机司机保持联络，慢速移动就位。

（2）冲抓斗在指定地点卸土时做好警示隔离，无关人员禁止进入。

（3）在全套管全回转钻机上作业时，钻机平台四周设置安全防护栏，无关人员严禁登机。

3. RCD 钻机入岩钻进成孔

（1）RCD 钻机就位后，将泥浆反循环管路安装牢靠，防止破岩钻进泥浆循环时产生的超大压力导致泥浆管松脱伤人。

（2）RCD 钻机钻头旋转破岩作业时，严禁提升钻杆。

（3）入岩钻进时，按每台班至少检查一次钻头、钻杆使用情况，发现异常及时修复处理，防止断杆、掉钻事故。

（4）破岩钻进过程连续操作，因故停钻时将钻头提出钻孔，防止孔内沉渣将钻头埋住。

1.3 旋挖与全套管全回转钻机组合装配式钢结构平台钻进技术

1.3.1 引言

全套管全回转钻机是一种新型、环保、高效的钻进技术，其工作原理是利用回转装置边回转套管边压入，同时利用冲抓斗抓取土层，直至套管下沉至预定深度，近年来已得到了广泛应用。

全套管全回转钻机在施工时，通常采用钢丝绳提升冲抓斗出土，对于深度较大的桩孔出土耗费时间太长，效率大大受限；同时，对于硬岩钻进，全套管全回转钻机需要先采用冲锤破碎，再用冲抓斗出渣，破碎速度慢、综合效率较低。为了提高全套管全回转钻机的施工效率，实际施工中采用旋挖钻机配合，在套管内钻进的施工工艺。但由于全套管全回转钻机整体高度在 3m 左右，使得旋挖钻机与全套管全回转钻机工作面存在较大的高差，不利于旋挖钻机操作。

为提高全套管全回转钻进效率，解决旋挖钻机与全套管全回转钻机组合施工存在的作业面高差问题，现场多采用以下三种作业方式。

1. 填土垫高旋挖钻机作业面

在施工现场采用挖掘机填土堆高，修筑临时旋挖钻机作业平台，以满足旋挖钻机作业需求。这种方法需要反复挖填，重复工作量大，耗时耗工，且临时填土修筑的平台稳定性差，不利于旋挖钻机平稳作业。修筑旋挖钻机作业平台见图 1.3-1。

图 1.3-1　修筑旋挖钻机作业平台

2. 降低全套管全回转钻机位置

在施工现场采用挖掘机开挖，有效降低全套管全回转钻机的高度，用以满足旋挖钻机作业需求。这种下沉式挖坑降低标高的方法简单易行，但形成的下沉坑容易积水，使场地填土泡水发生沉降而影响套管垂直度，也造成现场文明施工条件差。挖坑降低全套管全回转钻机标高见图 1.3-2。

3. 自制临时平台

专门设计一种配合全套管全回转钻进的旋挖钻机临时平台，以满足现场旋挖钻机作业需求。这种平台采用角钢、槽钢焊接制作，属于临时构件，旋挖钻机爬升坡面短、角度较大，且作业面宽度较小，存在一定的安全隐患，具体见图 1.3-3。

图 1.3-2　挖坑降低全套管全回转钻机标高　　　图 1.3-3　旋挖钻机配合全套管全回转钻机作业平台

为确保旋挖钻机配合全套管全回转钻进作业的安全，专门设计制作了一种装配式钢结构作业平台，经各种作业条件工况的实际使用，达到安全、稳定、经济的效果。旋挖配合全套管全回转钻机作业的钢结构平台见图 1.3-4。

图 1.3-4　旋挖配合全套管全回转钻机作业的钢结构平台

1.3.2　工艺特点

1. 安全可靠

本平台采用钢结构、桁架式设计，结构安全可靠，承重能力强；平台采用缓坡设计，满足旋挖钻机爬坡安全要求；平台与地面接触面积是履带的 1.5 倍以上，可以提升旋挖钻机作业时的稳定性，不易倾覆，自身稳定性好、安全可靠。

2. 制作、使用便捷

本平台采用标准的工字钢、钢管和钢板焊接而成，可在施工现场进行制作；平台采用模块装配式设计，钢管法兰连接，安装、拆卸方便；组装完成后重量轻，两侧设计有吊环，可通过起重机移位，使用便捷。

3. 成本经济

本平台采用全钢结构制作，用钢量 26t，作业平台总造价经济；平台通过拆卸对接螺栓即可分件装车运输，道路运输费用低；平台经久耐用，可长期重复使用，具有较高的经济性。

1.3.3　适用范围

适用于山河智能 SWDM550、三一重工 SR485R、宝峨 BG55 及以下型号的旋挖钻机。

1.3.4　平台结构

1. 平台设计依据

（1）常见设备技术参数

全套管全回转钻机以徐州景安重工 JAR260H 为例，其设备高度 2.395～3.045m，JAR260H 全套管全回转钻机尺寸及实物见图 1.3-5。配合使用的旋挖钻机以市场常用的山河智能、三一重工、德国宝峨为参考，工作最大荷载为旋挖钻机自重加工作时最大荷载之和除以履带受力面积，常用旋挖钻机技术参数见表 1.3-1。

（2）旋挖钻机最大技术参数

为使本工艺所述的钢结构装配式平台最大限度地满足各类型旋挖钻机的正常使用，根

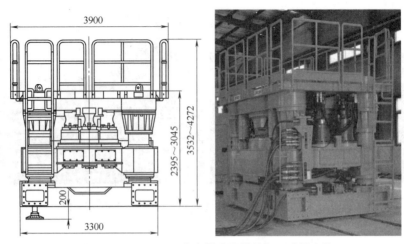

图 1.3-5　JAR260H 全套管全回转钻机尺寸及实物

据表 1.3-1 所列出的常用旋挖钻机的各项技术参数，选择各参数最大值作为平台的基础额定参考值，具体旋挖钻机最大参数值见表 1.3-2。

常用旋挖钻机技术参数　　　　　　　　　　　　　　　　表 1.3-1

型号	工作重量(t)	最大提升力(kN)	履带参数(m)				工作最大荷载(kN/m²)
			长度	宽度	高度	工作展开宽度	
山河智能 SWDM550	202	600	7.64	1	3.3	6	168.82
山河智能 SWDM450	158	480	7.03	0.9	3.3	5	160.30
三一重工 SR485R	174	600	6.6	0.9	3.3	4.9	194.04
三一重工 SR445R	162	560	6.6	0.8	1.0	4.9	203.37
宝峨 BG55	160	450	6.9	0.9	3.3	5	162.48
宝峨 BG45	138	380	6.7	0.8	1.0	4.8	161.60

旋挖钻机最大参数值　　　　　　　　　　　　　　　　表 1.3-2

旋挖钻机参数	最大特征值取值	备注
荷载	203.37kN/m²	工作最大荷载为三一重工 SR445R，计算式：$(162×9.8+560)/(6.6×0.8×2)=203.37\text{kN/m}^2$
履带长度	7.64m	
履带高度	3.3m	
履带宽度	1m	
展开宽度	6m	两条履带外边之间的距离
爬坡行驶安全角度	不大于 15°	

（3）平台设计参数选择

根据表 1.3-2 所列相关设备的技术数据，为确保平台能最大限度满足不同型号设备的使用需求，本平台需满足相应的设备特征值及设计数据，主要参数选取见表 1.3-3。

平台设计参数	取值	备注
最大荷载	630.45kN/m²	203.37×3.1＝630.45kN/m²(3.1为安全系数)
平台工作段和爬坡段长	8.0m	
平台高度	2.0m	
平台钻机履带行驶宽度	1.5m	
平台整体宽度	6.5m	根据钻机类型,通过连接钢管调整
全套管全回转钻机高度	3.0m	按平均高度计
旋挖钻机爬坡安全角度	不大于15°	

钢结构装配式平台能力设计参数　　　表 1.3-3

2. 平台结构设计

（1）平台组成

装配式钢结构平台由两组履带平台通过若干钢管连接组成，钻机履带平台面见图 1.3-6，平台连接钢管见图 1.3-7。

图 1.3-6　钻机履带平台面

图 1.3-7　平台连接钢管

（2）履带平台结构设计

按表 1.3-3 的设计参数，设计履带平台总长度 15.1m（其中工作段长度 8m，上下坡道段长度 7.1m），宽度 1.5m、高度 2m、坡度为 15°；履带平台由底层、支撑层、面层组成，其制作材料面层和底层均为 20mm 厚钢板，中间支撑层由 45b、20b 工字钢焊接而成。履带平台结构见图 1.3-8。

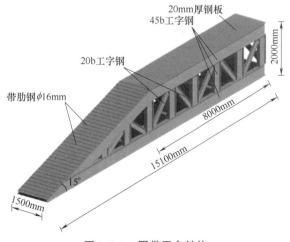

图 1.3-8　履带平台结构

（3）履带平台制作流程及材料组成

按照履带平台结构设计，其制作流程及材料组成分别见图 1.3-9 和表 1.3-4。

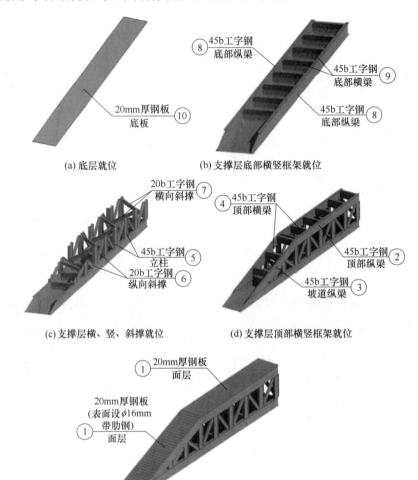

（a）底层就位　　　　　　　（b）支撑层底部横竖框架就位

（c）支撑层横、竖、斜撑就位　　（d）支撑层顶部横竖框架就位

（e）面层就位

图 1.3-9　履带平台制作流程及材料组成分解示意图

单个履带平台材料统计表　　　　　　　　　表 1.3-4

组成		编号	材料	使用部位	数量
面层		①	20mm 厚钢板	面层	2
支撑层	顶部横竖框架	②	45b 工字钢	顶部纵梁	2
		③	45b 工字钢	坡道纵梁	2
		④	45b 工字钢	顶部横梁	9
	横、竖、斜撑	⑤	45b 工字钢	立柱	16
		⑥	20b 工字钢	纵向斜撑	14
		⑦	20b 工字钢	横向斜撑	7
	底部横竖框架	⑧	45b 工字钢	底部纵梁	2
		⑨	45b 工字钢	底部横梁	9
底层		⑩	20mm 厚钢板	底层	1

（4）连接钢管结构设计

连接钢管采用无缝钢管，钢管内径 200mm、壁厚 10mm，两侧采用法兰与平台相连。为提高平台工作段整体强度，上下连接钢管采用同规格钢管做剪刀撑加强，其材料组成见图 1.3-10、图 1.3-11 及表 1.3-5。

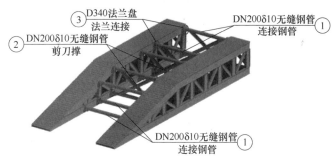

图 1.3-10　连接钢管材料型号示意图

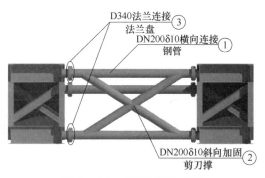

图 1.3-11　连接钢管剖面图

连接钢管材料统计表　　　　　　　　　　　　　　　　　表 1.3-5

编号	材料	型号	使用部位	数量	备注
①	钢管	DN200δ10	横向连接	11	
②	钢管	DN200δ10	剪刀撑	4	
③	法兰盘	D340	钢管连接	22	
④	螺栓	M20×80	法兰连接	176	每个法兰 8 个螺栓

1.3.5　施工工艺流程

装配式平台配合旋挖与全套管全回转组合钻进工艺流程见图 1.3-12。

1.3.6　工序操作要点

1. 施工准备

（1）进场前，对平台就位场地进行平整、压实，或现场进行硬地化处理，确保安放场地承载力满足施工要求。

（2）根据现场钻孔位置和全套管全回转钻机就位情况，定位操作平台现场位置，并做

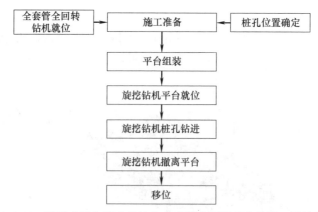

图 1.3-12　装配式平台配合旋挖与全套管全回转组合钻进工艺流程图

好标识。

2. 平台组装

（1）平台进场后，用履带起重机配合将平台进行分件吊装。

（2）将连接两个履带平台的钢管法兰螺栓拧紧，并对称进行操作，见图 1.3-13。

（3）现场吊装和安装时，设专人指挥，并按与全套管全回转钻机设定的相对位置就位，见图 1.3-14。

图 1.3-13　装配式平台与全套管
全回转钻机位置关系

图 1.3-14　平台按与全套管全
回转钻机相对位置就位

3. 旋挖钻机平台就位

（1）操作平台组装完成后，在坡道端头铺垫适量砂土、压实，旋挖钻机正对工作平台坡道缓慢平顺向坡上行驶。

（2）旋挖钻机行驶过程中，派专人指挥，均匀慢速行驶，切忌急走急停，以防行走线路偏斜。

（3）旋挖钻机行进至平台斜面与平面交接位置，其重心越过交接面时，此时旋挖钻机会经历从仰角状态转变为水平状态的前倾过程，为避免因前倾幅度过大导致旋挖钻机倾覆的潜在危险，旋挖钻机行进至重心位置越过此交接面并刚开始发生前倾时停止前行，待旋挖钻机完全处于水平、履带紧贴平台平面并保持稳定状态后，继续缓慢前行至工作位置。

（4）旋挖钻机就位时，保持在履带平台顶层居中位置，确保钻进过程旋挖钻机的稳定和安全。旋挖钻机平台就位过程见图 1.3-15～图 1.3-18。

图 1.3-15 专人指挥旋挖钻机上坡行驶

图 1.3-16 旋挖钻机平台慢速爬坡

图 1.3-17 行驶至仰角与水平状态

图 1.3-18 旋挖钻机水平行进

4. 旋挖钻机桩孔钻进

（1）旋挖钻机就位后（图 1.3-19），进行试钻进，钻进状态良好后开始正式钻进施工。

（2）钻进过程中，定期观察平台状况，发现异常，则立即停机检查，消除隐患后方可继续作业。

（3）旋挖钻进时，注意与全套管全回转钻机的配合，转运或提升时避免与全套管全回转钻机套管相碰，见图 1.3-20。

5. 旋挖钻机撤离平台

（1）钻进完成后，旋挖钻机缓慢匀速后撤退下平台。

（2）旋挖钻机撤退行驶过程中，调整好桅杆的重心，保持行驶平衡和平稳。

（3）旋挖钻机下移行进至平台斜面与平面交接位置其重心越过交接面时，旋挖钻机会

43

图 1.3-19　旋挖机平台就位

图 1.3-20　旋挖钻机平台上配合钻进

经历从水平状态转变为倾斜状态的前倾过程，重心置换过程稍加停待，重心平衡后继续下行。

(4) 钻机下移平台过程中，始终派专人现场指挥，保持与操作司机的正常联络。

6. 移位

(1) 每完成一个桩位，用起重机将平台吊运至下一个桩位。

(2) 采用多点整体起吊，保持起吊平衡，防止连接钢管由于受力不均出现变形。

(3) 起吊前，复核起重机起吊能力，检查起吊钢丝绳、吊钩、吊点、起重机无异常后正式起吊。

1.3.7　机械设备配置

本工艺现场施工使用所涉及的主要机械设备见表 1.3-6。

主要机械设备配置表　　　　　　　　　　　　表 1.3-6

名称	型号	备注
旋挖钻机	SWDM550	套管内钻进取渣
全套管全回转钻机	JAR260H	下沉套管

名称	型号	备注
钢结构装配式平台	自制	配合旋挖钻机套管内取渣钻进
汽车起重机	50t	吊装、转移平台和全套管全回转钻机
挖掘机	PC220	作业区域和行走路线场地平整
装载机	ZL-50D	钻孔渣土转运
电焊机	ZX7-400T	焊接维修

1.3.8 质量控制

1. 平台制作

（1）所有制作材料按设计要求选用，并具有出厂合格证。

（2）对所用材料进行外观检查，合格后使用。

（3）钢板、工字钢焊接连接时满焊焊接，焊缝饱满、连续；合理控制焊接电流大小，防止焊伤钢板和工字钢。

（4）法兰盘螺栓连接时，在拧紧螺栓后对外露螺纹进行检查，保持丝扣外露符合规范要求。

2. 旋挖与全套管全回转钻机配合钻进

（1）旋挖钻机就位时，保持与桩孔中心对中，同时垂直度满足要求。

（2）旋挖钻进时，随时观察旋挖钻机自带监测系统，控制钻杆垂直度，发生偏差及时采取纠偏，以保证成孔质量。

（3）全套管全回转钻机下沉套管时，保持旋挖钻进取土面深度小于套管底深度。

1.3.9 安全措施

1. 平台制作及吊装

（1）平台制作钢构件焊接由专业电焊工完成，焊接作业时做好相应消防措施。

（2）平台组装吊装就位过程中，派专业司索工现场指挥，对起重机移动行走道路进行硬化，吊装作业区域四周设置安全警戒区。

2. 旋挖钻机平台就位

（1）旋挖钻机平台就位过程中，设专人全程指挥。

（2）旋挖钻机行驶时缓慢平顺，行走严格控制速度，随时观察履带与平台表面的位置关系，保持履带完全处于台面之上，发现偏差及时纠偏。

（3）旋挖钻机行进至重心位置越过平台斜面与平面交接处，并刚开始发生前倾时停止前行，待旋挖钻机完全处于水平、履带紧贴平台平面，并保持稳定状态后，继续缓慢前行至工作位置。

3. 旋挖钻机平台钻孔作业

（1）旋挖钻机平台作业区域设置安全警戒，无关人员不得进入。

（2）下钻、提钻以及移动时，保持缓慢匀速，注意钻头与全套管全回转钻机的相对位置，避免发生相互碰撞。

（3）旋挖钻机钻头回转弃土时，尽可能轻微抖动钻头卸土，严禁过度损伤，避免钻机过大摆动。

4. 旋挖钻机撤离平台

（1）旋挖钻机撤离平台过程全程指派专人指挥。

（2）旋挖钻机撤离平台时，保持慢速缓行，随时观察履带与平台表面的位置关系，保持履带完全处于台面之上，发现偏差及时纠偏。

（3）倒退行进至重心位置越过平台平面与斜面交接处并刚开始发生前倾时停止前行，待旋挖钻机履带紧贴平台斜面并保持稳定状态后，继续缓慢倒退至完全撤离平台。

第2章　岩溶区全套管全回转成桩新技术

2.1　岩溶区大直径超长桩全套管全回转双套管变截面综合成桩技术

2.1.1　引言

喀斯特岩溶发育地区，地层分布极其复杂，通常分布大溶洞（洞高＞3m）、小溶洞（洞高≤3m），一般呈单个或多层（串珠状）分布，灌注桩钻进成孔时具体表现为空洞漏失泥浆、地面塌陷、倾斜岩面钻进偏孔、钻具卡钻等。在岩溶发育区进行灌注桩施工时，通常采用冲击钻进、旋挖泥浆护壁成孔、全套管全回转成孔等工艺。对于桩径 2.0～3.0m、桩长 80m 以上的超长灌注桩，冲击钻孔发生漏浆时，采用反复回填块石、黏土等措施对溶洞冲堵造壁，在复打过程中易发生卡钻、掉钻、斜孔等情况，使用泥浆量大、成孔速度慢、钻进效率低、孔内事故多。如采用旋挖钻进，在遇到溶洞漏浆时采用回填混凝土封堵，达到龄期后重新钻进，处理费用高、延误时间长。对于全套管全回转成孔工艺，其采用套管护壁，冲抓斗在套管内取土，对于超长灌注桩旋挖起钻耗时长、进度慢，同时受超长套管管壁摩阻力大的影响，长度超过 60m 的护壁套管起拔极其困难。此外，对于串珠状溶洞，会出现孔内泥浆漏失严重情况，造成灌注混凝土充盈系数大，混凝土流失浪费，大大增加施工成本。以上这些因素，使得岩溶发育区超长灌注桩的施工难度高、不可预见因素多、安全隐患大。

为解决上述岩溶发育区超长灌注桩成孔难、易塌孔及超长钢套管下放起拔困难等问题，结合现场实际条件和施工特点，项目组研究提出一种采用全套管全回转钻机配合旋挖钻进成孔、变截面双套管护壁、自密实混凝土灌注成桩的综合施工技术，达到高效、经济、可靠的效果。

2.1.2　工程实例

1. 工程概况

贵阳龙洞堡国际机场 T3 航站楼 B3 区位于原有 T2 航站楼停机坪处，根据场地勘察报告，该场区内上覆为深厚回填土层，平均回填深度约 27.65m，局部回填深度达 64m 以上，回填时间短，属欠固结土，并且其中的大颗粒碎块石形成较多的架空结构，密实度低、均匀性差、力学指标低；场地内岩溶分布范围广，见溶洞率达 20% 以上，岩溶程度为强发育，溶洞内填充物主要有红黏土、溶蚀碎屑、碎石等，个别溶洞为无充填空洞，部分区域存在多层串珠状溶洞，溶洞发育高度 10.0～31.7m。

根据桩基设计要求，本工程基础灌注桩为端承桩，桩径为 2000mm、2200mm，桩身穿越深厚回填层以及岩溶裂隙层，桩端持力层为中风化灰岩，基岩起伏面较大，平均桩长

90m，最大桩长超过120m。贵阳龙洞堡国际机场效果图见图2.1-1。

图2.1-1 贵阳龙洞堡国际机场效果图

2. 灌注桩施工方案选择

根据场地条件、桩基础设计要求，本项目灌注桩正式施工前，择优选取冲击成孔、旋挖泥浆护壁成孔、全套管管内取土（振动式）、全套管全回转钻机成孔四种工艺进行试成孔。

（1）冲击成孔

采用冲击成孔时，当冲孔进尺至37m位置出现泥浆漏失（图2.1-2），采用黏土片石拌合水泥回填，经过3次复打后仍未封堵住，并出现孔底返清水现象，判断下部溶渠或暗河发育强度高，将该钻孔采用黏土＋片石＋水泥回填至地面后再进行复打，过程中发生卡锤，造成钻进终止。用3根冲击钻工艺成孔试桩，经近两个月反复试验，均未能成孔，证实冲击工艺难以适合本场地工程地质条件。

（2）旋挖泥浆护壁成孔

采用旋挖钻进时，孔口埋设4m长护筒，往护筒内泵送泥浆进行孔内护壁，旋挖钻斗取土钻进，施工工效为1.67m/h；当钻进5m后，发现泥浆面间断性冒出气泡，同时泥浆面缓慢下降，现场立即暂停施工，并将情况上报监理、业主。通过观察孔内情况，泥浆面缓慢降至护筒底3m处，发现护筒下方孔壁出现塌孔（图2.1-3），且塌孔现象持续发生。

图2.1-2 冲击钻进成孔漏浆

图2.1-3 孔内塌孔

经现场分析，确认表层回填土主要为少量黏土夹碎块石、混凝土块石等，经过泥浆浸润及旋挖钻头反复碰撞后，呈松散状态而发生坍塌，且回填土中空隙较大，存在泥浆缓慢渗漏情况。各方经过讨论一致认同，泥浆护壁旋挖成孔施工工艺无法适合在夹杂大量石块、混凝土块的高抛回填土层进行施工。

（3）全套管管内取土（振动式）

全套管管内取土（振动式）工艺是采用振动锤下沉钢套管护壁（图 2.1-4），在套管内取土钻进的方法。现场振动锤作业时，钢套管仅进尺 0.5m 受阻，暂停施工后，通知监理、业主、设计及地勘单位。经现场观察套管底痕迹，确认回填土内含有大量大小不均匀的碎石块、混凝土块，钢套管振动下沉时无可避免会压在石块上，通过振动后小石块阻碍区域能够顺利穿过，但较大石块阻碍钢套管向下进尺。经各方一致确认，全套管管内取土（振动式）施工工艺无法满足在夹杂大量石块、混凝土块的高抛回填土层进行施工。

（4）全套管全回转钻机成孔

全套管全回转钻机试桩桩号为 B2-94（7 号），桩径 2.2m，于 2018 年 10 月 18 日下午开孔，至 2018 年 10 月 20 日终孔，孔深 48m，并于 2018 年 10 月 21 日完成混凝土灌注，全套管全回转钻机钻进见图 2.1-5。该桩整体施工过程显示，全套管全回转工艺采用钢套管护壁，配合旋挖钻机套管内取土，将套管下至岩面，再采用旋挖完成硬岩钻进。本工艺对较厚回填土、岩溶发育情况有较好的适应性，能够保证施工质量及安全，成孔速度相对提高，适合本地质情况下一定深度的桩基础施工。

图 2.1-4　振动锤下沉钢套管护壁

图 2.1-5　全套管全回转钻机钻进

（5）超长灌注桩全套管全回转成孔

确定采用全套管全回转钻进工艺后，2019 年 8 月 10 日在进行 B2-123 号桩成孔时，在钻进至孔深 60.21m 时，受持力层厚度不满足继续钻进条件影响，经各方现场研究，一致决定将 B2-123 号桩采用黏性土回填至地面标高后，由勘察单位进行补勘处理。通过补勘显示，该桩存在超厚松散杂填土、多层强风化泥夹石、溶隙等，故设计桩长由 60.21m 调整为 88.086m。

2019 年 10 月，在 B2、B3 区全面开展施工勘察过程中发现，B2、B3 区部分区域地质情况异常复杂，所涉及区域桩位范围分布有超厚松散杂填土、多层强风化泥夹石、溶隙、串珠状溶洞等多种地质相结合的复杂地层，地质情况与 B2-123 号桩孔地质情况类似。经过统计，除 B2-123 号桩以外，共计 28 根工程桩（简称：超长桩）在桩孔深度范围分布有上述地质，导致施工勘察后桩长较详勘阶段桩长大幅增加，最长桩长达到 100m 以上。由于超长桩孔分布较为密集，通过施工勘察单位 3m×3m 网格状进行详细施工勘察，原桩位周边稳定持力层标高均较深，设计单位明确该区域不具备缩短桩长进行抬桩的条件，需在原桩位进行成孔施工。

2019 年 11 月 4 日，重新采用全套管全回转成孔施工工艺进行 B2-123 号桩开孔，截至 2019 年 11 月 8 日，钻进至孔深 87.079m 时，经参建各方现场验槽，一致同意该桩孔终孔。2019 年 11 月 9 日至 11 月 12 日，该桩孔清底过程中发现孔内塌孔现象十分严重，迟迟无法完成清孔作业；为避免旋挖钻清孔过程中发生钻头埋钻现象造成废桩，以及确保成桩质量，经参建各方一致决定将该桩孔采用 C20 早强混凝土回填至塌孔地层顶部 50cm 以上。2019 年 11 月 12 日，B2-123 号桩进行首次混凝土回填，首次共计回填 C20 早强混凝土 190m^3，经养护 3d 后，于 2019 年 11 月 15 日进行复钻；钻进过程中，发现 C20 早强混凝土中夹杂大量的软塑红黏土，首次混凝土回填未能完全将桩孔周边溶隙填充密实。2019 年 11 月 17 日，通过孔内摄像头查看后，发现孔深约 70m 处侧壁存在无充填空溶洞，且孔内塌孔严重，参建各方再次决定重新进行 C20 早强混凝土回填，截至 2019 年 11 月 18 日第二次回填方量为 170m^3，两次回填共计 360m^3。2019 年 11 月 21 日，B2-123 号桩重新进行二次复钻，至 2019 年 12 月 4 日，复钻、终孔、清孔完成，并于 2019 年 12 月 6 日灌注完成。

B2-123 号桩于 2019 年 11 月 4 日重新开孔，2019 年 12 月 6 日灌注成桩，施工时间长达 33d，施工时间长、成本代价大，且该桩在下放钢筋笼过程中，由于无钢套管护壁范围桩孔呈 S 形，钢筋笼迟迟无法顺利下放，险些无法灌注成桩。

（6）超长桩全套管全回转双套管变截面成孔

在完成 B2-123 号桩的经验上，提出了采用全套管全回转钻进，安放内外双套管、变截面钻进工艺，并选取 2 根桩长与 B2-123 号桩桩长相当的 B3-96 号桩、B3-81 号桩进行工艺试验。

B3-96 号桩于 2019 年 12 月 10 日开孔，2019 年 12 月 19 日在钻进至孔深 88.7m 时，经参建各方现场验槽，一致同意该桩孔终孔，2019 年 12 月 24 日 B3-96 号桩混凝土灌注完成，成桩桩长 88.4m、成桩时间为 14d，经声波及钻芯检测合格。

B3-81 号桩于 2020 年 1 月 6 日开孔，2020 年 1 月 16 日在钻进至孔深 101.2m 时，经参建各方现场验槽，一致同意该桩孔终孔，2019 年 12 月 19 日 B3-81 号桩混凝土灌注完成，成桩桩长 100.44m、成桩时间为 13d，经声波及钻芯检测合格。

2.1.3　工艺特点

1. 施工工效高

本工艺针对喀斯特地貌下回填土厚、溶洞分布复杂条件的桩基础施工易塌孔、卡钻、漏浆等问题，采用全套管全回转钻机安放双套管护壁，同步在套管内采用旋挖钻机钻进，套管穿越填土、多层溶洞直至岩面，有效防止了填土、溶洞段的塌陷，提升施工工效。

2. 综合成本低

本工艺对超长灌注桩进行精细化设计，采用内、外双套管护壁，将桩型整体设计为三截面递减的形式，大大减少施工成本。此外，采用双套管施工工艺，有效避免了塌孔事故，节省了大量的处理时间，保证了工期，整体综合成本低。

3. 成桩质量好

本工艺采用双套管护壁，确保下入超长钢套管隔离溶洞，有效避免了塌孔现象的发生；采用超缓凝自密实水下不扩散混凝土，使其能够满足超长灌注桩混凝土灌注时间要求，有效避免断桩、废桩情况，整体成桩质量好。

4. 文明施工条件好

本工艺采用全套管全回转钻进施工，过程中无噪声、无振动、安全性能好；采用全套管护壁，现场使用泥浆量少，旋挖钻机直接从套管内取土排渣，外运钻渣量大大减少，施工过程绿色高效，为现场文明施工创造了条件。

2.1.4 适用范围

适用于深厚回填土，且场区内岩溶发育，存在多层串珠溶洞或泥夹石等复杂地层；适用于岩溶发育区桩径不大于3200mm、桩长不大于120m的灌注桩施工。

2.1.5 工艺原理

1. 关键技术

岩溶发育区超长灌注桩施工主要面临三大技术难题：一是钻进过程中遇溶洞易出现泥浆渗漏、塌孔；二是超深桩钻进成孔难度大；三是溶洞分布造成灌注桩身混凝土量大、灌注时间长等。

为了解决上述技术难题，拟采用以下工艺措施：

（1）采用传统全回转下套管护壁工艺，配合旋挖钻机在套管内钻进成孔，解决钻进时松散填土层、遇溶洞易出现渗漏、塌孔的问题；同时，达到加快施工工效、保证施工工期的效果，避免了冲抓斗成孔速度慢的弊端。

（2）采用内外双套管、变截面成孔护壁工艺，钻进时先下外层短套管，再下内层长套管，超深内护筒下沉、起拔时摩阻力得到有效减小；灌注桩身混凝土时，采用套管内灌注，边灌注边起拔套管，先拔内套管、再拔外套管，顺利解决超长套管起拔困难的问题。

（3）本项目单桩混凝土理论方量超过400m³，单桩混凝土理论灌注时间约24h，考虑到灌注过程中部分混凝土流失，导致混凝土灌注时间大大延长，普通混凝土难以满足实际需求，且未避免灌注过程中受桩孔孔底地下岩溶水冲刷导致桩身混凝土发生离析。为此，采用自密实超缓凝水下不扩散混凝土灌注成桩，初凝时间由24h调整为48h，确保整个灌注过程中桩身混凝土不发生初凝现象，保证混凝土灌注的连续性，确保成桩质量。

2. 全套管全回转施工工艺原理

1）全套管护壁成孔

全套管全回转钻进是利用钻机具有的强大扭矩驱动钢套管钻进，套管底部的高强合金刀头对土体进行切割，并利用全套管全回转钻机下压功能将套管压入地层，钢套管边回转边钻进，大大减少了套管与土层间的摩阻力，且成孔过程中始终保持套管底超前钻进面，这样套管既钻进压入土层，同时又起到全程护壁的作用，有效阻隔了钻孔过程中多层溶洞的影响。

全套管全回转钻进成桩工艺原理见图 2.1-6。

1. 钻机就位、吊放首节套管　　2. 套管就位，履带起重机安装冲抓斗　　3. 下压套管，冲抓斗套管内取土

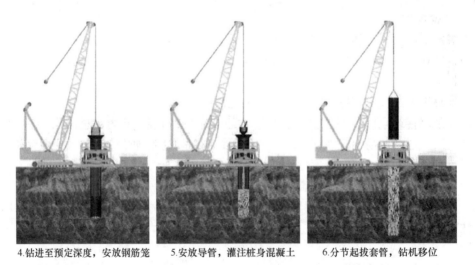

4. 钻进至预定深度，安放钢筋笼　　5. 安放导管，灌注桩身混凝土　　6. 分节起拔套管，钻机移位

图 2.1-6　全套管全回转钻进成桩工艺原理示意图

2) 全套管全回转钻机与旋挖钻机组合钻进

采用全套管全回转钻进工艺大多配套冲抓斗进行取土，该方法对于超长桩成孔效率低，且需多次修整孔壁。本工艺采用旋挖钻机配合全套管全回转钻机取土成孔，充分发挥旋挖钻机钻进成孔速度快、地层适用性强的优势，见图 2.1-7。

由于全套管全回转钻机平台较高，为解决旋挖钻机和全套管全回转钻机工作面存在较大高差的问题，项目组专门设计一种新型的钢结构装配式平台（图 2.1-8），通过该平台提升旋挖钻机作业面高度，保持与全套管全回转钻机孔口位于适配的位置，便于旋挖取土，大大提升了施工效率。平台总长度15.1m（其中工作段长度8m，上下坡道段长度7.1m），宽度1.5m，高度2m，坡度为15°；履带平台由底层、支撑层、面层组成，其制作材料面层和底层均为厚度20mm钢板，中间支撑件由45b、20b工字钢焊接而成。两组履带平台通过若干钢管连接组成，整体重约26t，钢结构装配式平台见图2.1-9。

图 2.1-7　全套管全回转钻机与旋挖钻机组合钻进

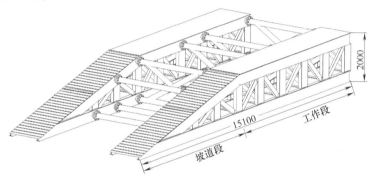

图 2.1-8　旋挖钻机履带钢结构平台结构设计示意图

图 2.1-9　钢结构装配式平台

3）内外双套管、变截面成孔护壁

对于设计桩径2000mm、桩深100m左右的入岩灌注桩，考虑到全套管全回转钻机起拔钢套管的能力，为了实现桩身全长钢套管护壁，保证成孔过程中避免溶洞的不良影响，研究采用内长、外短两层钢套管和变截面桩身结构。

（1）外层套管穿越上部回填层，内层套管从外层套管中穿过钻进并下沉至持力层。

（2）外层套管外径设计为2.6m，每节套管长5.5m，壁厚35mm，外层套管总钻进深度为50m。

（3）内层套管外径设计为2.2m，全套管全回转钻机钻进至持力层面，并将内层套管跟管下沉至持力层面，最下层的3节长度为15m，其他节为5.5m，壁厚35mm。

（4）旋挖钻进时，针对外套管护壁土层、内套管护壁土层及嵌岩段破岩需分别使用对应直径及类型的钻头，其中嵌岩段成孔直径与设计桩径保持一致为 2.0m，按设计 4m 深度入持力层。

双套管设计参数见图 2.1-10，灌注成桩后桩身剖面见图 2.1-11。

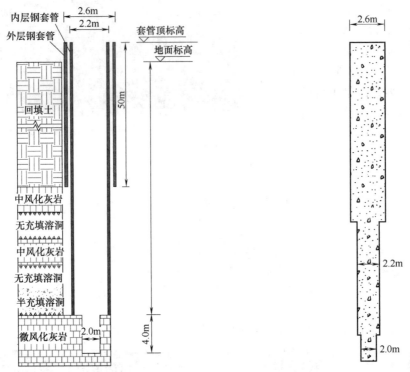

图 2.1-10　双套管设计参数　　　　图 2.1-11　灌注成桩后桩身剖面

4）双套管变截面成孔原理

双套管变截面护壁工艺，采用两套全套管全回转式套管夹具，先外、后内两次钻进下入套管；首先使用 2.6m 夹具下沉外套管，下压深度为穿越上部回填层；然后更换 2.2m 夹具，吊放内套管至外套管底部，再下压内套管至持力层面；由此，内套管上部 50m 范围不受土体摩阻力影响，减轻了由此引起的内套管起拔时的摩阻力，便于在灌注桩身混凝土后起拔内套管。双套管变截面成孔过程示意图见图 2.1-12。

5）自密实超缓凝混凝土灌注成桩

自密实超缓凝混凝土融合超缓凝混凝土和自密实混凝土优点于一身，具备缓凝时间长、流动性高、黏度适当、初凝时间长等特点。该混凝土初凝时间由 24h 调整为 48h，使超深灌注桩整个混凝土灌注过程中不发生初凝，保证混凝土灌注连续性和成桩质量，且由于该混凝土具有流动性高和黏度适当的特点，混凝土在自重作用下即可自行密实。

2.1.6　施工工艺流程

岩溶发育区大直径超长灌注桩全套管全回转双套管变截面护壁成桩施工工艺流程见图 2.1-13。

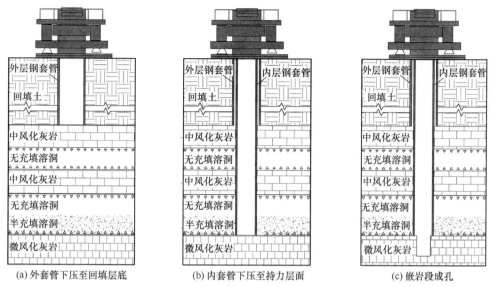

图 2.1-12 双套管变截面成孔过程示意图

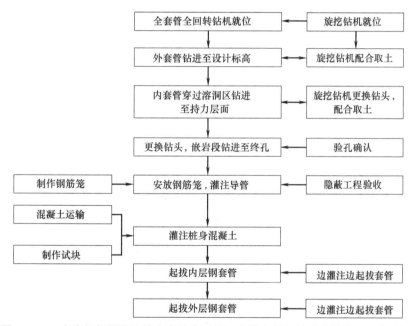

图 2.1-13 大直径超长灌注桩全套管全回转双套管变截面护壁成桩施工工艺流程图

2.1.7 工序操作要点

1. 全套管全回转钻机就位

（1）机械进场前，先对场地进行平整，清除现场土堆，夯填密实软土，修筑施工便道，以满足大型成孔机械设备的承压及行走要求。

（2）根据桩中心点坐标，采用全站仪放样定位，并在距离桩中心点 2.5m 处，拉十字交叉线设立 4 个护桩确保桩位满足设计要求；现场护桩妥善保护，便于技术人员随时进行桩位复核。

（3）完成测放桩中心点后，在其周边采用挖掘机向下开挖深度约 30cm，将钻机基板安置其中，并使基板中心与桩中心点对齐，基板起到定点导向和提高基底强度的作用，钻机基板现场就位见图 2.1-14。

（4）安放基板后，吊放全套管全回转钻机，使钻机中心与桩中心点重合，所有吊钩均使用防滑吊钩。主机就位后安装反力叉，并利用起重机压住反力叉，以防止全套管全回转钻机回转下压套管时主机移位，钻机反力叉安装见图 2.1-15。

图 2.1-14　现场钻机基板就位　　　图 2.1-15　全套管全回转钻机反力叉安装

2. 外套管钻进至设计标高

（1）吊装首节直径 2.6m 外套管，竖直将套管置入全套管全回转钻机回转结构内，使套管中心与桩中心点对齐，通过定位油缸夹紧并旋转下压套管，现场外套管下压见图 2.1-16。

图 2.1-16　全套管全回转钻机下压外径 2.6m 外套管

（2）根据全套管全回转钻机位置布设钢结构装配式平台，平台一端为倾角 15°斜坡段，另一端为水平段。

（3）将旋挖钻机由平台斜坡段缓慢开上水平段（图2.1-17），行进至其重心位置越过平台斜面与平面交接处，并刚开始发生前倾时停止前行，待旋挖钻机完全处于水平、履带紧贴平台平面，并保持稳定状态后，继续缓慢前行，此时旋挖钻机与全套管全回转钻机保持高度基本一致，以便后续旋挖取土；调整旋挖钻机位置，使钻杆中心与桩中心点对齐，现场旋挖钻机就位见图2.1-18。

图2.1-17　旋挖钻机开至平台水平段　　　　　图2.1-18　旋挖钻机就位

（4）采用SWDM450旋挖钻机配合从套管内取土，一边取土、一边继续下压钢套管，并始终保证套管底口超前于开挖面深度不小于2.5m，旋挖套管内取土见图2.1-19。

图2.1-19　SWDM450旋挖钻机配合取土

（5）一节套管压入土层上部预留50cm，开始在全套管全回转钻机平台上接长套管；套管对接时，将上一节套管起吊至孔口，清刷对接螺栓位置，对接后安装连接螺栓，先人工使用锁套螺栓拧紧，再用电动扳手紧固，现场套管孔口对接见图2.1-20。

（6）套管连接完成后，继续回转下压，并配合旋挖钻机取土。

（7）外套管下压50m穿越回填层底时，完成外套管钻进与安放。

3. 内套管穿过溶洞区钻进至持力层面

（1）外套管钻进至回填层底后，全套管全回转钻机更换2.2m夹具，然后继续安放内套管。

（2）利用260t起重机，配合全套管全回转钻机在已下入的直径2.6m外套管内下放

图 2.1-20 套管口对接

直径 2.2m 内套管，下放过程中全程监测套管垂直度，确保套管中心与桩中心重合。

（3）钢套管接头每增加一个成本增加约 2 万元，在保证套管起拔方便的前提下尽量减少接头数量，以控制施工成本。对于内套管，下部的各节套管在起拔时所受侧摩阻力相对较小。为此，最下部 3 节套管长度为 15m，其余每节套管长度为 5.5m。

（4）内套管与外套管之间利用定位块夹片进行固定，现场定位夹片见图 2.1-21，全套管全回转钻机与套管间定位夹片见图 2.1-22。

图 2.1-21 定位夹片   图 2.1-22 钻机与套管间定位夹片

（5）将内套管逐节下沉，同时采用旋挖钻机从套管内取土，并始终保持套管底口超前于开挖面的深度不小于 2.5m，直至内套管穿过溶洞区下压至持力层面，内套管下沉见图 2.1-23。

4. 更换钻头，嵌岩段钻进至终孔

（1）内套管钻进至持力层岩面后，不再继续下沉，通知监理、勘察、设计及业主等各参建单位确认持力层面和钻孔深度；确认后，更换入岩钻头，按设计桩径 2000mm 继续钻进至桩底设计标高。终孔后测量孔底深度见图 2.1-24。

（2）当钻孔深度达到设计要求时，采用超声波法对孔位、孔径、孔深、倾斜度等进行检查；确认终孔后，使用捞渣钻头进行孔内捞渣清孔。

图 2.1-23 内套管下沉

5. 安放钢筋笼、灌注导管

（1）根据设计要求制作钢筋笼，钢筋笼分节制作，采用直螺纹套筒连接，钢筋笼验收合格后使用。钢筋笼制作见图 2.1-25。

图 2.1-24 终孔后测量孔底深度　　　图 2.1-25 钢筋笼制作

（2）采用起重机起吊钢筋笼，下放过程中，严格控制垂直度，并缓慢安放，钢筋笼吊放见图 2.1-26。

图 2.1-26 钢筋笼吊放

图 2.1-27　钢筋笼孔口对接

（3）钢筋笼采用孔口对接方式接长，接长的钢筋笼在全套管全回转钻机平台上机械套筒对接，钢筋笼孔口对接见图 2.1-27。

（4）钢筋笼完全置入桩孔后，逐段安放灌注导管，导管直径 300mm，下放至管底距离孔底 30cm 位置处，导管上口连接灌注料斗。灌注导管安放见图 2.1-28。

6. 灌注桩身混凝土

（1）混凝土为 C40 超缓凝自密实水下不扩散混凝土，采用水下回顶法灌注；混凝土坍落度取 230～270mm，超缓凝自密实水下不扩散混凝土配合比见表 2.1-1。

图 2.1-28　灌注导管安放

超缓凝自密实水下不扩散混凝土配合比（单位：kg/m^3）　　　　表 2.1-1

水	水泥	粉煤灰	砂	石	硅灰	减水剂	超缓凝剂
171	380	50	925	853	50	5	5

（2）桩身混凝土采用泵车灌注，首批混凝土量不小于 $8m^3$，以满足导管初次埋置深度不小于 1m 和填充导管底部间隙的需要；初灌现场采用 2 台混凝土泵车同时向灌注料斗输送混凝土，正常灌注采用 1 台泵车直接在导管内进行灌注，见图 2.1-29～图 2.1-31。

图 2.1-29　混凝土罐车及灌注泵

图 2.1-30 双泵管初灌斗灌注

图 2.1-31 单泵管导管内输料灌注

（3）灌注过程中，保持连续进行混凝土灌注，相邻两车混凝土间隙时间最多不得超过 30min。

（4）每车混凝土灌注完后，及时探测孔内混凝土面上升高度及位置（图 2.1-32），及时掌握导管埋深，为确保拔管后出现混凝土面下降导致导管脱离的现象，导管埋深控制大于 15m。

7. 起拔内层钢套管

（1）灌注时，先完成内套管混凝土灌注，一边灌注混凝土、一边起拔内套管，并保证套管底在混凝土面以下 6m 深度。

（2）套管通过全套管全回转钻机自带的液压顶力起拔，每回次起拔高度约 70mm；当混凝土面进入超厚回填层内 10m 以上时，拔出全部内套管。

图 2.1-32 测绳探测套管内混凝土面位置

（3）起拔套管过程中，使用起重机卷扬对灌注导管进行固定，当一节套管完全起拔出孔后，松开套管锁套螺栓，将此节套管上提，露出内部的灌注导管，并在钢套管上搭设两组钢筋架，将导管架放置在钢筋上用于固定灌注导管，之后松开固定导管的卷扬机绳索，采用起重机将套管吊离桩孔。套管孔口移除过程示意见图 2.1-33，现场套管移除见图 2.1-34～图 2.1-37。

（4）针对施工现场复杂的地质情况，如果在灌注过程中混凝土面无法上升或上升不正常时，则保持混凝土导管埋设至少 15m 以上，持续灌注直至混凝土面正常上升后，再开始拆除导管或套管。

（5）如果在灌注过程中，套管内混凝土面突然出现陡降的情况，则准确判断此时导管的埋深情况，如果导管埋深小于 15m 但大于 10m 时混凝土面停止下降，则继续持续灌注直至混凝土面上升正常；如果导管埋深小于 10m，混凝土面仍然持续下降，此时增加导管长度，直至确保导管埋深不小于 10m，期间保持连续灌注混凝土。

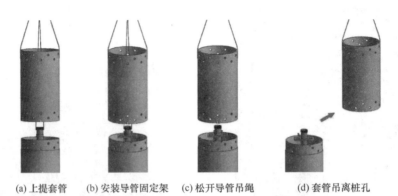

(a) 上提套管　　(b) 安装导管固定架　(c) 松开导管吊绳　　　(d) 套管吊离桩孔

图 2.1-33　套管孔口移除过程示意图

图 2.1-34　上提套管露出灌注导管

图 2.1-35　安插导管架，松开导管吊绳

图 2.1-36　套管吊移孔口

图 2.1-37　套管吊至指定位置

（6）为避免孔壁坍塌，当混凝土面进入超厚回填层内 10m 以上时，拔出全部 2200mm 内套管，起拔内套管采用 260t 履带起重机配合作业。

8. 起拔外层钢套管

（1）内套管全部起拔后，更换直径2600mm全套管全回转钻机回转定位夹片，进行外套管内混凝土灌注与导管起拔。

（2）外套管起拔过程中，对混凝土灌注、套管起拔方式的要求与内套管起拔一致。

（3）混凝土灌注的桩顶标高按设计要求进行超灌，超灌高度超出设计桩顶标高0.8m。

2.1.8 机械设备配置

本工艺现场施工所涉及的主要机械设备见表2.1-2。

主要机械设备配置表 表 2.1-2

名称	型号	参数	备注
全套管全回转钻机	JAR260H	主机重量53t，钻孔直径1.2～2.6m	下沉钢套管
旋挖钻机	SWDM450	直径3m，深度178m，扭矩450kN·m	钻进成孔
钢结构装配式平台	自制	长12.1m，高2m，坡度15°，重量26t	配合旋挖钻机施工
履带起重机	XGC260	最大起重量181～300t	移机、吊装
挖掘机	PC200-8	铲斗容量0.8m³，功率110kW	挖土、渣土外运
电焊机	BX1-400	额定输入功率30kW	焊接、加工
钢筋切断机	GQ40	电机功率2.2/3kW	钢筋笼制作
型钢切割机	J3G-400A	功率2.2kW	钢筋笼制作
剥肋滚压直螺纹机	GHG40	主电机功率4kW	钢筋笼制作
全站仪	iM-52	测距精度1.5mm＋2ppm	测量定位
水准仪	徕卡LS15	视距1.8～110m	测量定位

2.1.9 质量控制

1. 全套管全回转钻机下沉钢套管

（1）测量人员完成测放桩位中心点后，将全套管全回转钻机底盘对准中心点，再次进行测量复核，复核结果满足要求后，吊放基板、安装全套管全回转钻机，钻机通过自动调节装置调节钻机水平。

（2）钢套管在全套管全回转钻机回转结构就位后，在钻机旁安放两台经纬仪进行套管垂直度监测，如发生偏移及时调整，确保成孔垂直度满足设计要求。

（3）采用全套管全回转钻机下沉套管过程中，安排专人记录成孔深度，并根据深度及时连接下一节套管，始终保证套管底口超前于开挖面的深度，防止塌孔。

（4）套管采用螺栓通过初拧、复拧两种方式进行连接接长，保证套管连接牢固。

2. 钢结构装配式平台制作与吊装

（1）平台制作时，焊接材料的品种、规格、性能等符合现行国家产品标准和设计要求，确保焊接制作质量。

（2）制作场地保持良好的平整度、密实度。

（3）装配式平台吊点对称设置，轻缓起吊安放，以免造成碰撞或由于起吊导致变形，影响后续旋挖钻进施工。

（4）装配式平台吊放于压实平整的场地上，保证整体稳固，其安放位置便于旋挖钻机开上平台后对位作业。

（5）装配式平台坡道口附近的地面保持无障碍物，以便于旋挖钻机开上平台。

3. 套管内旋挖钻进成孔

（1）旋挖钻机开上装配式平台就位后，确保钻头中心与桩孔位置及套管中心一致。

（2）严格按照旋挖钻机操作规程进行钻进成孔，钻进过程中随时观测钻杆垂直度，发现偏差及时调整。

（3）旋挖钻进成孔时，注意钻头对中轻缓下放和提出桩孔，避免与套管产生碰撞。

（4）根据内、外套管不同直径及地层情况，配备适宜的旋挖钻头钻进成孔。

（5）完成硬岩钻进后，及时采用捞渣钻头进行孔底清渣。

4. 钢筋笼制作与吊装

（1）吊装钢筋笼前，对笼体进行隐蔽验收检查，检查内容包括长度、直径、焊点、搭接长度等，完成检查验收后进行吊装操作。

（2）起吊钢丝绳如有扭结、变形、断丝、锈蚀等异常情况，则及时更换或报废处理。

（3）钢筋笼采用"双勾多点"的方式缓慢起吊，吊运时防止扭转、弯曲，严防钢筋笼由于起吊操作不当导致变形。

（4）钢筋笼吊放过程中，采取套管口穿杠方式固定钢筋笼进行接长操作。

（5）钢筋笼缓慢下放入孔，避免碰撞钩挂套管。

5. 桩身混凝土灌注

（1）初灌混凝土量满足导管埋深不小于 1m。

（2）桩身混凝土连续灌注施工，间歇时间不超过 30min。

（3）灌注混凝土至桩孔溶洞段时，注意控制灌注速度，并定期测量套管内混凝土上升面，计算并确保导管埋置深度，正常情况下导管埋管深度不小于 15m。

（4）导管拔管提升时，居中操作，避免碰撞钢筋笼。

2.1.10　安全措施

1. 全套管全回转钻机下沉套管护壁

（1）全套管全回转钻机起吊就位时，现场作业人员撤离影响半径范围。

（2）在全套管全回转钻机上作业时，钻机平台四周设置安全防护栏，无关人员严禁登高作业。

（3）钢套管吊装平稳，不得忽快忽慢、突然制动，避免振动和大幅度摆动。

（4）套管吊装因故停止作业时，采取安全可靠的防护措施，严禁将套管长时间悬挂于空中。

2. 旋挖钻机钻进成孔

（1）吊装钢结构装配式平台由专业信号司索工指挥，平台吊装移动前保证起重机行走路线道路平整硬化，平台吊起高度距离地面不得大于 1m，吊装作业区域四周设置安全警戒区。

（2）将旋挖钻机开上钢结构平台，确保旋挖钻机平稳就位，发现偏差及时纠偏，避免发生倾倒伤人、损机事故。

（3）旋挖钻进成孔过程中，缓慢下钻、提钻，注意钻头与全套管全回转钻机的相对位置，避免发生相互碰撞。

（4）旋挖钻机机身回转弃土时，回转缓慢匀速，抖动钻杆、钻头时幅度不得过大，确保钻机在平台上的稳固。

（5）旋挖钻进成孔过程中，如遇卡钻情况发生，立即停止下钻，未查明原因前不得强行启动。

（6）旋挖钻机撤离钢结构平台时，由专人指挥，慢速移动，切忌急停急走，随时观察旋挖钻机履带与平台表面的位置关系，保持履带完全处于平台台面之上；发现出现偏差及时纠偏，确保旋挖钻机平稳开至地面，避免发生倾倒伤人、损机事故。

3. 钢筋笼制安及混凝土灌注

（1）采用自动弯箍机进行钢筋笼箍筋弯曲时，设置专门的红外线保护装置，规范操作，防止人员卷入。

（2）制作完成的节段钢筋笼滚动前，注意观察滚动方向是否有人员活动，防止人员砸伤。

（3）设置专门司索信号工指挥钢筋笼吊装，作业过程中无关人员撤离影响半径范围，吊装区域设置安全隔离带。

（4）灌注桩身混凝土时，平稳起吊漏斗、导管，禁止提升过猛，防止将导管提离混凝土面。

（5）起拔出孔的钢套管按规格分别堆放。

2.2　无充填溶洞全回转钻进灌注桩钢筋笼双套网成桩技术

2.2.1　引言

在喀斯特岩溶发育区，一般地质结构比较复杂，溶洞、裂隙普遍发育。溶洞一般有单个、多层（串珠状）溶洞，有小溶洞（洞高≤3m）、大溶洞（洞高＞3m），有全充填、半充填、无充填溶洞；裂隙发育表现为溶沟、溶槽、石笋、石芽，具体特征为岩面倾斜较大。在岩溶发育区灌注桩施工，一般最常见采用冲击和旋挖钻进成孔工艺，在成孔过程中由于岩面倾斜常造成钻头受力不均匀，钻头顺层滑动，易发生斜孔、卡钻、掉钻，冲击钻进需反复回填块石、黏土进行纠偏，旋挖钻进时则采用回填混凝土处理偏孔，造成钻进成孔困难；而当遇到溶洞尤其是无充填的大溶洞时，易发生泥浆渗漏、垮孔，严重的甚至造成地面塌陷。另外，在灌注桩身混凝土时，混凝土易沿溶洞发生充填，造成混凝土超灌量大，混凝土浪费造成施工费用高。以上这些因素使得在岩溶发育区灌注桩成孔、成桩不可预见因素增多，既影响质量、进度，也存在较大的安全隐患。

2019年10月，龙岗新霖荟邑花园桩基础工程开工，地勘资料显示，该场区为岩溶发育地层，勘察钻孔溶洞见洞率高达66.7％，以单层、多层串珠溶洞分布为主，洞高小于等于3m的占45％，洞高大于3m的占55％，洞高最大8.80m，灌注桩施工难度极大。针对上述问题，综合项目实际条件及施工特点，项目组开展"无充填溶洞灌注桩全回转钻进、钢筋笼双套网综合成桩施工技术"研究，通过使用全套管全回转钻机下沉全套管护壁钻进成孔，在钢筋笼外侧安装镀锌钢丝网与尼龙网灌注成桩，达到了成孔速度快、成桩质量好、混凝土灌注量控制好的效果，实现了质量保证、经济便捷、安全可靠的目标。

2.2.2 工艺特点

1. 钻进效率提升

本工艺针对岩溶发育区的特点，采用全套管全回转钻机成孔，护壁套管下至岩面，一次性解决钻孔护壁、溶洞漏浆、塌孔、斜岩处理、清孔等关键技术难题，无需反复处理孔内事故，钻进成孔效率高。

2. 成桩质量可靠

本工艺采用全套管全回转钻进，全孔钢套管护壁，确保了溶洞段不漏浆，钻孔垂直度控制好，清孔效果好；钢筋笼采用镀锌钢丝网、密目尼龙网结构，有效解决了溶洞段套管起拔后灌注混凝土的扩散流失，保证了灌注成桩质量。

3. 综合成本经济

本工艺采用全套管全回转钻进，成孔效率高，节省了大量溶洞处理时间，保证了工期；采用钢筋笼双套管结构，有效控制了灌注混凝土流失，节省了大量的混凝土材料，总体综合成本经济。

4. 绿色文明施工

本工艺采用全套管全回转钻机施工，现场无需预先准备大量的块石、黏土回填处理溶洞；采用全套管护壁，不需要采用泥浆护壁，减小了泥浆循环系统的布设，以及泥浆的使用量；全套管全回转冲抓捞取的渣土含水率低，便于及时外运，为现场绿色文明施工创造了条件。

2.2.3 适用范围

适用于岩溶发育区灌注桩成孔、灌注成桩施工，尤其适用于溶洞高度大于3m、无充填、串珠溶洞的灌注桩施工。

2.2.4 工艺原理

本工艺针对无充填溶洞全回转钻进灌注桩钢筋笼双套网成桩技术进行研究，其关键技术主要包括以下两部分：一是采用全套管全回转钻机成孔，用全套管护壁，避免溶洞漏失对成孔的影响；二是在钢筋笼外侧安装钢丝网、密目尼龙网的双套网结构，在护筒起拔后能有效阻挡混凝土的扩散流失，控制了桩身混凝土的超灌量，保证桩身质量。

1. 全套管全回转钻进

当钻进至溶洞顶岩面时，采用冲击与冲抓相结合的钻进工艺，即采用冲锤在套管内冲击碎岩，并采用冲抓斗捞渣；反复冲击破碎修孔，并用钻机回转钻进、下压套管，直至套管下至桩端持力层。

钻孔完成后，立即测量孔深、确认持力层，满足要求后进行一次捞渣斗清孔，安装钢筋笼和灌注导管后，采用气举反循环工艺二次清孔，最后灌注混凝土成桩；灌注桩身混凝土的过程中，利用全套管全回转钻机的起拔力将钢套管分段拔出。

全套管全回转钻进工艺过程及原理见图 2.2-1～图 2.2-8。

图 2.2-1　钻机就位、套管吊装　　图 2.2-2　钻机回转下压套管　　图 2.2-3　冲抓斗套管内取土

 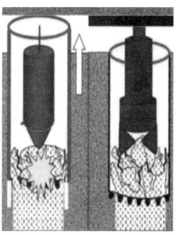 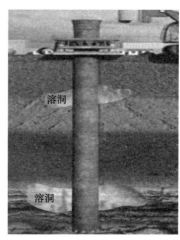

图 2.2-4　套管孔口接长　　图 2.2-5　冲锤破岩、冲抓斗捞渣　　图 2.2-6　全套管钻进至岩面

2. 钢筋笼外侧安装双套网

由于受溶洞分布的影响，在灌注桩身混凝土时，尽管混凝土可通过添加速凝剂减缓其流动扩散，但水下混凝土具备一定的坍落度和流动性，灌注时溶洞段混凝土将向溶洞的空间进行扩散。为避免在护壁套管起拔后桩身灌注混凝土的快速流失，本工艺采用在桩孔溶洞分布段桩身钢筋笼外侧设置镀锌钢丝网、尼龙网两层结构，起到有效减缓混凝土快速扩散的作用，有效控制了混凝土的流失。

（1）镀锌钢丝网结构

钢筋笼制作按设计图纸加工，制作完成后根据成孔显示的溶洞顶、底埋深，按溶洞顶向上、溶洞底向下各延伸 1m 安装镀锌钢丝网，以确保阻隔混凝土扩散的有效性。钢筋笼安装镀锌钢丝网见图 2.2-9。

图 2.2-7　套管内灌注桩身混凝土

图 2.2-8　钻机起拔护壁套管

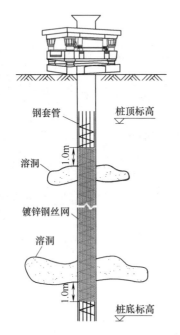

图 2.2-9　钢筋笼安装镀锌钢丝网

（2）镀锌钢丝网选材

选用优质低碳钢丝，其通过精密的自动化机械技术电焊热镀锌加工制成，网面平滑整齐，结构坚固均匀，整体性能好；同时，钢丝网具有良好的柔韧性和可塑性，即使镀锌钢丝网局部裁剪或局部承受压力也不致发生脱焊现象，依然可以有效阻挡混凝土的扩散；另外，镀锌后耐腐蚀性好，安全性高，耐久性强，满足其成为桩身混凝土内材料的要求。本工艺选用热镀锌钢丝网，网孔呈菱形，丝径 0.9mm。镀锌钢丝网实物与尺寸标识见图 2.2-10、图 2.2-11。

图 2.2-10　镀锌钢丝网实物图

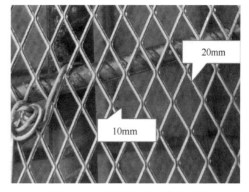

图 2.2-11　镀锌钢尺寸标识图

（3）镀锌钢丝网安装

镀锌钢丝网采用 20 号钢丝直接绑扎在钢筋笼上，梅花式绑扎，横向和竖向搭接处覆盖 20cm。

3. 密目尼龙网

（1）钢筋笼安装镀锌钢网能有效减少溶洞段混凝土粗粒碎石向钢筋笼外侧扩散，但水泥浆、砂、碎石等细粒径材料容易外流，流失过大会造成混凝土离析。为此，在镀锌钢丝网外侧加设一层密目尼龙网，以进一步阻隔混凝土和水泥浆向钢筋笼外侧流动，保证钢筋笼内混凝土的整体性和桩身完整性。

（2）密目尼龙网材质为 HDPE 高密度聚乙烯，网目密度为 2000 目/100cm^2，具有韧性高、弹性好、耐腐蚀特点。

（3）尼龙网安装采用兜底法包裹钢筋笼和镀锌钢丝网，并采用钢丝按 2m 间距将尼龙网固定在镀锌钢丝网上，尼龙网的安装长度为钢筋笼底至镀锌钢丝网顶端齐平。尼龙网安装及灌注混凝土效果示意见图 2.2-12，现场尼龙网安装见图 2.2-13、图 2.2-14。

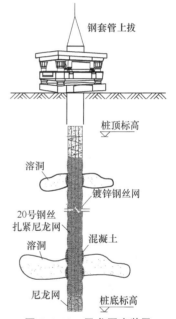

图 2.2-12　尼龙网安装及灌注混凝土效果示意图

图 2.2-13　钢筋笼镀锌钢丝网外侧安装密目网

图 2.2-14　密目网安装完成

2.2.5　施工工艺流程

无充填溶洞全回转钻进灌注桩钢筋笼双套网综合成桩施工工艺流程见图 2.2-15。

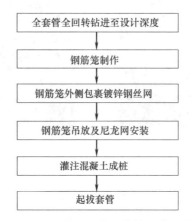

图 2.2-15　无充填溶洞全回转钻进灌注桩钢筋
笼双套网综合成桩工艺流程图

2.2.6　工序操作要点

1. 全套管全回转钻进至设计深度

（1）采用景安重工 JAR260H 全套管全回转钻机与特制钢套管，套管直径 1000mm，配套 120 型履带起重机、220 型挖掘机等。全套管全回转钻机及配套设备见图 2.2-16，护壁钢套管及合金管靴见图 2.2-17。

图 2.2-16　全套管全回转钻机及配套设备

图 2.2-17　护壁钢套管及合金管靴

（2）使用全套管全回转钻机与配备的液压动力站，将带特制刀头钢套管回转切入，同时使用冲抓斗取土（图 2.2-18）；遇块石、孤石或硬质夹层时，使用十字冲锤（图 2.2-19）冲碎后，再使用冲抓斗进行抓取。套管内抓取的灰岩和溶洞内填充物见图 2.2-20。

（3）抓斗取土时，保证套管超前成孔深度 2m 左右，当每节套管压入桩孔内到在钻机平台上剩余 50cm 时，及时接入下一节套管。套管吊装孔口连接见图 2.2-21。

图 2.2-18 全回转钻进冲抓斗取土

图 2.2-19 破岩十字冲锤

图 2.2-20 套管内抓取的灰岩和溶洞内填充物

（4）在钻进至溶洞附近时，放慢成孔速度，使用全套管全回转钻机夹紧套管，以防止套管下沉；钻进过程专人记录溶洞实际位置，并计算出钢筋笼需安装镀锌钢网及密目网长度。

（5）穿过溶洞后，继续成孔至持力层面，在完成岩层判定后，成孔直至达到设计入岩深度，并与监理、业主等单位进行终孔验收；终孔验收后，使用捞渣斗进行孔内捞渣，捞渣斗清渣见图 2.2-22。

图 2.2-21 套管吊装孔口连接

图 2.2-22 全套管全回转钻进捞渣斗清渣

2. 钢筋笼制作

（1）为提升钢筋笼吊装效率，底节钢筋笼先行制作，长度 24m 左右，上部其余钢筋笼长度根据实际成孔深度确定。

（2）钢筋笼制作完毕后，由监理、业主进行隐蔽验收，合格后安装镀锌钢丝网。钢筋笼制作见图 2.2-23。

图 2.2-23　钢筋笼制作

（3）钢筋笼底部采用钢筋焊接呈井字形，初灌混凝土覆盖底部网状结构，有效防止灌注混凝土时的钢筋笼出现上浮。钢筋笼底部防止上浮井字形结构见图 2.2-24。

图 2.2-24　钢筋笼底部防止上浮井字形结构

（4）为确保钢筋笼保护层厚度，采用在钢筋笼体分段设置混凝土保护层垫块（图 2.2-25），每层 3 块，确保钢筋笼居中安放。

图 2.2-25　钢筋笼安装垫块与混凝土垫块

3. 钢筋笼外侧包裹镀锌钢丝网

（1）钢筋笼验收合格后，根据实际成孔计算出所需安装镀锌钢丝网长度，在钢筋笼外侧进行安装，以 493 号桩为例，其勘察钻孔资料显示在 10.0m 与 25.5m 处有溶洞，根据终孔资料确定在钢筋笼上安装 18.0m 长镀锌钢丝网。493 号桩钻孔终孔技术参数见图 2.2-26，钢筋笼安装镀锌钢丝网见图 2.2-27。

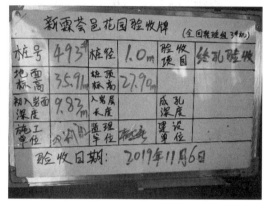

图 2.2-26　493 号桩钻孔终孔技术参数　　　图 2.2-27　钢筋笼安装镀锌钢丝网

（2）镀锌钢丝网制作时，采用电动剪根据需要裁剪。

（3）采用 20 号钢丝将镀锌钢丝网固定在钢筋笼外侧，以梅花形点状绑扎。

（4）钢丝网分段搭接处采用重叠安装，搭接不少于 20cm，钢丝网重叠搭设具体见图 2.2-28。

（5）对于现场揭示无充填的大溶洞，根据现场实际经验，可采用双层钢丝网结构，最大限度地减少混凝土扩散，无充填溶洞段钢筋笼双层钢丝网安装见图 2.2-29。

图 2.2-28　钢丝网重叠搭设　　　图 2.2-29　无充填溶洞段钢筋笼安装双层钢丝网

4. 钢筋笼吊放及尼龙网安装

（1）钢筋笼制作完成后，采用起重机吊放；钢筋笼吊钩位置处，采用开口设置，并预留封口镀锌钢丝网，待吊钩卸除后进行封闭，避免钢丝网缺失，钢筋笼吊钩处设置具体见图 2.2-30，钢筋笼吊放见图 2.2-31。

图 2.2-30　钢筋笼吊钩处设置

图 2.2-31　钢筋笼吊放

（2）钢筋笼吊放入孔之前，根据实际成孔计算出密目尼龙网安装长度，并裁剪出所需密目尼龙网套在套管孔口；尼龙网采用兜住钢筋笼底同步全程包裹钢筋笼设置，尼龙网间搭接采用穿钢丝线连接密封，孔口尼龙网搭接与铺设见图 2.2-32。

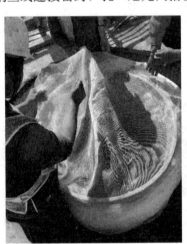

图 2.2-32　孔口尼龙网搭接与铺设

（3）将钢筋笼吊放到套管内下放，下放的同时伴随尼龙网兜住钢筋笼底同步下放；钢筋笼下放至吊钩处时，采用起重机辅助作业将吊钩卸除，并恢复吊钩处钢丝网覆盖、密封，避免出现洞口造成混凝土漏失，见图 2.2-33。

（4）钢筋笼在套管内持续下放，尼龙网连续包裹钢丝网，钢筋笼下放至镀锌钢丝网顶端位置后停止下放，并用钢丝将尼龙网四周绑扎在钢筋笼上，见图 2.2-34。

（5）密目尼龙网上部套口扎紧后，将钢筋笼整体缓慢向上提起，每隔 2m 用钢丝将密目尼龙网四周绑扎一圈并固定在钢筋笼上（图 2.2-35）；多节钢筋笼时，钢筋笼对接处不安装镀锌钢丝网，在钢筋笼搭接完成后再安装；全部钢筋笼吊放并安装尼龙网后，再将钢筋笼下放至孔内。钢筋笼底部检查尼龙网包裹情况见图 2.2-36。

图 2.2-33　钢筋笼套管内下放至吊钩处卸钩恢复钢丝网

图 2.2-34　钢丝网顶部尼龙网绑扎固定

图 2.2-35　尼龙网钢丝绑扎固定　　　　图 2.2-36　钢筋笼底部检查尼龙网包裹情况

5. 灌注混凝土成桩

（1）为避免钢筋笼安装钢丝网后，混凝土粗骨料被钢丝网阻挡造成混凝土离析，搅拌站严格按配合比配制混凝土，控制好细石粗骨料的用量和粒径，现场对每罐车混凝土进行检查，保证灌注质量。

（2）钢筋笼下放就位后，在孔口及时安放灌注导管（图 2.2-37），并测量孔底沉渣厚度，如检测不满足要求，则采用气举反循环二次清孔；清孔满足要求后，快速完成孔口灌注斗安装（图 2.2-38），立即开始灌注混凝土，最大限度地缩短准备时间。

图 2.2-37　安放灌注导管

图 2.2-38　安装灌注斗

（3）采用强度等级为 C35、坍落度为 18～22cm、抗渗等级为 P8 的细石混凝土进行水下灌注，混凝土中适量添加速凝剂，以减少混凝土的流动。

（4）灌注混凝土用料斗吊灌，根据桩径、溶洞的适量充填及导管埋设深度要求，采用 $3m^3$ 初灌斗灌注，以确保初灌时混凝土面上升高度超过导管底部 0.8m 以上。桩身混凝土大斗初灌见图 2.2-39。

（5）混凝土灌注时，控制混凝土灌注速度，尤其在溶洞分布段，采用慢速回顶灌注法，并定时观察、测量套管内混凝土面的上升高度，在每辆混凝土罐车卸料完毕后，对桩孔内混凝土面上升高度进行测量，根据埋管深度及时拆管（图 2.2-40），确保灌注时导管最大埋深不超过 6m。

图 2.2-39　桩身混凝土大斗初灌

图 2.2-40　分节拆除灌注导管

（6）灌注过程中，保持混凝土连续作业，防止堵管；至桩顶标高时，放慢灌注速度，观察混凝土面是否稳定，防止溶洞段发生渗漏出现混凝土面下降。

6. 起拔套管

（1）边灌注混凝土、边拔出套管，在拔出每节套管后，及时测量混凝土面高度，保证套管最下端在混凝土面以下足够的深度，尤其在溶洞分布段，套管最下端在混凝土面以下埋管深度不少于10m，避免混凝土在溶洞段渗漏而造成孔内灌注事故。

（2）起拔套管采用全套管全回转钻机自带的顶力起拔，并使用起重机起吊，现场套管起拔见图2.2-41。

图 2.2-41 全套管全回转灌注起拔套管

2.2.7 机械设备配置

本工艺现场施工所涉及的主要机械设备见表2.2-1。

主要机械设备配置表 表 2.2-1

名称	型号	备注
全套管全回转钻机	JAR260H	灌注桩成孔
履带起重机	120型	配合成孔、清渣、灌注混凝土
挖掘机	220型	转运成孔渣土
空气压缩机	KSDY-12.5/10	配合清渣桶、清渣头在套管内清渣
电焊机	ZX7-400	焊接钢筋笼
冲抓斗	直径1m	抓取套管内桩土
捞渣斗	直径1m	捞取套管内虚土
十字冲锤	直径1m	冲碎孤石

2.2.8 质量控制

1. 全套管全回转成孔

（1）测量人员测放桩位中心点，用全套管全回转钻机底盘中心点对准桩位后，再次进行测量复核，复核结果满足要求后进行钻进。

（2）全套管全回转钻机施工时，采用自动调节装置调整钻机水平，并在钻机旁安置两套铅垂线，或采用经纬仪进行套管垂直度校正，保证成孔垂直度满足设计要求。

（3）全套管全回转钻机成孔时，上部填土确保套管底深度比当前成孔深度超前 2m；施工过程中，派专人记录成孔深度，并根据深度及时连接下一节套管。

（4）钢套管孔口采用螺栓连接，连接采用初拧、复拧两种方式，保证连接牢固。

（5）遇孤石时，采用十字冲锤破碎后再使用冲抓斗抓取。

2. 钢筋笼安装镀锌钢丝网

（1）根据现场实际成孔记录的溶洞位置，计算所需钢丝网长度。

（2）根据现场实际成孔、溶洞大小，确定钢筋笼外侧装一层或双层钢丝网。

（3）钢丝网在钢筋笼上安装时，采用钢丝进行梅花形点状绑扎，扎紧扎牢。

（4）钢丝网重叠部分绑扎牢固。

（5）根据钢筋笼长度确定吊点后，钢丝网在吊点处进行开口设置，待钢筋笼下放至桩孔内卸除吊钩后，对吊窗位置进行封闭处理。

（6）多节钢筋笼时，钢筋笼对接区域暂不安装钢丝网，待钢筋笼在孔口处对接完毕后再安装钢丝网。

3. 钢筋笼安装尼龙网

（1）根据现场实际成孔记录溶洞位置，准确计算好所需尼龙网长度。

（2）钢筋笼吊放至桩孔时，采用兜底法安装尼龙网。

（3）钢筋笼下放至钢丝网顶端距离孔口 1m 时，将尼龙网用钢丝扎紧在钢筋笼上，扎紧完毕后提升钢筋笼，每隔 2m 用钢丝将尼龙网在钢筋笼上扎紧。

4. 灌注桩身混凝土

（1）桩身混凝土初灌采用孔口大料斗加吊斗灌注，确保混凝土初灌量满足导管埋深要求。

（2）灌注至桩孔溶洞段时，控制灌注速度，并定期测量套管内混凝土上升面，计算导管埋管深度，确保灌注时套管埋管不少于 10m，防止溶洞段扩散混凝土快速下降而造成断桩。

（3）套管起拔时，采用慢速间歇起拔，防止混凝土对钢丝网和尼龙网的瞬时压力过大。

2.2.9　安全措施

1. 全套管全回转成孔

（1）全套管全回转钻机、履带起重机操作人员进行技术交底与安全教育培训后持证上岗。

（2）履带起重机吊装作业时，严禁无关人员在履带起重机施工半径内，吊装作业由司索工现场指挥。

（3）冲抓斗在指定地点卸土时，做好警示隔离，无关人员禁止进入。

（4）施工现场有雷电、中雨及四级以上大风时，立即停止全回转成孔、钢筋笼吊放桩孔、混凝土灌注等施工作业，并做好防护措施。

（5）每日施工前，检查履带起重机等设备钢丝绳是否有破损，对有破损的钢丝绳及时更换。

（6）在全套管全回转钻机上作业时，钻机平台四周设置安全防护栏和上下梯，无关人员严禁登机。

2. 钢筋笼安装镀锌钢丝网

（1）钢筋笼外侧安装镀锌钢丝网在钢筋笼验收后进行，严禁边焊接螺旋筋边安装镀锌钢丝网。

（2）镀锌钢丝网安装完毕后，由司索工指挥起吊。

（3）有多节钢筋笼时，在孔口焊接对接，由专业焊工操作。

3. 钢筋笼安装尼龙网

（1）尼龙网在钢筋笼吊装前在套管口安装，严禁将钢筋笼吊装至孔口上方时再安装尼龙网。

（2）尼龙网跟随钢筋笼同步下放时，全程由司索工指挥。

第3章 全套管全回转、旋挖、RCD 钻机成套钻进成桩新技术

3.1 海上百米嵌岩桩全套管全回转与旋挖、RCD 钻机组合成桩技术

3.1.1 引言

海上桥桩主墩基础通常设计为大直径嵌岩灌注桩，施工时需在海上搭建平台施工，通常情况下采用振动锤下入深长护筒，利用旋挖钻机钻进成孔。因其特殊的施工作业环境条件，施工时常遇到深厚海相淤泥层、砂层，钻进成孔时易出现塌孔、缩颈、沉渣超标等问题。同时，振动锤下护筒受深度限制，造成二次清孔效果差。另外，桩端持力层埋深大，超百米深孔的底部硬岩钻进困难，旋挖钻进整体效率低。

澳凼第四跨海大桥起自澳门新城区填海 A 区东侧，与港珠澳大桥口岸人工岛连接，跨越外港航道、内港航道与澳门新城区填海 E 区相连，全桥由北向南划分为：A 区立交桥（1 条主线桥＋4 条匝道桥）＋北引桥＋主桥＋南引桥＋E 区匝道桥。大桥 G2、Z3 两个主桥墩共设计 21 根 $\phi2.8m$ 的永久钢护筒钻孔灌注桩，其中 G2 桥墩 9 根 $\phi2.8m$、Z3 桥墩 12 根 $\phi2.8m$ 灌注桩，桩长 97～106m，桩端入中风化花岗岩不小于 5m。覆盖层为深厚海相淤泥层、中细砂、粗砂等，厚度 92～101m；下伏基岩为花岗岩，平均单轴饱和抗压强度为 45MPa。

针对海上大直径百米嵌岩桩施工中存在的上述问题，项目组对"海上平台大直径百米嵌岩桩全套管全回转与旋挖、RCD 钻机组合成桩施工技术"进行了立项研究，采用全套管全回转钻机下放超长永久性钢套管护壁，钢套管下至完整岩面，有效防止了成孔过程中出现塌孔；覆盖层采用旋挖钻机套管内取土，解决了超长钻孔抓斗钢丝绳提升取土工效低的问题；硬岩钻进采取气举反循环钻机（RCD）回转钻进，配置全断面滚刀研磨硬岩，解决了旋挖钻机超深孔入岩效率低、分级取芯钻进时垂直度差的问题，达到了质量可靠、施工快捷、降低成本的效果。海上平台施工现场见图 3.1-1。

3.1.2 工艺特点

1. 成桩质量好

本工艺成孔时，采用全套管跟进，套管深度嵌入完整岩面，有效解决了淤泥层、砂层等不良地层塌孔问题；入岩时采用 RCD 钻机配备的全断面滚刀钻头研磨硬岩，保证了桩底沉渣厚度达标和入岩段垂直度；混凝土灌注时，分别采用水泥浆和混凝土进行两次开塞，实现桩底零沉渣。

图 3.1-1　海上平台施工现场

2. 钻进效率高

本工艺采用 JAR320H 型大扭矩全套管全回转钻机下沉套管，配合套管外壁注浆、焊减阻条及套管内取土等减阻技术，有效提升套管下沉速度；土层成孔时采用旋挖钻机取土排渣，入岩时采用气举反循环滚刀钻头全断面研磨钻进，避免岩渣重复破碎，有效提升了成孔工效，整体施工效率高。

3. 综合成本低

本工艺采用全套管全回转钻机实施全套管护壁钻进，配合旋挖钻机取土、RCD 钻机入岩组合工艺，相对比传统振动锤下放护筒、冲抓斗取土、旋挖硬岩分级扩孔钻进工艺，大大缩短了施工时间。同时，全套管全回转钻机、旋挖钻机、RCD 钻机现场实现流水作业，总体施工成本低。

3.1.3　适用范围

适用于在水上平台、码头及海上设施的基础工程灌注桩施工，适用于直径 2500mm 及以上、易塌孔地层条件下的灌注桩施工，适用于百米孔深、桩端硬岩灌注桩施工。

3.1.4　工艺原理

本工艺针对成孔深、地质条件复杂的海上大直径嵌岩灌注桩施工，采用全套管全回转配合旋挖、RCD 等多种类型钻机组合施工工艺，有效提升了施工进度和成桩质量，其关键技术主要包括以下四个部分：一是全套管护壁施工技术；二是超长钢套管内、外侧减阻下沉技术；三是 RCD 钻机全断面破岩技术；四是超大体积桩身混凝土灌注技术等。

1. 全套管护壁施工技术

全套管下沉采用全回转钻机施工，全套管全回转钻机采用目前国内最大的 JAR320H 型，通过动力装置对钢套管施加扭矩和垂直荷载，驱动钢套管 360°回转，同时底节套管高强合金刀头对土体进行切削，使套管在地层中钻进下沉。钢套管由单节套管通过焊接连接，随旋挖钻机钻进取土逐节加接套管直至岩面，从而实现钻进过程中土层段全套管护壁，避免了上部软弱地层塌孔问题。全套管全回转钻机全套管护壁旋挖取土钻进成孔见图 3.1-2。

图 3.1-2 全套管护壁旋挖取土钻进成孔

2. 超长钢套管内、外减阻下沉技术

超长钢套管下沉时，套管会受到套管内、外土体对套管的摩阻力影响，造成下沉困难。本工艺采用套管内取土减阻技术，施工时在淤泥层、砂层中采用套管超前钻进，在黏性土和强风化地层采用超前取土钻进，最大限度减小套管内土体对套管的侧摩阻力。

套管外减阻采用注浆减阻法和减阻条减阻法。注浆减阻法在通长的套管外壁对称焊接两组注浆管，每组两根，注浆液采用膨润土和水拌制，套管下沉过程中通过注浆管将注浆液泵入套管底部，随着浆液渗入量的增加，套管与周围土体之间被浆液填充，套管回转下沉时使浆液环绕套管侧壁形成润滑层，从而达到下沉时减阻效果，套管外壁注浆管设置见图 3.1-3。减阻条减阻法在钢套管外壁对称加焊两根通长钢条作为减阻条，在钢套管下沉时，由套管壁与土体之间的接触摩擦改为钢条与土体的切削，从而减小钢套管与土体的侧摩阻力，套管外壁减阻钢条设置见图 3.1-4。

图 3.1-3 套管外壁注浆管设置   图 3.1-4 套管外壁减阻钢条设置

3. RCD 钻机全断面破岩技术

硬岩钻进采用气举反循环钻机（RCD）进行施工，RCD 钻机由机架、动力站、空压机及钻具四部分组成，利用动力站提供的液压动力带动钻杆及钻头旋转，钻进过程中钻具底部的球齿滚刀绕自身基座中心点持续转动，滚刀上镶嵌有金刚石颗粒，金刚石颗粒在轴向力、水平力和扭矩的作用下，连续研磨、刻划、犁削岩石。当挤压力超过岩石颗粒之间的粘结力时，部分岩块从岩层母体中削离出成为碎岩。随着钻头的不断旋转压入，碎块石被研磨成细粒状岩屑，并通过气举反循环方式排出，同时排出的钻渣随泥浆排入沉淀箱分离，沉淀箱将泥浆净化后再回流至桩孔中循环使用。RCD 钻机全断面破岩钻进见图 3.1-5，RCD 钻机滚刀钻头见图 3.1-6。

图 3.1-5　RCD 钻机全断面破岩钻进

图 3.1-6　RCD 钻机滚刀钻头

4. 桩身大体积混凝土灌注技术

大直径百米桩混凝土方量达 $500m^3$ 以上，灌注时间达 10h 以上才能完成，常规混凝土约 4h 即初凝，为防止大体积混凝土在灌注过程中快速初凝，采用超缓凝混凝土进行灌注。为保证大直径百米桩混凝土灌注质量，在混凝土灌注之前采用水泥浆进行一次开塞，起到润管作用，避免混凝土中水泥浆粘管，防止初灌混凝土发生离析。同时，清孔作业完成后桩底仍残留少量岩屑颗粒，水泥浆开塞时料斗内水泥浆由势能转化为动能，快速冲入桩底，桩底残余岩屑颗粒受水泥浆冲击与水泥浆充分混合，水泥浆密度 $2.45g/cm^3$、黏度 18s，可使岩屑颗粒悬浮于水泥浆液中。水泥浆一次开塞完成后，再采用混凝土进行二次开塞，对桩底沉渣混合物进行二次冲击，使其置于混凝土面之上，从而保证桩底零沉渣效果。

3.1.5　施工工艺流程

以澳凼第四跨海大桥 G2、Z3 主桥墩桩基工程为例，海上平台大直径百米嵌岩桩全套管全回转与旋挖、RCD 钻机组合成桩施工工艺流程见图 3.1-7。

3.1.6　工序操作要点

1. 施工准备

（1）根据施工设备荷载作业需求，由专业单位搭设钢制施工平台，钢结构施工平台见图 3.1-8。

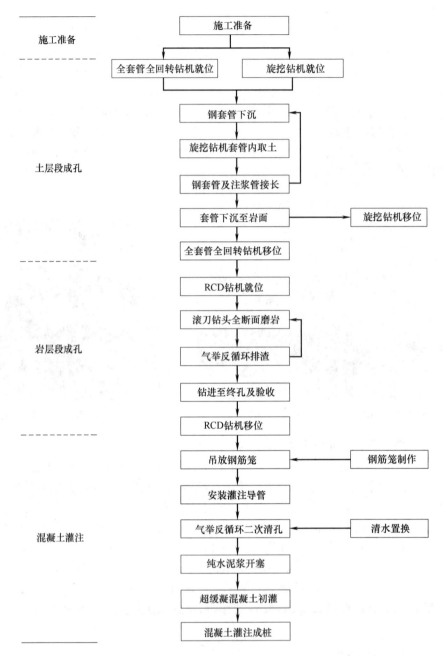

图 3.1-7　海上平台大直径百米嵌岩桩全套管全回转与旋挖、RCD 钻机组合成桩施工工艺流程图

（2）收集设计图纸、勘察报告、测量控制点及所施工桩位附近地层资料，编制施工方案等。

（3）采用全站仪对桩位进行放线，测放桩位见图 3.1-9。

（4）组织施工所需的机械设备进场，做好钢护筒、钢筋笼半成品等材料准备，进场设备、物资装船运输至平台见图 3.1-10。

图 3.1-8 钢结构施工平台

图 3.1-9 测放桩位

图 3.1-10 进场设备、物资装船运输至平台

2. 全套管全回转钻机就位

（1）全套管全回转钻机采用景安重工 JAR-320H（图 3.1-11），该钻机功率 403kW（动力站 1）＋205kW（动力站 2），回转扭矩 9080kN·m，最大套管下沉力 1100kN，最大成孔直径 3.1m。

图 3.1-11 JAR-320H 全套管全回转钻机

（2）将船运的钻机定位基板吊运至平台（图 3.1-12），将定位基板吊放至桩位（图 3.1-13），采用十字线交叉法调整定位基板位置（图 3.1-14），使定位基板中心点与桩中心点重合。

图 3.1-12　定位基板转运　　　图 3.1-13　定位基板孔口吊放　　　图 3.1-14　定位基板就位

（3）采用履带起重机将运输船上的钻机吊放至平台桩位，就位时保证桩位点、定位基板中心点、全套管全回转钻机回转机构中心点三点重合，就位后将钻机的反力叉固定。钻机吊运见图 3.1-15，钻机对中就位见图 3.1-16，钻机反力叉固定见图 3.1-17。

图 3.1-15　钻机吊运　　　图 3.1-16　钻机对中就位　　　图 3.1-17　钻机反力叉固定

3. 旋挖钻机就位

（1）旋挖钻机采用 SWDM550 型进行施工，该旋挖钻机最大成孔直径 3.5m，最大成孔深度 135m，额定功率 447kW，最大扭矩 550kN·m。

（2）旋挖钻机施工作业面铺设钢板，将旋挖钻机移机至钢板上就位，平台上旋挖钻机在全套管全回转钻机旁就位见图 3.1-18。

（3）在施工平台上旋挖钻机旁放置 2 个 15m³ 渣土箱，渣土箱尺寸：2.5m（宽）×4m（长）×1.5m（高），平台上渣土箱见图 3.1-19。

图 3.1-18　旋挖钻机就位

图 3.1-19　渣土箱

4. 钢套管下沉

（1）本项目钢套管外径 2.8m，壁厚 32mm，标准节长度为 12m，部分连接节为 8m，其中第一节为 18m。现场护壁钢套管见图 3.1-20。

（2）首节钢套管底部镶合金刀齿，合金齿密排，增强硬岩切削能力；现场采用氧焊切割套管底形成齿坐，并镶焊合金刀齿（图 3.1-21）。

图 3.1-20　护壁钢套管　　　　图 3.1-21　钢套管底切割齿坐并镶焊合金刀齿

（3）钢套管下沉采用注浆减阻法时，在钢套管外侧垂直方向各焊接两根注浆管（外径 30mm，壁厚 3mm），注浆管两侧采用 2 根带肋钢筋（直径 32mm）进行保护，注浆管设置见图 3.1-22。

（4）钢套管下沉采用减阻条减阻法时，在钢套管外侧垂直方向各焊接一根减阻条（宽度、厚度各 20mm 钢条）。

（5）全套管全回转钻机就位后，起吊首节底部带有合金刃脚的钢套管放入钻机回转机构，楔形夹紧定位块固定钢套管进行下沉。套管下沉时，采用全站仪对钢套管外侧进行垂直度监测（图 3.1-23）。

图 3.1-22 注浆管设置

图 3.1-23 套管就位及垂直度监测

5. 旋挖钻机套管内取土

（1）旋挖钻头采用直径 2.7m、高度 1.2m 双底板截齿捞砂斗。

（2）首节钢套管下沉到位后，采用旋挖钻机进行套管内取土（图 3.1-24）。

（3）旋挖钻斗取出的渣土直接卸入渣土箱（图 3.1-25）。

图 3.1-24 旋挖套管内取土

图 3.1-25 钻渣倒入渣土箱

（4）渣土箱采用角钢和钢板制作，在箱体长边方向设四个起吊点，利用钢丝绳与主吊连接；渣土箱宽度侧板设两个倾倒吊点，采用钢丝绳与副吊连接。渣土箱装满三分之一渣土后，采用履带起重机主吊将渣土箱吊至转运船上方后，释放主吊钢丝绳，副吊保持原状，此时渣土箱由水平慢慢变为直立，渣土箱内渣土顺箱内的斜面倾卸至转运船中，渣土箱转运渣土过程见图 3.1-26～图 3.1-28。

6. 钢套管及注浆管接长

（1）当第一节套管下沉至全套管全回转钻机操作平台顶部 0.5m 位置时停止下沉，将第二节钢套管吊起至第一节钢套管顶部，第二节钢套管吊装就位见图 3.1-29。

（2）在套管对接部位焊接限位钢板（图 3.1-30），使上下两节钢套管对齐。

图 3.1-26　起吊渣土箱

图 3.1-27　吊至转运船上部

图 3.1-28　倾倒渣土

图 3.1-29　第二节钢套管吊装就位

图 3.1-30　限位钢板

（3）当对接套管限位对齐后，采用焊接连接（图 3.1-31），同时将注浆管接长（图 3.1-32）；钢套管焊缝经探伤检测（图 3.1-33）满足设计要求后，切割去除限位钢板，继续下沉。

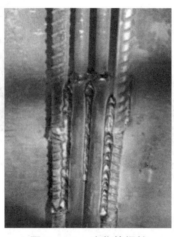

图 3.1-31　钢套管焊接　　　　图 3.1-32　注浆管焊接　　　　图 3.1-33　焊缝探伤检测

（4）完成第二节钢套管压入后，继续旋挖取土，重复以上对接、下压步骤，直至套管底部下沉至岩面。

7. 套管下沉至岩面

（1）套管全断面下沉至岩面后，根据勘察孔提示的深度和岩样综合判断岩性。

（2）采用测绳测量套管及岩面深度（图 3.1-34），确定岩面后将旋挖钻机移至另一桩位施工。

8. 全套管全回转钻机移位

（1）全套管全回转钻机重量 78t，采用 SCC1500 履带起重机进行吊装。SCC1500 履带起重机额定功率 242kW，最大扭矩 1385N·m，最大起重量 150t。

（2）全套管全回转钻机四点起吊（图 3.1-35），徐徐吊起移开桩位（图 3.1-36）。

图 3.1-34　套管及岩面深度测量　　图 3.1-35　全套管全回转钻机起吊　　图 3.1-36　全套管全回转钻机移位

9. RCD 钻机就位

（1）RCD 钻机采用 JRD300 型气举反循环钻机，钻机最大成孔直径 3.0m，最大成孔深度 135m，额定功率 447kW，动力头扭矩 360kN·m。

图 3.1-37　JRD300 型气举反循环钻机

（2）RCD 钻机主要由机架、动力站、空压机、钻具组成（图 3.1-37），配套 141SCY-15B 空压机，空压机最大功率 142kW、额定排气量 15m³/min、额定排气压力 15bar。

（3）RCD 钻机机架采用履带起重机吊至钢套管顶部，钻机机架中心与钢套管中心重合，机架的底部套筒套入钢套管内（图 3.1-38），采用液压夹将机架固定于钢护筒顶部（图 3.1-39）。

图 3.1-38　机架护筒顶安装

图 3.1-39　机架护筒顶液压固定

10. 滚刀钻头全断面磨岩

（1）RCD 钻具由中空钻杆、配重（本项目单个配重 2.3t，共加 2 个配重）、滚刀钻头（图 3.1-40）三部分组成。

图 3.1-40　滚刀钻头

（2）将钻具采用 SCC1500 履带起重机吊起，徐徐放入套管内，滚刀钻头吊放入孔见图 3.1-41、图 3.1-42。

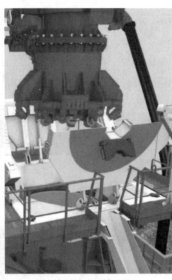

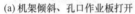

(a) 机架倾斜、孔口作业板打开　　(b) 滚刀钻头吊放入孔　　(c) 孔口作业板关闭、钻头就位

图 3.1-41　滚刀钻头吊放入孔示意图

图 3.1-42　现场 RCD 钻机滚刀钻头起吊入孔

（3）单根主动钻杆标准长 3m，采用法兰式螺栓连接，中心管为排渣通道，两侧为 2 根通风管，钻杆法兰之间采用高强螺栓连接，钻杆连接具体见图 3.1-43～图 3.1-45。

（4）启动空压机，在钻头中通入压缩空气，开动钻机驱动合金滚刀钻头回转钻进，施工过程中保持钻孔平台水平，采用经纬仪复核（图 3.1-46），以保证桩孔垂直度。

(a) 动力头连接钻杆 (b) 动力头及钻杆与钻头连接 (c) 滚刀钻头孔内状态

图3.1-43 钻杆法兰螺栓连接示意图

图3.1-44 钻杆螺栓连接 图3.1-45 螺栓电动扳手紧固 图3.1-46 平台水平度测量

11. 气举反循环排渣

（1）钻机利用动力头提供的液压动力带动钻杆和钻头旋转，钻头底部的球齿合金滚刀与岩石研磨钻进，通过空压机提供的高风压将泥浆携破碎岩屑经由中空钻杆抽吸，通过胶管输送至三级沉淀箱，经分离出岩屑后回流至钻孔中实现循环，RCD钻机泥浆循环系统见图3.1-47。

（2）破岩钻进过程中，观察进尺和排渣情况，钻孔深度通过钻杆长度进行测算，钻孔深度测量见图3.1-48。通过排出的碎屑岩样判断入岩情况，进行中风化岩面验收，中风化岩样见图3.1-49。

图 3.1-47　RCD 钻机泥浆循环系统

图 3.1-48　钻孔深度测量　　　　　　　　图 3.1-49　中风化岩样

12. 钻进至终孔及验收

（1）RCD 钻机钻进至设计桩底标高后，采用气举反循环清除桩孔底部岩屑，直至桩底残留沉渣全部被排出孔外。

（2）一次清孔完成后，对桩底持力层岩样进行取样验收，岩样终孔验收见图 3.1-50。

（3）桩孔垂直度采用 TS-K100CW 型超声波测试仪进行检测，将仪器探头沿桩孔垂直下降至桩孔底，测定桩孔的直径、垂直度及整桩尺寸等，并打印检测结果，现场钻孔超声波检测见图 3.1-51。

13. RCD 钻机移位

（1）各终孔检验指标满足设计要求后，松开并解除 RCD 钻机钻杆法兰连接螺栓，分节将钻杆拆除。

（2）钻杆拆除钻头吊出后，将机架与钢套管连接液压夹卸压松开，采用 SCC1500 履带起重机将 RCD 钻机吊离桩位。

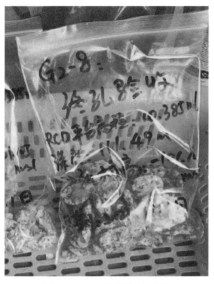

图 3.1-50 岩样终孔验收

图 3.1-51 超声波检测

14. 吊放钢筋笼

（1）钢筋笼采用场外加工，利用转运船分节运转至平台。

（2）钢筋笼采用专用套筒连接（图 3.1-52），加强箍筋与主筋采用 U 形卡扣连接，箍筋与主筋采用绑扎连接（图 3.1-53）。

图 3.1-52 主筋套筒连接

图 3.1-53 箍筋与主筋绑扎连接

（3）采用环形吊装装置分节吊装孔口连接方式，分节长度约 20m，环形吊装装置见图 3.1-54，钢筋笼吊装见图 3.1-55。

（4）钢筋笼接长采用液压分体式锥形套筒进行连接，由专人负责操作。

（5）将第一节钢筋笼吊入孔口，徐徐下放至笼体上端最后一道加强箍筋时，采用 2 根钢筋穿过加强筋的下方，将钢筋笼固定后进行钢筋笼连接，钢筋笼孔口对接见图 3.1-56。

图 3.1-54　环形吊装装置

图 3.1-55　钢筋笼吊装

(a) 套筒液压钳

(b) 钢筋笼对接

(c) 安装钢筋锥形套筒对接

(d) 钢筋套筒连接完成

图 3.1-56　钢筋笼孔口对接

15. 安装灌注导管

（1）采用水下导管回顶法灌注，导管直径为273mm。灌注导管（图3.1-57）采用丝扣连接方式，使用前对导管进行水密性测试，导管测试合格后用于现场灌注。

（2）将导管分节吊放入孔，直至导管距离桩孔底30~50cm，见图3.1-58。

图3.1-57 灌注导管

图3.1-58 导管安放

16. 气举反循环二次清孔

（1）二次清孔采用气举反循环方式，空压机采用141SCY-15B空压机，气举反循环弯管见图3.1-59。

（2）高压气管采用RULIC HOSE 3802 W. P. 12MPa橡胶软管（直径38.02mm，耐压12MPa），高压气管见图3.1-60。

图3.1-59 气举反循环弯管

图3.1-60 高压气管

（3）清孔过程中，钢套管内持续注入清水置换泥浆，直至桩内泥浆全部被清水置换出孔，气举反循环清孔见图3.1-61。

图 3.1-61　气举反循环清孔

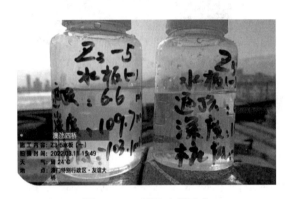

图 3.1-62　清孔水样验收

（4）清孔过程中，收集水样以判断清孔是否干净。清孔水样验收见图 3.1-62。

17. 纯水泥浆开塞

（1）完成清孔后，报监理工程师验收，满足要求后，拆除清孔装置。

（2）灌注料斗采用钢制灌注平台，高度约 4m，容量为 12m³，通过溜槽与导管顶部 8m³ 料斗配合灌注。钢制灌注平台见图 3.1-63，导管顶部料斗见图 3.1-64。

（3）水泥浆开塞采用 P·O 42.5R 硅酸盐水泥配置，水灰比 0.5。将灌注平台料斗装入 6m³ 水泥浆后，进行纯水泥浆开塞。现场水泥浆开塞作业见图 3.1-65。

图 3.1-63　灌注平台　　　　图 3.1-64　料斗　　　　图 3.1-65　水泥浆开塞

18. 超缓凝混凝土初灌

（1）桩身混凝土采用强度等级 C45 超缓凝混凝土，混凝土初凝时间 30h。

（2）采用混凝土运输船＋船泵（图 3.1-66）的方式进行灌注，混凝土运输船将混凝土输送至船泵内，由 2 台船泵输送至钢制灌注平台料斗内（图 3.1-67）。

图 3.1-66　混凝土运输船＋船泵

图 3.1-67　混凝土泵送

（3）将灌注平台料斗采用止浆盖板封闭，导管顶部料斗装满 $8m^3$ 混凝土后上拔止浆盖板（图 3.1-68），混凝土沿导管灌入桩孔内。

（4）上拔止浆盖板后，灌注平台料斗及时向孔口料斗内补料，完成混凝土初灌，具体见图 3.1-69。

图 3.1-68　上拔止浆盖板

图 3.1-69　桩身混凝土灌注

19. 混凝土灌注成桩

（1）每灌入一斗混凝土后，即对孔内混凝土面标高进行探测，并测算混凝土面上升高度和导管埋深，保证导管在混凝土中的埋深为 2～6m。

（2）灌注过程中，保持连续不间断进行。

（3）混凝土灌注接近桩顶时，准确测量混凝土面标高，超灌高度为 1.0m。

3.1.7　机械设备配置

本工艺现场施工所涉及的主要机械设备见表 3.1-1。

主要机械设备配置表　　　　　　　　　表 3.1-1

名称	型号	数量	备注
全套管全回转钻机	JAR-320H	1 台	钢套管下放
旋挖钻机	SWDM50	1 台	土层取土
履带起重机	SCC1500	1 台	吊装
气举反循环钻机（RCD）	JRD300	1 台	入岩成孔
空压机	141SCY-15B	1 台	气举反循环
滚刀钻头	配置 6.9t	2 个	磨岩钻进
灌注平台	12m³	1 个	水泥浆、混凝土灌注
灌注料斗	8m³	1 个	高度约 4m,容量为 12m³
灌注导管	直径 273mm	110m	水泥浆、混凝土灌注
电焊机	NBC-250A	2 台	钢套管焊接
探伤仪	CTS-9006	1 台	焊缝质量检测
渣土转运箱	自制	1 台	渣土转运
泥浆净化器	自制	1 台	泥浆循环、净化泥浆
超声波钻孔检测仪	TS-K100CW	1 台	成孔质量检测
注浆泵	BW150,15kW	1 台	注浆
全站仪	莱卡 TZ05	1 台	桩位测放
经纬仪	莱卡 TM6100A	2 台	垂直度监测

3.1.8　质量控制

1. 全套管全回转钻机成孔

（1）测放桩位点后，以全套管全回转钻机回转机构中心对准桩位中心点后，再次测量复核。

（2）全套管全回转钻机施工时，采用自动调节装置调整钻机水平，并采用经纬仪对套管垂直度进行监测及校正，保证成孔垂直度满足设计要求。

（3）全套管全回转钻机成孔时，安排专人记录成孔孔深，并根据成孔深度及时连接下一节套管，保证套管底深度比当前取土深度超前不小于 2m。

（4）钢套管焊接连接时，在连接管焊接部位预打焊接坡口，焊缝满足设计和规范要求。

（5）套管孔口对接时，为保证上下管之间同心，在下管节上焊接 6～10 个定位板。

2. RCD 钻机入岩

（1）吊装 RCD 钻机就位，确保钻头中心与桩孔中心保持一致，采取十字线交叉法校核对中情况。

（2）严格按照 RCD 钻机规程操作，入岩成孔过程中随时观测钻杆垂直度，发现偏差及时调整。

（3）RCD 钻进破岩过程中，及时取样进行岩样鉴定并留样。

（4）接长钻杆时连接牢固，防止钻杆因受较大外力导致开裂或掉钻。

（5）破岩进度慢或累计破岩超过 5m 时，提起钻头检查滚刀头磨损情况，如有损坏则及时更换新的滚刀。

3. 钢筋笼制安及混凝土灌注

（1）桩身混凝土灌注前，采用超声波钻孔检测仪对成孔质量进行检测，检测合格后进行钢筋笼吊放。

（2）钢筋笼吊装前，进行钢筋笼隐蔽验收，检查内容包括：长度、直径、连接情况等，检验合格后进行吊装。

（3）钢筋笼采用专用环形吊具进行吊装，吊运时防止扭转、弯曲；孔口钢筋笼对接采用专用连接器连接，保证连接紧固。

（4）利用导管灌注桩身混凝土，初灌注量保持导管埋入混凝土深度不小于 1m，灌注过程中导管埋管深度保持在 2～6m。

（5）混凝土实际灌注标高满足设计超灌要求，确保桩顶混凝土质量。

3.1.9 安全措施

1. 全套管全回转钻机成孔

（1）保证作业平台整体稳固，承载力满足设备作业需求。

（2）钢套管材质、壁厚、平整度等现场检测合格后投入使用。

（3）套管吊装作业时派专人进行指挥。

（4）焊接作业人员按要求佩戴专用的防护用具，并根据相关操作规程进行焊接操作。

（5）六级以上风力时严禁作业。

2. RCD 钻机入岩

（1）桩机设备进场后，进行安装调试并验收合格。

（2）施工前，认真检测泥浆管路连接情况，防止施工过程中泥浆管松脱。

（3）钻杆接长时，各连接件连接牢固，避免施工中钻杆接头损坏或发生掉钻。

（4）破岩施工作业时，严禁提升钻杆。

（5）施工过程中实时观察钻机工作状态，如发现异常情况，及时停止作业，待排除异常后再进行施工。

3. 钢筋笼制安及混凝土灌注

（1）根据钢筋笼长度计算吊点位置，避免钢筋笼变形、损坏。

（2）孔口接笼时，架立钢筋强度满足荷载要求，接头连接紧固。

（3）混凝土经坍落度检测合格后使用，避免发生堵管事故。

（4）混凝土灌注连续进行，避免中断时间过长导致发生埋管。

（5）钢筋笼吊装、混凝土灌注过程中派专人进行指挥。

3.2 深厚填海区硬岩全套管全回转与 RCD 滚刀钻扩成桩技术

3.2.1 引言

钻孔扩底灌注桩底部直径大于桩身直径，其充分利用桩底扩大的持力层，使桩的承载力得到显著提升，具有良好的经济性。灌注桩扩底钻进时，在钻孔达到所要求的持力层深度后，在桩端换用扩底钻头将桩端直径扩大。目前，国内灌注桩扩底钻进主要在强风化、中风化岩层中进行，在大直径微风化岩扩底受岩质强度高，以及普通钻机扭矩、下压力和扩底钻头破岩能力不足的影响，难以满足在微风化岩层中扩底要求。

澳门黑沙湾新填海某暂住房建造工程，场地原始地貌单元属滨海滩涂地貌，后经人工填土、吹砂填筑而成，场地上部覆盖层主要包括素填土、填石、冲填土、淤泥、中粗砂、砾质黏土等，下伏基岩为燕山三期花岗岩。项目塔楼基础设计采用钻孔扩底灌注桩，直孔段桩径 3m，底部扩大直径 4.5m，桩端持力层为微风化花岗岩，岩石饱和单轴抗压强度 65MPa。钻孔扩底灌注桩总桩数 10 根，有效桩长约为 50m，桩端进入微风化岩 4m，设计永久抗压承载力 122581kN（无风/地震作用组合），短暂抗压承载力 153226kN（风/地震作用组合）。

针对本项目直径大、桩孔深，且上部填海区分布深厚的素填土、填石、冲填土、淤泥、中粗砂等不良地层，下部嵌入微风化硬岩，并在硬岩中扩底的施工困难，项目组对"深厚填海区大直径硬岩全套管全回转护壁与气举反循环钻机液压滚刀钻扩成桩施工技术"进行了研究，采用全套管全回转钻机下压钢套管对上部易塌孔地层进行护壁，在套管内冲抓斗取石、旋挖取土钻进至中风化岩面，再使用气举反循环液压回转钻机（RCD 钻机）与孔口钢套管相连，配置全断面滚刀钻头破岩；完成直孔段设计入岩嵌固深度后，更换带有滚刀液压扩孔钻头磨岩扩底，达到了成孔快捷、扩底高效、质量可靠、成本经济的效果，取得了显著的社会和经济效益。

3.2.2　工艺特点

1. 成孔快捷

本工艺采用全套管全回转钻机下沉深长套管对上部不良地层进行护壁，避免了钻进出现塌孔；在套管内采用冲抓斗抓取块石、旋挖取土钻进，加快了套管安放和深长土层段的钻进速度；硬岩段钻进将套管顶直接与 RCD 钻机液压连接、配重滚刀钻头破岩、气举反循环清渣，大大提升成孔钻进效率。

2. 扩底高效

本工艺采用 SPD300 型大扭矩 RCD 钻机直孔段一次性全断面破岩钻进，扩底时更换四翼重型液压滚刀扩底钻头，钻头配备独立全液压系统控制扩底翼向外扩张或向内收缩，扩底尺寸以钻头行程控制，安装在扩底翼上的滚刀齿研磨围岩，实现硬岩中高效扩底。

3. 质量可靠

本工艺采用全套管全回转钻机安放深长钢套管护壁，套管垂直度得到有效控制，钻孔垂直度满足精度要求；扩底钻头按设计扩底尺寸订制，扩底形状符合扩孔设计要求；RCD 钻机配置气举循环清渣、清水置换、三次清孔，确保孔底干净；采用大直径、双密封圈导管灌注混凝土，增强混凝土扩散效果，整体工序严格控制到位，成桩施工质量得到保证。

4. 成本经济

本工艺采用全套管全回转钻机下沉套管，避免填海区上部深厚不良地层塌孔处理，节省施工时间；全套管全回转护壁与气举反循环钻机液压滚刀钻扩成桩配套工艺成孔效率高，加快施工进度，节省大量的管理费用和现场安全措施费，有效缩短施工工期，综合经济效益显著。

3.2.3 适用范围

适用于全套管全回转钻机安放套管长度不大于60m灌注桩；适用于深厚填土、淤泥、砂层等易塌孔地层的灌注桩；适用于直孔段直径3000mm、扩底直径4500mm灌注桩；适用于饱和抗压强度不大于80MPa的硬岩扩底。

3.2.4 工艺原理

本工艺针对深厚填海区深长大直径硬岩扩底灌注桩施工，采用全套管全回转钻机下沉钢套管护壁与气举反循环钻机液压滚刀钻扩成桩工艺，主要关键技术包括四部分：一是桩孔上部土层采用全套管全回转下沉钢套管护壁，冲抓块石、旋挖取土钻进技术；二是采用大扭矩RCD钻机与全套管全回转安放的孔口钢套管配合，全断面成孔、气举反循环排渣破岩技术；三是采用独立液压系统控制的四翼滚刀扩底钻头，由扩底行程控制进行硬岩扩底；四是采用大直径双密封圈导管灌注桩身混凝土，确保扩底端混凝土有效扩散。

1. 填海区上部深厚不良地层全套管全回转护壁成孔原理

（1）超长套管护壁

针对填海区上部深厚不良地层的特点，采用超长钢套管护壁辅助钻进施工。为保证超长套管的垂直度，本工艺采用全套管全回转钻机下沉钢套管，钻机通过动力装置对钢套管施加扭矩和垂直荷载，360°回转并下压钢套管；首节钢套管前端安装合金刀齿切削土层钻进，逐节接长套管，直至钢套管下放至基岩面。通过全套管全回转钻机下沉，钢套管垂直度满足设计要求。

（2）抓斗、旋挖钻机与全套管全回转钻机配合钻进

针对本项目直径大、桩深长的特点，为提高深长护筒下沉和成孔效率，本工艺钻进时，遇上部填石采用履带起重机释放冲抓斗落入套管内抓取（图3.2-1），土层段则采用旋挖钻机钻斗直接取土钻进（图3.2-2）。抓斗、旋挖钻机与全套管全回转钻机配合钻进，有效提升套管下沉和钻进效率。

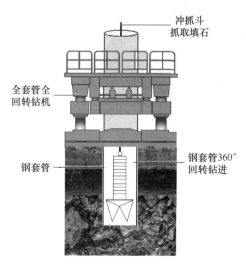

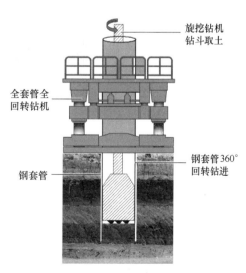

图3.2-1 块石层冲抓斗配合钻进　　　　**图3.2-2 土层旋挖配合取土钻进**

图 3.2-3　RCD 钻机全断面滚刀
钻头破岩钻进

2. RCD 钻机微风化硬岩钻扩原理

（1）全断面直孔钻进破岩

对于直径 3m 的大断面硬岩钻进，本工艺采用液压反循环钻机（RCD 钻机）滚刀钻头一次性全断面凿岩钻进。RCD 钻机通过液压系统安装固定于钢套管顶部，RCD 钻机液压加压旋转大功率动力头提供的扭矩及竖向压力，通过高强合金钻杆传递至带有配重块的滚刀钻头，钻头直径为桩孔设计直径，钻头端部安装金刚石滚刀球齿，钻头在钻孔内回转时，在 RCD 钻机对钻杆的扭矩、液压加压下压力及配重钻头的重力共同作用下，对硬岩面产生研磨、剪切破坏，将硬岩剥离母岩形成岩渣，在钻头的回转下分散至桩孔内浆液中，通过浆液循环排出桩孔，完成直孔钻进。RCD 钻机全断面滚刀钻头破岩钻进见图 3.2-3。

（2）硬岩液压配重滚刀钻头扩孔

对于本项目超大断面硬岩扩底，本工艺采用液压配重滚刀扩底钻头扩底，扩底钻头对称安装 4 个扩底翼，配备独立液压系统控制的扩底翼扩张或收缩，每个扩底翼侧安装 4 个滚刀齿，钻头上 4 个扩底翼上的滚刀齿相互咬合搭接布置，钻头回转时实现扩底侧翼全断面钻进。为确保钻扩效果，对钻头和钻杆配置加重块。滚刀扩底钻头及滚刀齿布置见图 3.2-4、图 3.2-5。

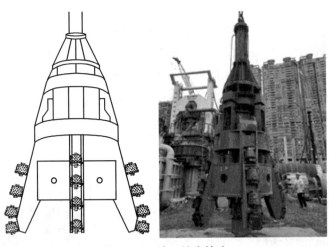

图 3.2-4　滚刀扩底钻头

扩底时，钻头配备独立液压系统进行加压，使扩底钻头翼肢张开，钻头在钻杆扭矩作用下滚刀齿均匀研磨桩孔壁及孔底，把硬岩剥离母岩形成岩渣，岩渣随钻头的搅动分散至桩孔内浆液中，通过浆液循环排出桩孔。

桩孔的扩底直径由钻机施工时扩底钻进的行程控制，扩底行程为钻头垂直放置时，其扩底翼完全收拢与扩底翼张开至设计扩底直径的扩底钻头的高度差。扩底施工时，钻杆下钻达到预定的扩底行程即满足设计扩底直径。扩底达到设计要求时，逐渐减小油压，上提钻具逐渐收拢扩底翼。

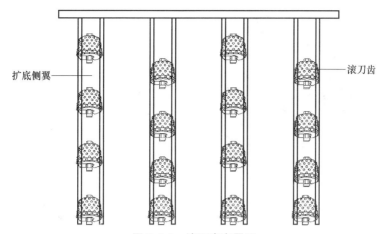

图 3.2-5 滚刀齿布置图

（3）气举反循环排渣

RCD 钻机在钻进过程中，空压机产生的高风压通过 RCD 钻机顶部连接口，沿通风管输送至孔内设定位置，空气与孔底泥浆混合导致液体密度变小，此时钻杆内压力小于外部压力形成压差，泥浆、空气、岩屑碎渣组成的三相流体经钻头底部排渣孔进入钻杆内腔发生向上流动，并排出桩孔，再通过软管引流至沉淀箱，沉淀箱分离泥浆岩渣岩屑碎渣集中收集堆放，泥浆则通过泥浆管流入孔内形成气举反循环，完成孔内沉渣净化清理。RCD 钻机气举反循环排渣、泥浆循环见图 3.2-6。

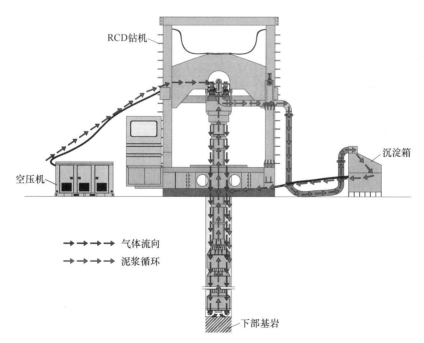

图 3.2-6 RCD 钻机气举反循环排渣、泥浆循环示意图

3. 大直径、双密封圈导管灌注原理

针对本项目扩底直径 4500mm 的超大断面灌注桩，为确保扩底段灌注混凝土的扩散

图 3.2-7　超大直径混凝土灌注导管

效果，灌注时采用内径为 400mm 的大直径灌注导管，与常规使用的直径 300mm 的导管相比，其混凝土灌注下冲速度更快，同时增大混凝土在孔底端的扩散速度，确保扩底混凝土灌注质量；另外，为确保大直径导管的密封性，采用导管双密封圈止水，确保超深混凝土灌注时不发生导管渗漏。超大直径混凝土灌注导管见图 3.2-7。

3.2.5　施工工艺流程

填海区大直径硬岩全套管全回转护壁与气举反循环钻机液压滚刀钻扩成桩施工工艺流见图 3.2-8。

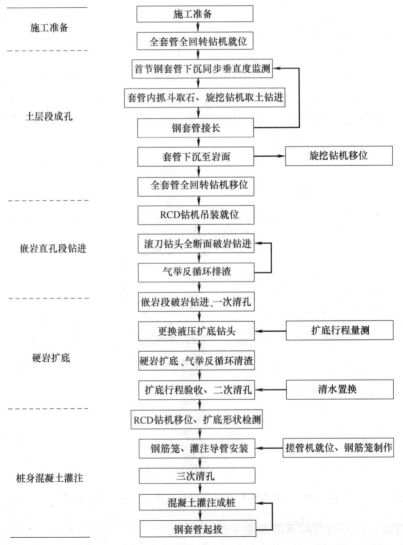

施工准备	施工准备
	全套管全回转钻机就位
土层段成孔	首节钢套管下沉同步垂直度监测
	套管内抓斗取石、旋挖钻机取土钻进
	钢套管接长
	套管下沉至岩面 → 旋挖钻机移位
	全套管全回转钻机移位
嵌岩直孔段钻进	RCD钻机吊装就位
	滚刀钻头全断面破岩钻进
	气举反循环排渣
硬岩扩底	嵌岩段破岩钻进、一次清孔
	更换液压扩底钻头 ← 扩底行程量测
	硬岩扩底、气举反循环清渣
	扩底行程验收、二次清孔 ← 清水置换
桩身混凝土灌注	RCD钻机移位、扩底形状检测
	钢筋笼、灌注导管安装 ← 搓管机就位、钢筋笼制作
	三次清孔
	混凝土灌注成桩
	钢套管起拔

图 3.2-8　填海区大直径硬岩全套管全回转护壁与气举反循环钻机液压滚刀钻扩成桩工艺流程图

3.2.6 工序操作要点

以澳门黑沙湾新填海某暂住房建造工程扩底钻孔灌注桩施工为例，介绍本工艺操作要点。

1. 施工准备

（1）收集设计图纸、勘察报告、测量控制点等技术资料，编制施工方案，并按要求进行技术交底。

（2）修筑临时道路，保证施工区域内履带起重机、混凝土运输车等重型设备行走安全。

（3）桩中心控制点采用全站仪测量放样，拉十字交叉线设护桩对桩位进行保护。

（4）检查施工机械状态，备足钻头、钻杆、钻齿、滚刀等。

2. 全套管全回转钻机就位

（1）钻机基板安放在铺好的钢板上，以增加地基承载力，防止施工过程中基础沉降和钻机倾斜。安放基板时，在基板上根据十字交叉原理找出中心点位置，吊装时保证全套管全回转钻机基板中心线和桩位重合；基板就位后，进行水平度检测，保证基板处于水平状态。现场基板吊装就位见图 3.2-9。

图 3.2-9　全套管全回转钻机基板吊装就位

（2）将全套管全回转钻机吊放在基板上，油缸的 4 个支腿对准基板上的 4 个限位圆弧（图 3.2-10）；钻机吊放就位后，复核钻机中心、基板中心及桩位中心，确保"三点一线"。全套管全回转钻机吊装见图 3.2-11。

图 3.2-10　基板上限位圆弧　　　　　**图 3.2-11　全套管全回转钻机吊装**

图 3.2-12　首节钢套管下沉

3. 首节钢套管下沉同步垂直度监测

（1）首节钢套管长度为 6m，套管底部加焊合金刃脚，其余钢套管节长 6m 或 8m，套管之间用销栓连接。

（2）全套管全回转钻机就位后，起吊首节钢套管，对准桩中心放入，钻机内的夹紧机构夹紧固定钢套管。首节钢套管固定后，进行平面位置及垂直度复测和精调工作，确保套管对位准确、管身垂直。首节钢套管下沉见图 3.2-12。

（3）全套管全回转钻机回转油缸的反复推动使套管转动，并加压使钢套管一边旋转切割土体一边向下沉入。

（4）首节套管下压过程中，从两个互相垂直的方向，利用测锤配合全站仪检测首节套管垂直度，如若出现轻微偏斜现象，则通过调整全套管全回转钻机支腿油缸确保套管垂直；当偏斜超标时，则将套管拔出，进行桩孔回填后重新下沉。

4. 套管内抓斗取石、旋挖机取土钻进

（1）套管下沉过程中，遇填海区表层填土内混夹的块石，采用履带起重机配合冲抓斗抓取套管内块石，操作时通过履带起重机快速下放抓斗，利用冲抓斗的自重和冲力贯入冲击破碎并抓取。套管内冲抓斗取石作业见图 3.2-13。

图 3.2-13　套管内冲抓斗取石作业

（2）穿过填石层后，在土层内采用旋挖取土。作业时将旋挖钻斗提升至钢套管顶部，对准套管中心下放至土层面后，再加压旋转下切土层，装土约 70% 钻斗容量后提出套管，卸渣至渣土箱内。套管内旋挖取土作业见图 3.2-14。

（3）抓斗、旋挖钻机与全套管全回转钻机密切配合，在填石段采用超前取石，以便于沉入；在土层段，则采用套管超前，超前控制在2.0m左右。

（4）旋挖钻机取土时配置专门的渣土集纳箱，将钻渣卸入箱内，集中外运。

5. 钢套管接长

（1）当一节钢套管下沉至全套管全回转操作平台之上0.5m左右时，及时接长钢套管。

（2）钢套管采用销轴连接，对接时将销轴插入套管上开设的锥形环内，使用六角扳手将其紧固，锁紧上下两节套

图 3.2-14　套管内旋挖取土作业

管；对接完成后，复测套管垂直度，确保管身垂直。套管吊装及孔口接长具体见图3.2-15。

图 3.2-15　套管吊装及孔口接长

（3）套管压入过程中，每压入3m，采用全站仪对准套管外侧进行垂直度检测，当发生套管倾斜时，则立即停止作业，及时调整纠偏。

6. 旋挖钻机、全套管全回转钻机移位

（1）当套管钻进至基岩岩面时，将旋挖钻机驶离作业区，移机至下一桩位，同时将渣土箱吊离至下一作业区。

（2）用履带起重机将全套管全回转钻机吊移，露出孔口安放的钢套管，以便安装RCD钻机。现场全套管全回转钻机起吊移位见图3.2-16。

7. RCD钻机吊装就位

（1）本工艺硬岩钻进采用韩国三宝SPD300型气举反循环液压钻机（RCD钻机），该

图 3.2-16 全套管全回转钻机起吊移位

钻机最大成孔直径 3.0m，最大成孔深度 135m，额定功率 447kW，动力头扭矩 360kN·m，完全满足施工要求。

（2）RCD 钻机机架采用履带起重机吊放至钢套管顶部，吊放过程中钻机两侧用牵引绳辅助起重机吊放。吊放完成后，接好液压油管，液压加压将钻机底部的液压夹与钢套管紧固。RCD 钻机吊装见图 3.2-17。

（3）钻机吊装就位后，安装扶梯（钻机高位平台上下通道）、泥浆净化循环箱等辅助设施。现场全套管全回转钻机扶梯、泥浆箱辅助设施安装见图 3.2-18。

图 3.2-17 RCD 钻机吊装

图 3.2-18 全套管全回转钻机扶梯、
泥浆箱辅助设施安装

8. 滚刀钻头全断面破岩钻进

（1）钻机配备专用滚刀钻头，钻头底部均匀布置十多个球齿滚刀，以使滚刀对桩孔岩面实施全断面钻进；为提高破岩效率和钻进垂直度，在钻头上部设置圆柱体配重块，单个配重块约 2.5t，配重为钻头提供竖向压力，加强研磨破岩效果，同时起到扶正导向作用，有利于垂直度控制。配重块及破岩钻头见图 3.2-19。

（2）将钻机机架倾斜，把平台盖板打开，起吊滚刀钻头进入套管（图 3.2-20）；钻头在钻机平台水平后，起吊钻杆并与钻头连接（图 3.2-21）。

（3）启动空压机，在钻头中通入压缩空气；开动钻机，钻机利用动力头提供的液压动力带动钻杆和钻头旋转全断面碾磨岩石，岩渣从基岩中分离后进入桩孔内，形成泥水、岩渣混合物，泥水混合物携空气及破碎岩渣经由中空钻杆被举携至沉淀箱，分离出气体和岩渣后流回至钻孔中，实现气举反循环排渣，RCD 钻机全断面破岩钻进见图 3.2-22。

图 3.2-19 配重块及破岩钻头

图 3.2-20 起吊滚刀钻头　　　　　图 3.2-21 起吊钻杆　　　　　图 3.2-22 RCD 钻机全断面
破岩钻进

（4）破岩过程中，随着孔深增加，需接长钻杆。接长钻杆时先停止钻进，将钻具提离孔底 15～20cm，维持气举反循环排渣 10min 以上，完全除净孔底钻渣并将管道内泥浆携带的岩屑排净后再停机，倾斜钻机门架，让出孔口位置。钻杆接长采用螺栓连接（图3.2-23），连接时将螺栓拧紧，以防止钻杆接头漏水、漏气。钻杆接长时，每 12m 增加一个扶正配重块，以利钻机垂直度控制及增加破岩效果；每次钻杆接长时，详细记录钻杆长度。钻杆接长见图 3.2-24。

（5）破岩钻进过程中，派专人观察进尺和排渣情况，钻孔深度通过钻杆进尺长度进行测算。基岩钻进时，每钻进 30cm，采用特制滤网袋在 RCD 钻机作业平面台上捞取渣样。捞取时在高位平台用麻绳和定位环与低位出浆口建立联系，通过拉绳子将滤网袋送至出浆口取样，利用滤网袋过滤泥浆，袋中留下岩渣，取样完成后反向拉动绳子将滤网袋收回，在高位平台即可捞渣取样。RCD 钻机高位与地面低位沉浆箱自动拉绳取样过程见图3.2-25。

（6）通过捞取的岩渣判断基岩岩性，与各方共同对其进行确认，并留存岩渣，填写取样记录表。渣样检查见图 3.2-26。

图 3.2-23　螺栓连接钻杆　　　　　　图 3.2-24　RCD 钻机钻杆接长

(a) 特制取样滤网袋　　　　　　　　(b) 麻绳连接滤网袋与出浆口

(c) 滤网袋出浆口处取样　　　　　　　(d) 收回滤网袋

图 3.2-25　RCD 钻机高位与地面低位沉浆箱自动拉绳取样过程

9. 完成嵌岩段破岩钻进、一次清孔

（1）桩端持力层面确定后，按设计规定的入岩持力层深度继续钻进，钻进至设计嵌固深度后，捞取渣样，量测桩孔深度，报监理工程师检验，确定渣样及孔深符合设计要求后终孔，并进行一次清孔。

（2）一次清孔时，维持气举反循环，利用 RCD 钻机钻杆空腔排出孔底岩渣。

（3）一次清孔尽可能将孔底沉渣清除干净，以确保扩底钻头底部完全着底。

（4）清孔完成后，用测锤复测孔深，因钻孔直径较大，孔深复测对称量测孔底不少于 4 个点，其测量底标高相差在 2cm 之内。

10. 扩底行程量测、更换液压扩底钻头

（1）扩底钻头配备独立液压系统，液压加压控制扩大翼张开，最大可扩孔至直径 5200mm。扩底钻头见图 3.2-27。

图 3.2-26　渣样检查　　　　　　　　　　图 3.2-27　扩底钻头

（2）起吊钻头，收缩钻头扩底翼，当钻头垂直放置时，量测钻头高度。4 个扩底翼均匀张开，达到扩底翼对角长度至设计扩底直径时，再次量测钻头高度，前后两个高度之差即为扩底行程。现场钻头扩底行程参数测量见图 3.2-28。

图 3.2-28　现场钻头扩底行程参数测量

（3）扩底行程量测在监理工程师见证下进行，记录直径 3000mm 扩底钻行程验收标准：全开脚直径 4500mm 时行程 320mm，扩底行程验收标牌见图 3.2-29。

（4）提出钻杆，将滚刀钻头吊离孔口，起吊四翼扩底钻头入孔（图 3.2-30），连接独立液压油路（图 3.2-31），并逐节接长钻杆，直至扩底钻头下放至桩孔底部。

图 3.2-29　扩底行程验收标牌

图 3.2-30　起吊扩孔钻头

图 3.2-31　连接独立液压油路

图 3.2-32　钻杆上标记扩底行程

（5）以钻机平台为基准，将扩底行程标记在钻杆上（图 3.2-32），钻杆在钻机下压力及扭矩作用下，下行至该位置时，即达到设计扩底直径要求。

11. 硬岩扩底、气举反循环清渣

（1）启动空压机，在钻头中输送压缩空气。

（2）开动钻机，启动扩底钻头独立液压系统，缓慢加压，扩张钻头扩底翼，同时利用钻机动力头提供的液压动力扭动钻杆并带动钻头旋转，依靠扩底翼上安装的球齿合金滚刀与岩石接触摩擦，全断面破岩扩底。

12. 扩底行程验收、二次清孔

（1）当 RCD 钻机扩底达到预设行程后，启动空压机，进行二次清孔，其间向孔内注入清水，清孔过程中扩底钻常压回转，确保清除孔底沉渣，直至桩底残留沉渣全部被携带出孔，清水将孔内混合液全部置换。

（2）由监理工程师对孔深进行检查确认，并采取水样，确认清孔质量，见图 3.2-33；当清孔达到要求后，即卸压起钻，提钻时轻提、慢转，使扩底钻头慢慢收拢，如发现提钻受阻时，不能强提、猛拉，轻轻旋转，使之慢慢收拢；收拢后提出钻头，拆卸钻杆。

13. RCD 钻机移位、扩底形状检查

（1）各终孔检验指标满足设计要求后，拆除 RCD 钻机组件，采用履带起重机将 RCD 钻机吊离桩位。

（2）在监理工程师见证下，采用 KODEN 超声波检测扩底形状（图 3.2-34），其扩底轮廓检测后打印。确认扩底满足设计要求后，进入下一道工序施工。

图 3.2-33　二次清孔及水样验收　　　　图 3.2-34　KODEN 超声波检测扩底形状

14. 搓管机就位、钢筋笼及灌注导管安装

（1）搓管机就位，钳口张开置于套管最下端，夹紧固定套管，防止后续钢筋笼、灌注导管安装及混凝土灌注作业套管变位。现场搓管机护筒口就位见图 3.2-35。

（2）钢筋笼根据设计要求进行加工，钢筋笼做好保护层措施和声测管、界面管的安装。

（3）在钢套管上安装八角形灌注作业平台（图 3.2-36），作业人员在灌注作业平台上进行钢筋笼接长、灌注导管安装、混凝土灌注等作业。

图 3.2-35　搓管机护筒口就位　　　　图 3.2-36　灌注作业平台

（4）采用履带起重机吊运钢筋笼至钢套管上端，钢筋笼入钢套管后，观察笼体垂直度，将其扶正徐徐下放，下放过程中严禁笼体歪斜碰撞孔壁。钢筋笼吊放见图 3.2-37。

（5）灌注时，采用内径为 400mm、壁厚为 10mm 的双密封圈导管；安装灌注导管前，对灌注导管进行水密试验及接头抗拉试验，下放导管前检查管体是否干净、畅通，有无小孔眼以及止水型密封圈的完好性。

15. 三次清孔

（1）导管安装后进行气举反循三次清孔，目的在于清除下放钢筋笼及导管时，可能刮碰套管内壁掉落泥皮和停钻后套管内水中直径较大的颗粒下沉形成的沉渣，以达到灌注水下混凝土的要求。

（2）三次清孔采用气举反循环法，出水管为混凝土灌注导管，导管顶部安装专门的清孔导管接头，导管接头连接高压风管和出浆管。

（3）从灌注导管管内下入高压风管进行清孔，清孔过程中及时向孔内补充清水，维持孔内水头高度。

（4）三次清孔完成后，立即报监理工程师检验复测，提取水样确认清孔质量、沉渣厚度达到要求后，随即拆除清孔接头和高压风管，准备进行桩身混凝土灌注作业。三次清孔验收见图 3.2-38。

图 3.2-37　钢筋笼吊放

图 3.2-38　三次清孔验收

16. 混凝土灌注成桩、钢套管起拔

（1）完成清孔后，在孔口安装灌注斗，采用灌注吊斗与灌注斗完成桩身混凝土初灌。

（2）为防止混凝土灌注过程中凝结，阻碍套管拔出，加入缓凝剂，将混凝土初凝时间调整至 12h。

（3）灌注混凝土在专用平台上进行，孔口灌注斗容量为 16m³。初次灌注时，计算含扩大端在内的初灌方量，确保埋管深度满足要求。

（4）灌注时，混凝土车将混凝土卸至吊斗内，并将吊斗起吊卸料至孔口灌注斗；灌注斗装满混凝土后，再将装满混凝土的吊斗起吊至灌注斗上方，起拔灌注斗盖板后，将吊斗卸料口打开，共同完成桩身混凝土初灌。

（5）灌注过程中，每灌入一斗混凝土后即时测量孔深，测算混凝土高度和导管埋深，保证导管在混凝土中的埋置深度为 2～6m，桩身混凝土灌注见图 3.2-39。

（6）当灌注深度达到 14m 时，开始起拔套管。履带起重机吊离灌注料斗，搓管机进行起拔套管作业。

（7）拔管作业时，搓管机钳口张开置于套管最下端，夹紧套管，先开动搓管往复转动，再开启举升机构，将套管向上顶起，直至套管连接部位高出操作平台 1m 后暂停举升，拆卸套管吊走，期间钳口夹紧套管，不得放松。搓管机起拔钢套管见图 3.2-40。

图 3.2-39　桩身混凝土灌注

图 3.2-40　搓管机起拔钢套管

（8）边灌注边起拔套管，其后每灌注 8m 起拔套管一次，直到完成整个灌注作业，及时回填封闭桩孔。

3.2.7　机械设备配置

本工艺现场施工所涉及的主要机械设备见表 3.2-1。

主要机械设备配置表

表 3.2-1

名称	型号	备注
全套管全回转钻机	JAR-320H	套管下沉
旋挖钻机	SWDM50	套管内取土
液压反循环钻机（RCD）	SPD300	硬岩钻进与扩底成孔
冲抓斗	容量 1.5m³	套管内填石层抓取
搓管机	SCO-300	灌注桩身混凝土后起拔套管
履带起重机	SCC1500	起吊套管、钻头、钻机等
电焊机	NBC-250A	焊接
渣土集纳箱	自制	渣土转运
泥浆净化循环箱	自制	泥浆循环、净化泥浆
KODEN 超声波检测仪	DM-602RR	成孔形状检测
全站仪	莱卡 TZ05	桩位测放
经纬仪	莱卡 TM6100A	垂直度监测

3.2.8　质量控制

1. 全套管全回转钻机就位

（1）钻机基板安放前，整平场地，铺好钢板，钢板四角高差不大于 5mm。

（2）全套管全回转钻机基板平放在已铺好的钢板上，防止钻进过程中发生不均匀沉降而造成钻机偏斜。

（3）安放基板时，在基板上根据十字交叉原理找出中心点位置，吊装时保证全套管全回转钻机基板中心线和桩位重合。

（4）基板就位后，进行水平度检测，保证基板处于水平状态。

2. 全套管全回转钻进成孔

（1）首节套管下压过程中，从两个互相垂直的方向，利用测锤配合全站仪检测首节套管垂直度。

（2）全套管全回转钻机正常施工时，每钻进 3m 在钻机旁采用两个相互垂直的方向吊铅垂线，或采用全站仪定期进行护壁套管垂直度监测，发现偏差及时纠偏，保证成孔垂直度满足设计及相关规范要求。

（3）在填石段采用超前取石，以便于沉入；在土层段，则采用套管超前，超前控制在 2.0m 左右。

（4）钢套管接长采用销栓连接，连接采用初拧、复拧两种方式，保证连接牢固；对接完成后，复测套管垂直度，确保管身垂直。

3. RCD 钻机入岩钻进成孔

（1）吊装 RCD 钻机就位，确保钻头中心与桩孔位置及孔口平台中心保持一致。

（2）严格按照 RCD 钻机操作规程进行灌注桩破岩钻进，成孔过程中，始终灌入优质泥浆循环排出孔底破碎岩屑，钻进过程中保证管路持续畅通。

（3）破岩钻进过程中，派专人观察进尺和排渣情况，钻孔深度通过钻杆进尺长度测算。每钻进 30cm，捞取渣样一次。

（4）终孔后，一次清孔尽可能将孔底沉渣清除，以确保扩底钻头底部完全着底；清孔完成后，用测锤对称复测孔深，测点不少于 4 个，其测量底标高相差在 2cm 之内。

4. 硬岩扩底

（1）液压扩底钻头的扩底行程量测及在钻杆上标注过程，在监理工程师见证下进行。

（2）扩底达到预设行程时，由监理工程师进行检查确认。

（3）扩底至设计直径后，进行二次清孔，排出扩底段钻渣。

（4）在监理工程师见证下，采用 KODEN 超声波检测扩底形状，并打印检测结果，经确认满足要求后完成扩底施工。

3.2.9　安全措施

1. 全套管全回转钻进成孔

（1）当旋挖钻机、履带起重机等大型机械移位时，施工作业面保持平整，设专人现场统一指挥，无关人员撤离现场作业区域，避免发生机械设备倾倒伤人事故。

（2）冲抓斗在指定地点卸土时，做好警示隔离，无关人员禁止进入。

（3）旋挖取土时，将钻斗完全提离套管时方可回转卸渣。

（4）在全套管全回转钻机上作业时，钻机平台四周设置安全防护栏，无关人员严禁登机。

（5）对已完成钻进施工的桩孔采取孔口覆盖防护措施，并放置安全标识，防止人员掉入或机械设备陷入发生安全事故。

2. RCD 钻机入岩钻进及扩孔

（1）设置司索信号工指挥吊装 RCD 钻机，作业过程中无关人员撤离影响半径范围，吊装区域设置安全隔离带。

（2）RCD 钻机施工前，检查其与沉淀箱之间泥浆管的连接情况，防止破岩钻进泥浆循环时产生的超大压力导致泥浆管松脱伤人。

（3）作业人员在 RCD 钻机平台上进行钻杆接长操作时，做好安全防护措施，防止人员发生高坠。

（4）检查孔底沉渣厚度时，暂停清孔作业，并进行多点检测。

（5）RCD 钻机安装于孔口套管上，设置专门的登高作业爬梯。

3.3 填海区深长大直径斜岩面桩全套管全回转、RCD 及搓管机成套组合钻进成桩技术

3.3.1 引言

填海造地场地上部通常分布深厚的填土（石）、淤泥、砂等软弱、松散地层，在如此不良地层中施工大直径深长嵌岩灌注桩，在成孔过程中容易出现泥浆漏失、塌孔、缩颈等一系列问题。为了有效、可靠地在以上地层条件下进行灌注桩施工，一般采用全套管全回转钻机下入深长套管至基岩面进行护壁，套管内冲抓斗取土成孔；钻进至入岩层后，改换液压反循环钻机（简称"RCD 钻机"）进行岩石研磨破碎，并通过气举反循环配合排渣。但当基岩面起伏过大，孔位遇到倾斜的基岩时，由于全套管全回转钻机无法直接将套管全断面下压嵌入至岩层内，不能完全隔断上部不良淤泥、砂层，在钻孔套管内外压差的作用下，容易在套管和斜岩间的位置出现涌泥、涌砂，严重时孔内钻具被深埋，导致无法继续成孔作业。

2021 年 8 月，"澳门黑沙湾新填海区某暂住房建造工程"项目房建工程开工，C5 塔楼桩基设计采用钻孔灌注桩，其中核心筒布设 9 根直径 3.0m 桩，桩端持力层为中风化或微风化岩层，平均桩长约 60m。场地原地势低洼，经人工填土、吹砂填筑而成，上部覆盖层主要分布地层包括：素填土、填石、淤泥、粉质黏土、淤泥质土、砾砂，场地下伏基岩为花岗岩，岩面起伏大，相邻桩孔高程最大相差约 6m。针对本项目灌注桩场地不良地层条件及钻进过程中遇倾斜基岩面存在的困难，项目组对"填海区深长大直径斜岩面桩全套管全回转、RCD 及搓管机成套组合钻进成桩技术"进行了研究，采用全套管全回转钻机将钢套管下沉至倾斜岩面顶，对上部土层段不良地层进行护壁，钻进过程中遇填石采用冲抓斗抓取，遇土层则采用旋挖钻斗直接取土；钻进至倾斜基岩面后，在孔口套管安装搓管

机、套管顶连接 RCD（反循环）钻机，RCD 钻机配备滚刀钻头在斜岩面钻进时，孔口的搓管机同步将套管跟管下沉，直至将套筒穿过斜岩面全断面进入完整中风化岩层内不少于80cm，保证套管隔绝外部不良地层，顺利解决了斜岩位置桩孔涌砂、涌泥问题；在桩身混凝土灌注过程中，利用孔口的搓管机配合起拔护壁套管，高效、可靠、经济地完成了灌注桩施工。

3.3.2　工艺特点

1. 钻进效率提高

本工艺土层采用全套管全回转钻机下沉钢套管护壁，有效防止上部地层发生缩径、塌孔、偏孔；土层段采用旋挖钻斗直接取土，大大提高深孔钻进工效；硬岩采用 RCD 钻机滚刀钻头全断面钻进，提升了钻进速度；本工艺采用多种钻机组合钻进工艺，最大限度发挥出了各自机械设备的优势，有效提升了施工效率。

2. 成桩质量可靠

本工艺采用全套管全回转钻机将套管下至斜岩面，避免了上部不良地层的塌孔、缩径，确保了成孔的垂直度。同时，在斜岩面采用搓管机与 RCD 钻机配合将套管嵌入中风化岩内，避免了从斜岩面处向套管内涌砂、涌泥而影响二次清孔的效果。另外，二次清孔采用气举反循环工艺，并配置浆渣过滤系统对泥浆进行净化处理，清孔效果显著，成桩质量得到可靠保证。

3. 经济效益显著

本工艺利用全套管护壁，解决钻进时上部土层塌孔问题；孔口搓管机配合 RCD 钻机凿岩钻进，避免了由斜岩面引发的套管底部涌砂，缩短清孔时间。同时，采用 RCD 滚刀全断面凿岩，一次性大直径磨岩钻进速度快；搓管机在灌注桩身混凝土时，同时承担套管起拔。另外，本工艺采用成套组合钻进技术，一机多用，有效避免了另行进场大型机械设备拔管，减少了机械使用量，整体经济效益显著。

3.3.3　适用范围

适用于套管深度不大于 60m 的全套管全回转灌注桩施工，适用于直径 3000mm、硬岩灌注桩全断面滚刀钻头钻进，适用于基岩起伏较大的倾斜岩面灌注桩施工。

3.3.4　工艺原理

本工艺针对大直径灌注桩深厚不良地层、基岩岩面倾斜及硬岩钻进难题，采用全套管全回转、RCD 钻机和搓管机等成套组合工艺钻进，其关键技术主要包括以下四个部分：一是上部填海区不良地层深长大直径套管全回转钻机安放技术；二是大直径硬岩 RCD 钻机配置滚刀钻头凿岩及排渣技术；三是倾斜岩面 RCD 钻机凿岩钻进、搓管机下放套管组合嵌岩技术；四是搓管机灌注过程中配合起拔护壁套管技术。

1. 深长大直径套管全回转钻机安放技术

（1）全套管全回转钻机安放钢套管

本工艺采用全套管全回转钻机安放钢套管作业，钻机通过动力装置对套管施加扭矩和垂直荷载，360°回转并下压，同时利用冲抓斗取出套管内土石（图 3.3-1）；首节钢套管前端安装合金刀齿切削地层钻进，逐节接长套管，直至套管下沉至基岩顶面；钻进全过程采用全套管护壁，有效避免塌孔、缩颈现象，确保成孔质量。

（2）抓斗、旋挖钻机与全套管全回转钻机配合钻进

本工艺针对直径大、桩孔深的特点，为保证超长套管的垂直度，本工艺采用全套管全回转钻机下沉钢套管；为提高深长套管下沉效率，钻进时遇块石采用履带起重机释放抓斗落入套管内抓取（图3.3-2），土层段则采用旋挖钻筒取土（图 3.3-3），加快套管下沉和成孔速度。抓斗、旋挖钻机与全套管全回转钻机配合，加快施工进度。

图 3.3-1 冲抓斗全回转钻机套管内冲抓钻进

图 3.3-2 块石层抓斗配合钻进

图 3.3-3 土层旋挖取土钻进

2. 大直径硬岩 RCD 钻机配置滚刀钻头凿岩及排渣技术

（1）RCD 钻机全断面凿岩

RCD 钻机通过液压夹安装于护壁的钢套管顶部（图 3.3-4），并利用液压夹具将钻机与套管抱紧固定（图 3.3-5）。RCD 钻机液压加压旋转提供的扭矩及竖向压力，通过高强合金钻杆传递至带有配重块的滚刀钻头，钻头直径为桩孔设计直径，钻头端部安装金刚石颗粒，钻头在钻孔内回转时，镶有金刚石颗粒钻头在轴向力、水平力和扭矩的作用下，连续研磨、刻划、犁削岩层，钻凿硬岩能力强，整体破岩钻进效率高。RCD 钻机气举反循环钻进见图 3.3-6。

（2）气举反循环排渣钻进

RCD 钻机在钻进过程中，空压机产生的高风压通过 RCD 钻机顶部连接口沿通风管输送至孔内设定位置，空气与孔底泥浆混合导致液体密度变小，此时钻杆内压力小于外部压

图 3.3-4　履带起重机将 RCD 钻机吊放于套管口

图 3.3-5　RCD 钻机液压夹具抱紧套管并固定

力形成压差，泥浆、空气、岩屑碎渣组成的三相流体经钻头底部排渣孔进入钻杆内腔向上流动，排出桩孔，再通过软管引至沉淀箱分离，岩渣岩屑集中收集堆放，泥浆则通过泥浆管流入孔内形成气举反循环，完成孔内钻渣排出。RCD 钻机气举反循环孔内排渣、泥浆循环示意见图 3.3-7。

图 3.3-6　RCD 钻机气举反循环钻进　　　**图 3.3-7　RCD 钻机气举反循环孔内排渣、泥浆循环示意图**

3. 倾斜岩面 RCD 钻机凿岩钻进、搓管机下放套管组合嵌岩技术

（1）搓管机工作原理

本工艺护壁套管采用全套管全回转钻机下沉至倾斜岩面后，在孔口套管地面吊放搓管机就位，再在套管顶部安装 RCD 钻机就位（图 3.3-8）；在 RCD 钻机向下研磨凿岩的同时，搓管机继续配合下沉套管，直至将套管下沉嵌入完整硬岩内。搓管机工作时，利用夹持装置（夹持油缸和上卡盘）夹持住护壁套管，通过两侧搓管油缸的交替伸缩，使夹持装置和套管在 15°角内左右搓摆，同时压拔油缸将套管快速压入地层；在搓管钻进过程中（图 3.3-9），同步采用气举反循环排渣（图 3.3-10）。

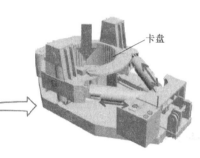

图 3.3-8　RCD 钻机吊至套管口　　　图 3.3-9　钻进过程同步下沉搓管作业
　　　　　固定就位

图 3.3-10　RCD 钻机气举反循环排渣示意图

（2）RCD 钻机、搓管机组合工作原理

在基岩面起伏较大的地层中，岩面倾斜坡度大，全套管全回转钻机下放套管遇斜岩面时，由于钻机扭矩及首节套管破岩能力的不足而难以进尺，套管底部无法完全隔离孔外地层。本工艺采用 RCD 钻机进行凿岩钻进的同时，安放在孔口套管外的搓管机同步进行钢套管的下沉，直至将套管全断面钻进嵌入岩不少于 0.8m，完全隔断外部易塌地层，具体见图 3.3-11。

4. 搓管机灌注过程中配合起拔护壁套管技术

在桩身混凝土灌注过程中，随着桩孔内混凝土面的上升，当套管埋深至一定高度后，按要求需要及时起拔护壁套管。本工艺充分利用套管口的搓管机，适时分节起拔套管，起

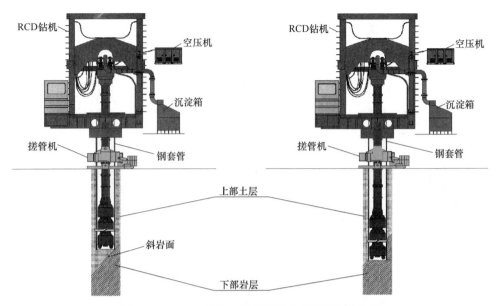

图 3.3-11　RCD 钻机、搓管机组合斜岩面下放套管

拔套管与混凝土灌注交替进行，确保灌注顺利。

3.3.5　施工工艺流程

填海区深长大直径斜岩面桩全套管、RCD 钻机及搓管机成套组合钻进成桩施工工艺流程见图 3.3-12。

3.3.6　工序操作要点

1. 施工准备

（1）收集设计图纸、勘察报告、测量控制点等资料，熟悉灌注桩技术要求和施工要点。

（2）采用挖掘机平整场地，保证施工区域内履带起重机、混凝土运输车等重型设备行走安全，规划洗车池、钢筋加工厂、材料堆放场等临时设施。

（3）组织人员、机械设备及材料进场，对施工人员进行安全教育及技术交底，设备及材料完成相关的进场报验工作。

2. 全套管全回转钻机就位

（1）全套管全回转钻机采用景安重工 JAR-320H 施工，该钻机功率 608kW，回转扭矩 9080kN·m，最大套管下沉力 1100kN，最大成孔直径 3.2m，可满足本项目施工要求。

（2）桩中心控制点采用全站仪测量放样，并拉十字交叉线对桩位进行保护。

（3）桩位两侧平铺钢板，以增加地基承载力，防止施工过程中钻机下陷。

（4）钻机基板安放在铺好的钢板上，在基板上根据十字交叉原理找出中心点位置，就位时使全套管全回转钻机基板中心点和桩位中心重合，具体见图 3.3-13；基板就位后，进行桩位复核和水平度检测，使基板处于水平状态。

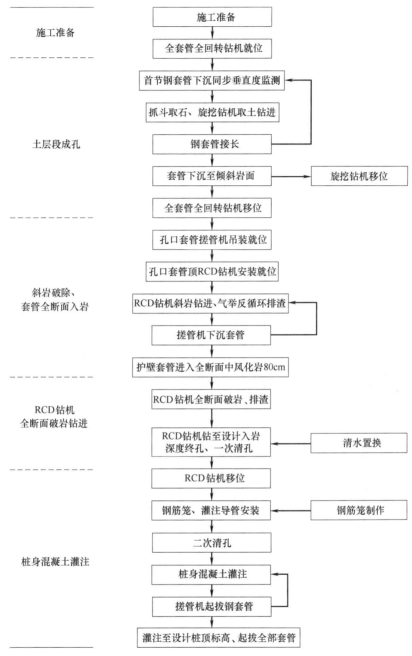

图 3.3-12 填海区深长大直径斜岩面桩全套管、RCD 钻机及搓管机成
套组合钻进成桩施工工艺流程图

（5）基板上设有 4 个固定位置和尺寸的限位圆弧，将全套管全回转钻机吊放于基板上，使钻机中心、平台中心及桩中心"三点一线"重合，钻机就位具体见图 3.3-14。

3. 首节钢套管下沉同步垂直度监测

（1）首节钢套管长度为 6m，套管底部加焊合金刃脚，其余钢套管节长 6m 或 8m，套管之间用销栓连接，具体见图 3.3-15；起吊首节钢套管时，对准桩中心放入钻机内，夹

图 3.3-13　安装全套管全回转钻机基板

图 3.3-14　全套管全回转钻机吊放及就位

图 3.3-15　钢套管及首节套管合金刃脚

紧固定钢套管；首节套管固定后，进行平面位置及垂直度复测和精调工作，确保套管对位准确、管身垂直。

（2）钻机就位满足要求后，启动全套管全回转钻机，钻机的回转油缸驱动套管转动，并加压使首节钢套管一边旋转切割土体、一边下沉。

（3）首节套管下压过程中，从两个互相垂直的方向吊垂线，利用测锤配合全站仪监测套管垂直度，若出现轻微偏斜现象，通过调整全套管全回转钻机支腿油缸处理；当偏斜超标时，则将套管拔出，进行桩孔回填后重新下沉。

4. 抓斗取石、旋挖钻机取土钻进

（1）为加快钻进效率，遇旧基础、块石时采用冲抓斗抓取，冲抓斗取石超前套管 0.5m 左右钻进，全套管全回转钻机及时下压套管跟进。冲抓斗取石钻进见图 3.3-16。

（2）在上部土层内钻进时，采用旋挖钻进配合取土，旋挖钻机采用 SWDM550 型，该旋挖钻机最大成孔直径 3.5m，最大成孔深度 135m，额定功率 447kW，最大扭矩 550kN·m。取土作业时，采用套管超前护壁，超前深度大于 2.0m，以确保钻进时的孔壁稳定。旋挖套管内取土钻进见图 3.3-17。

5. 钢套管接长

（1）当一节钢套管下沉至全套管全回转操作平台之上 0.5m 左右时，及时接长钢

图 3.3-16 冲抓斗取石钻进

图 3.3-17 旋挖套管内取土钻进

套管。

（2）钢套管间采用销轴连接，对接时将销轴插入套管上开设的锥形环内，使用六角扳手将其紧固，锁紧上下两节套管；对接完成后，复测套管垂直度，确保管身垂直。套管吊装及孔口接长见图 3.3-18。

（3）套管接长后继续压入，每压入 3m，采用全站仪对套管垂直度进行检测，如发现套管垂直度超标，则立即停止作业，采取措施及时调整纠偏。

6. 套管下沉至倾斜岩面

（1）完成第二节钢套管压入土层后，继续取土，重复以上取土钻进、接长套管、下沉钢套管等步骤，循环作业直至将套管压入至岩层顶面。

（2）此时根据桩孔的超前钻资料、全套管全回转钻机下压套管时的工况，判断套管是否下沉至持力层岩面。

图 3.3-18 套管吊装及孔口接长

（3）当岩面起伏较大时，停止旋挖钻进，及时向孔内泵入优质泥浆进行护壁，防止因套管外侧砂土从岩面倾斜处涌进套管内。

7. 全套管全回转钻机移位

（1）套管下沉至斜岩面后，将全套管全回转钻机移位；钻机移位前，检查套管出露孔口高度，根据勘察资料倾斜岩的情况，预留足够的高度，以便后期施工下压套管和 RCD 钻机就位。

（2）当孔内注入泥浆护壁工作完成后，将全套管全回转钻机吊离桩孔。

8. 孔口套管搓管机吊装就位

（1）全套管全回转钻机移位后，在孔口套管位置吊入搓管机；搓管机型号采用德国 LEFFER-VRM3000（图 3.3-19），该搓管机适用套管直径为 3000mm，可满足本项目施工需要。

图 3.3-19 LEFFER-VRM3000 搓管机

（2）将搓管机吊运放置于孔口护筒地面上，搓管机就位方向充分考虑后续场地使用要求，便于后续工序操作。

（3）搓管机就位后，钳口张开置于套管最下端，钳口夹紧固定套管，具体见图 3.3-20。

9. 孔口套管顶 RCD 钻机安装就位

（1）搓管机就位后，在套管顶部吊入 RCD 钻机；RCD 钻机采用韩国 SAMBO SPD300 型气举反循环液压钻机（图 3.3-21），其最大成孔直径 3.0m，最大成孔深度 135m，额定功率 447kW，动力头扭矩 360kN·m。钻机配备专用滚刀钻头，钻头底部均匀布置滚刀，以使滚刀对桩孔岩面实施全断面钻进。

图 3.3-20　搓管机就位

图 3.3-21　SAMBO SPD300 型气举
反循环液压钻机

（2）RCD 钻机就位时，采用履带起重机将钻机吊至钢套管顶部（图 3.3-22），钻机中心与钢套管中心重合，采用钻机液压夹将机架固定在钢套管顶部（图 3.3-23）。

图 3.3-22　RCD 钻机吊装就位

图 3.3-23　RCD 钻机套管顶液压固定

（3）钻机吊装就位后，安装钻机高位平台上下扶梯、泥浆箱及循环管路等辅助设施（图 3.3-24）。

（4）为提高破岩效率，钻机配备专用滚刀钻头，钻头底部均匀布置 20 个不同方向的滚刀，在钻头上部设置 2~3 块圆柱体配重块，每个配重块约 2.5t，确保每个滚刀钻头钻压达到 5t 左右；除了为钻头提供竖向压力、加强研磨凿岩效果外，配重呈环形腰带状，

图 3.3-24　泥浆循环系统

同时起到钻进过程中的导向作用，有利于钻孔垂直度控制。配重块及滚刀凿岩钻头见图 3.3-25。

10. RCD 钻机斜岩钻进

（1）钻机就位及配套设施准备完毕后，起吊滚刀钻头，起吊过程中派专人指挥，现场滚刀钻头起吊见图 3.3-26；将钻头吊至钻机孔口时，将钻头对准套管中心并放入，滚刀钻头放入套管内见图 3.3-27。

（2）滚刀钻头入孔后，在作业平台固定，并逐节连接钻杆，钻杆连接螺栓拧紧，以防止钻杆接头漏水、漏气。RCD 钻机钻杆螺栓连接见图 3.3-28。

图 3.3-25　配重块及滚刀凿岩钻头

图 3.3-26　滚刀钻头起吊

图 3.3-27　滚刀钻头放入套管内

（3）根据桩孔的超前钻探孔资料，初步判断斜岩面的最高点和最低点位置，掌握斜岩钻进过程中套管的跟进深度，将滚刀钻头底部放置在斜岩面起点处。

（4）斜岩段钻进过程中，利用钻杆、钻头及配重的重量提供竖向力，转速调整为正常转速的一半，缓速磨岩钻进。RCD 钻机斜岩面钻进见图 3.3-29。

图 3.3-28　RCD 钻机钻杆螺栓连接　　　　图 3.3-29　RCD 钻机斜岩面钻进

11. 气举反循环排渣

（1）斜岩面在滚刀齿的研磨作用下，不断把岩渣剥离硬质岩体，形成较为均匀的粒径为 0.5～2.0cm 左右的岩渣。钻进时，泥浆携破碎岩屑经由中空钻杆被携带至沉淀箱，分离岩渣后泥浆流回至钻孔中循环作业。

（2）钻进过程中，采用在 RCD 钻机高位平台拉绳滤网袋低位出渣口捞渣取样方法，及时捞取岩样。该方法通过在高位钻机平台与低位出浆口之间用拉绳建立联系并传送滤网袋，工人在高位工作平台上拉绳将滤网袋送至出浆口取样，取样完成后反向拉动绳子将滤网袋收回，从而达到不用离开高位平台即可及时捞渣取样，见图 3.3-30。

图 3.3-30　钻机高位平台拉绳滤网袋低位出渣口取样

12. 搓管机下沉套管

（1）当 RCD 钻机倾斜岩钻进过程中，启动搓管机配合同步跟进下沉护壁套管。

（2）搓管机下沉护壁套管时，钳口夹紧套管，先开动搓管左右推动动作，再开启下压机构，套管左右转动不大于 15°。

（3）根据 RCD 钻机钻进深度，观察搓管机护壁套管跟进长度，深度误差控制在 5cm，如此循环直至套管全断面嵌入完整硬岩内，见图 3.3-31。

13. 护壁套管进入全断面中风化岩 80cm

（1）搓管机下沉套管过程中，根据超前钻和详勘报告，初步计算斜岩长度。

图 3.3-31　斜岩段破岩钻进、搓管机
配合下沉套管

（2）RCD 钻机入岩钻进时，观察压力表、钻杆受力、捞取的岩渣等情况，并根据进尺，准确判断套管是否全断面入岩，并通过钻杆长度测算进入全断面岩层不少于 80cm。

14. RCD 钻机全断面破岩、排渣

（1）完成斜岩段钻进后，RCD 钻机正常在全断面岩层中液压钻进。全岩面钻进时，保持正常钻进速度作业，同时注意钻机平台保持水平，保证凿岩钻孔的垂直度。

（2）接长钻杆时，先停止钻进，将钻具提离孔底 15～30cm，维持孔内冲洗液循环 10min 以上，以完全除净孔底钻渣，并将管道内泥浆携带的岩屑排净，再停机进行钻杆接长操作（图 3.3-32）。

（3）钻杆采用定制钻杆，每节 2.5～3.0m，每 12m 安装一节带定位保护块钻杆，以确保钻杆的垂直度。起吊带定位保护块钻杆见图 3.3-33。

（4）破岩钻进过程中，观察进尺和排渣情况，并通过排出的碎屑岩样判断持力层入岩情况，并通过钻杆长度测定钻进深度，见图 3.3-34。

图 3.3-32　RCD 钻机钻杆
接长

图 3.3-33　起吊带定位
保护块钻杆

图 3.3-34　现场测定取样处
钻孔深度

15. RCD 钻机钻至设计入岩深度终孔及一次清孔

（1）钻进至持力层后，按设计要求完成入岩钻进；钻进终孔后，利用 RCD 钻机进行一次清孔；清孔时，维持气举反循环运行，将桩孔底部残留钻渣全部被循环带出钻孔。

（2）完成清孔后，将钻杆和钻具提离出孔，采用超声波钻孔检测仪 TS-K100CW 对钻孔进行垂直度检测。

（3）确认孔底沉渣、垂直度等满足要求后，将桩孔内的泥浆逐渐用清水置换，直至桩孔内循环流出为清水，并留取水样检测留存。

16. RCD 钻机移位

（1）各终孔检验指标满足设计要求后，将 RCD 钻机组件拆除，采用履带起重机将 RCD 钻机吊离桩位。

（2）RCD 钻机起吊前，将液压油管、泥浆循环管路、扶梯等全部拆除后进行吊离。RCD 钻机移位见图 3.3-35。

17. 钢筋笼制作、吊放钢筋笼

（1）钢筋笼根据设计要求进行加工，钢筋笼做好保护层措施和声测管的安装。保护层采用预制的混凝土块，按每间隔 6m 布置，每个断面 4 块，钢筋笼制作见图 3.3-36；钢筋笼 2 根声测管固定在主筋内侧，绑扎牢靠，钢筋笼声测管安装见图 3.3-37。

图 3.3-35　RCD 钻机移位

图 3.3-36　钢筋笼制作

图 3.3-37　钢筋笼声测管安装

（2）在套管口安放专用作业平台，并将其与套管固定，平台周边设置安全护栏，为吊放钢筋笼、灌注桩身混凝土提供安全的作业空间。套管孔口作业平台具体见图 3.3-38。

图 3.3-38　套管孔口作业平台

（3）钢筋笼采用多点起吊，吊点合力作用点在钢筋笼重心的位置之上，并正确计算每根吊索的长度，使钢筋笼在吊装过程中施工始终保持稳定状态。

（4）采用履带起重机吊运钢筋笼至孔口上端，钢筋笼入孔后观察笼体垂直度，将其扶正徐徐下放，下放过程中严禁笼体歪斜碰撞孔壁。现场钢筋笼吊放见图 3.3-39。

（5）下放至笼体上端最后一道加强箍筋接近套管顶沿时，使用 2 根型钢穿过加强箍筋的下方，将钢筋笼钩挂于套管上，进行孔口接长操作；钢筋笼接长根据设计要求，采用特制锁扣进行搭接连接（图 3.3-40）；完成钢筋笼孔口接长后，继续吊放笼体至孔底。

图 3.3-39　钢筋笼吊放　　　　　　　　图 3.3-40　钢筋笼接长连接

18. 安放灌注导管及二次清孔

（1）考虑到桩径大和桩孔深，水下灌注导管选用外径 450mm、内径 400mm、壁厚 10cm、双密封圈厚壁灌注导管（图 3.3-41）。

（2）安装灌注导管前，对灌注导管进行水密试验，合格后投入使用；利用履带起重机安装，安装确保导管处于桩孔中部。现场灌注导管安装见图 3.3-42。

图 3.3-41　双密封圈厚壁灌注导管

图 3.3-42　灌注导管安装

（3）导管安装后，利用导管进行气举反循环二次清孔；清孔过程中往孔内注入足量循环清水，维持孔内水头高度。

（4）二次清孔完成后，立即报监理工程师检验复测，提取水样确认清孔质量、沉渣厚度达到要求后，随即拆除清孔头帽和高压风管，准备进行桩身混凝土灌注作业。现场气举反循环二次清孔见图 3.3-43。

19. 桩身混凝土灌注

（1）完成二次清孔后，安装灌注斗进行桩身混凝土灌注；混凝土采用商品混凝土，坍落度 180～220mm，缓凝时间 24h。

（2）初灌采用孔口吊灌，在孔口安装灌注斗，灌注斗与导管连接，灌注斗容积 8m³；为满足初灌量要求，同时在灌注斗上方设置吊灌斗，吊灌斗容积 6m³。

（3）灌注时，先在孔口灌注斗安放隔水球胆和提升盖板，再用清水湿润斗体后，向斗内灌入混凝土，并将装满混凝土的吊灌斗提升至灌注斗上方；当灌注斗提升底部盖板时，同步打开吊灌斗阀门，吊灌斗内混凝土进入孔口灌注斗，并持续灌入孔内。

（4）灌注过程中，每灌入一斗混凝土后即时测量孔深，测算孔内混凝土面上升高度和导管埋深，并及时拆卸导管，始终保持灌注导管在混凝土中的埋置深度为 2～6m。现场灌注桩身混凝土见图 3.3-44。

图 3.3-43　气举反循环二次清孔

图 3.3-44　灌注桩身混凝土

135

20. 搓管机起拔钢套管

（1）混凝土灌注面超过 2 节套管后，准备起拔套管，起拔套管时将搓管机钳口张开置于套管最下端，底盘底面完全接触硬地面；钳口夹紧套管，先开动搓管左右转动，再开启举升机构，将整套套管向上摆动顶起。

（2）每节套管拆卸完成后，将套管垂直上提，在采用措施将导管临时固定后，采用履带起重机将套管吊离孔口至指定位置集中堆放，再继续进行后续桩身混凝土的灌注。

（3）灌注与起拔交替进行，直至完成整个桩孔的灌注。现场搓管机起拔套管见图 3.3-45。

图 3.3-45　搓管机起拔套管

21. 灌注至设计桩顶标高、起拔全部套管

（1）混凝土灌注至桩顶设计标高位置后，计算混凝土灌注高度和套管起拔后的坍落高度，确保灌注桩顶标高的超灌不少于 80cm。

（2）搓管机将最后一节套管起拔、履带起重机吊出后，及时采取孔口回填措施。

3.3.7　机械设备配置

本工艺现场施工所涉及的主要机械设备见表 3.3-1。

主要机械设备配置表　　　　　　　　　　　表 3.3-1

名称	型号	备注
全套管全回转钻机	JAR-320H	钢套管下放
搓管机	VRM3000T1350RA	钢套管下放
旋挖钻机	SWDM50	钻孔土层取土
履带起重机	SCC1500	土层取土、吊装
RCD 钻机	SPD300	入岩成孔
空压机	141SCY-15B	气举反循环
旋挖钻头	直径 3000mm	套管内取土
滚刀钻头	直径 3000mm	全断面凿岩
冲抓斗	直径 1500mm	土层取填石
灌注斗	8m³	初灌时孔口灌注混凝土

名称	型号	备注
灌注吊斗	6m³	吊灌混凝土斗
灌注导管	外径450mm、内径400mm、壁厚10cm	灌注桩身混凝土
电焊机	NBC-250A	钢套管焊接、钢筋笼制作
超声波钻孔检测仪	TS-K100CW	成孔质量检测
全站仪	莱卡 TZ05	桩位测放
经纬仪	莱卡 TM6100A	垂直度监测

3.3.8 质量控制

1. 全套管全回转钻进成孔

（1）全套管全回转钻机基板对准桩位中心点，钻机就位前现场进行复核，复核结果满足要求后钻机吊放就位。

（2）全套管全回转钻机施工时，采用自动调节装置调整钻机水平，并在钻机旁设置相互呈90°的两组铅垂线，派专人对护壁套管垂直度进行监测，保证成孔垂直度满足设计及相关规范要求。

（3）全套管全回转钻机钻进成孔时，根据地层情况采用不同的钻进工艺，遇填石时冲抓超前成孔、套管跟进，在土层时则采用旋挖取土、套管超前钻进。

（4）护壁套管加长时，采用螺栓销连接，采用初拧、复拧两种方式，保证连接牢固。

（5）如钻进过程中，套管底部遇不明障碍物时，采用十字冲锤将障碍物破除后进行套管纠偏处理。

2. RCD 钻机破除斜岩及全断面凿岩

（1）RCD钻机吊装至套管口，采用液压夹抱紧固定牢靠。

（2）斜岩段钻进过程中，转速调整为正常转速的一半，缓慢磨岩钻进，防止钻头偏斜。

（3）严格按照RCD钻机操作规程进行破岩钻进，成孔过程中随时观测钻杆垂直度，发现偏差及时调整。

（4）RCD钻进破岩过程中，气举反循环抽吸排出的泥浆经沉淀处理后，保持足够的优质泥浆重新返回孔内，始终维持孔内液面高度，确保孔壁稳定。

（5）钻杆接长采用螺栓对接，要求螺栓紧固牢固，防止漏水、漏气。

（6）RCD钻机累计破岩超过5m后，提起钻头检查焊齿滚刀的磨损情况，及时更换磨损严重的滚刀，保持破岩钻进工效。

3. 钢筋笼制安及混凝土灌注

（1）钢筋笼在现场绑扎成形，每节钢筋笼除底笼外，长度均为12m，搭接长度满足规范要求，主筋搭接采用U形卡扣，不得采用扎丝或焊接。

（2）吊装钢筋笼前，对全长笼体进行检查，检查内容包括钢筋规格、笼体长度、加工直径、保护层厚度是否满足要求等，检查合格后进行吊装操作。

（3）灌注导管使用前进行现场试压，试验合格后投入使用；本工程桩径大、桩孔深，采用双密封圈导管，确保导管灌注效果。

（4）灌注过程中，派专人定期测量套管内混凝土上升高度、导管埋管深度，并按要求及时拆卸导管。

3.3.9　安全措施

1. 全套管全回转钻进成孔

（1）抓斗在套管内钻进时，在指定地点卸渣，做好现场抓斗移动线路警示隔离，禁止无关人员进入。

（2）旋挖钻机在套管内配合取土钻进时，在旋挖钻机履带下铺设钢板，防止旋挖钻机下陷。

（3）在全套管全回转钻机上作业时，钻机平台四周设置安全防护栏，无关人员严禁操作。

2. RCD 钻机入岩钻进成孔

（1）RCD 钻机吊装就位后，安排带护栏的人行梯，便于施工人员上下作业平台。

（2）RCD 钻机滚刀钻头旋转破岩作业时，严禁提升钻杆。

（3）RCD 钻机施工前，全面检查其与泥浆沉淀箱之间泥浆管的连接情况，防止破岩钻进泥浆循环时产生的超大压力导致泥浆管松脱伤人。

（4）定期检查钻杆和连接螺栓的完好程度，发现裂痕及时更换，防止超强度钻进时发生钻杆断裂而出现孔内事故。

3. 搓管机下压及起拔套管

（1）搓管机钳口置于钢护筒最下端，底盘底面完全接触于地面。

（2）搓管机下压时，控制套管左右转动范围。

（3）起拔套管拆卸上节套管时，下节套管处于搓管机钳口夹紧状态。

4. 钢筋笼制安及混凝土灌注

（1）钢筋笼制作时，作业人员做好安全防护。

（2）钢筋笼采用"双勾多点"方式缓慢起吊，吊运时防止扭转、弯曲。

（3）灌注桩身混凝土采用吊灌，全过程派专人现场指挥，做好吊斗与套管口料斗间的协调配合。

（4）拆除的灌注导管安放在专用架上，拔出的套管按指定位置堆放。

第4章 低净空全套管全回转桩施工新技术

4.1 基坑底支撑梁下低净空全套管全回转灌注桩综合成桩技术

4.1.1 引言

拟建珠海横琴某大厦项目位于珠海十字门中央商务区横琴片区，项目用地面积1万 m^2 ，设有4层地下室，基坑开挖深度约20m，采用桩撑支护，共设置3道钢筋混凝土支撑，基坑除塔楼部位外均已经开挖到底，支撑系统已经全部形成。工程桩为钻孔灌注桩，在基桩检测后，因对缺陷桩处理进行设计变更，增加直径1.5m的钻孔灌注桩40根，桩长为坑底以下约65m，桩底入中风化花岗岩3m，设计要求沉渣厚度不超过5cm。本项目场内地质条件复杂，成孔范围内的不良地层主要为淤泥质黏土和粗砂，砂层较厚，平均厚度28.4m，最厚达40m。而且场地内还存在高承压水，承压水水头高于基坑底部14m。增加的工程桩需在基坑底施工，14根位于第三道支撑梁下方，部分工程桩施工净空高度约5m，且平面受支撑立柱限制。

在如此低净空桩撑支护结构和复杂地层条件下进行大直径、超深灌注桩的施工，通常采用的人工挖孔工艺在淤泥、砂层等不良地层成孔困难，且其开挖深度亦严禁超过30m，同时开挖过程涉及降水，施工过程基坑安全风险高，人工挖孔工艺难以使用。对冲孔钻机机架进行适当的改进，可以满足低净空环境条件下的施工要求，但冲击成孔效率低，使用循环泥浆量大，在坑底成孔承受坑壁高水头压力易塌孔，成桩质量难以保障。此外，采用近年来出现的低净空旋挖钻机除高度受限外，其成孔深度一般不大于35m，钻机的扭矩也难以满足深孔入岩钻进要求。因此，旋挖钻进也无法满足本项目的补桩要求。

针对上述实际施工问题，项目组对基坑底支撑梁下低净空履带式全套管全回转灌注桩综合成桩施工技术进行了研究（图4.1-1），利用履带型自行走式全套管全回转钻机机身低、行走便利的特点在支撑梁下成孔，结合液压全套管超前护壁、套管内水压平衡、坑顶支撑梁间隙内吊放钢筋笼、

图 4.1-1 创新工作室在项目现场调研

气举反循环二次清孔、坑顶泵车灌注桩身混凝土等一系列技术措施，解决了深基坑底支撑梁低净空条件下复杂地层钻进成桩的难题，达到质量可靠、安全可行、综合成本低的效果。

4.1.2　工艺特点

1. 设备移动便捷

本工艺采用的全回转设备整机高度约4m，可满足高度不超过5m的低净空作业条件；同时，全套管全回转钻机配备自行走履带装置，可自主移动，满足在基坑底支撑梁下快速移动的需求。

2. 成桩质量可靠

本工艺成孔采用全套管跟管护壁，克服了不良地层引起的塌孔风险；成孔时，采用超前套管护壁；同时，通过在套管内灌满清水，有效平衡坑壁高水头对孔壁的压力，确保正常钻进；另外，二次清孔采用气举反循环工艺，孔底干净无沉渣，有效提升了成桩质量。

3. 综合效率提高

本工艺设备配置履带行走系统，无需大吨位履带起重机转场，液压动力站安放在履带系统上，可随机转移；成孔采用针对水下砂性地层的专用冲抓斗，从支撑顶起吊入套管内直接抓取，配合全套管超前跟进，成孔效率高；灌注采用泵车作业，比料斗吊运效率高。

4.1.3　适用范围

适用于基坑底支撑梁下净空不小于5m的灌注桩施工。

4.1.4　工艺原理

以珠海横琴某大厦项目为例，在基坑底支撑梁下低净空环境条件下，灌注桩施工需要综合考虑设计要求、操作空间限制、复杂地质和环境条件作业等多方面的因素。本工艺针对基坑底支撑梁下低净空全套管全回转灌注桩综合成桩施工技术进行研究，其关键技术包括三部分：一是低净空作业施工技术；二是低净空竖向作业技术；三是不良地层、高水头钻进护壁技术。

1. 低净空作业施工原理

低净空作业的关键在于解决在受限的基坑底支撑梁下的有限空间内，桩机在平面内快速移动和竖向净空高度下正常、安全作业。本工艺通过对传统全套管全回转设备进行加装履带改造，采用DTR2106HZ履带型自行走式全套管全回转钻机，解决了传统设备需要起重机辅助移位的难题，其设备高3554~4053mm，低于支撑梁底5m的净空高度，满足低净空条件下施工要求。对于邻近支撑梁或塔式起重机位置的桩位，通过浇筑临时作业平台扩充桩位，满足全套管全回转钻机平面就位。此外，所使用设备的回转扭矩为3085kN·m，具有强大的钻进能力，最大成孔直径可达2100mm、孔深80m，完全可满足设计要求的大直径、超深桩施工。履带式全套管全回转钻机见图4.1-2。

2. 低净空竖向作业原理

对于低净空条件下的灌注桩竖向作业，主要通过优化设计调整桩位，使补桩桩位位于支撑梁空格的中间位置，保证垂直方向上的空间畅通，使得安放钢套管、抓斗取土、吊放钢筋笼、安放灌注导管及灌注桩身混凝土等竖向作业可以在支撑梁间的空间内顺利进行，施工操作见图4.1-3~图4.1-6。

图 4.1-2 履带式全套管全回转钻机

图 4.1-3 支撑梁内安放并下沉钢套管

图 4.1-4 支撑梁间抓斗套管内取土

图 4.1-5 支撑梁内吊放钢筋笼

图 4.1-6 支撑梁内灌注桩身混凝土

3. 不良地层、高水头钻进护壁原理

本工艺针对深厚的不良地层，单纯依靠泥浆护壁或者普通的长护筒工艺，都难以保证成孔质量。经过综合分析研究后，最终确定选用全套管护壁工艺，通过钢套管的护壁作用达到有效避免不良地层塌孔、缩径的效果，保证顺利成孔及其质量。同时，在套管跟管钻进时，考虑到本项目砂层深厚，而且还受承压水的影响。因此，钻进时套管的超前深度加大至不少于 6m，有效地避免了承压水造成的底部涌砂问题。

考虑到本项目地下水丰富且存在承压水，随着成孔深度的增加，仅仅依靠套管超前措施无法达到平衡承压水压力所产生的影响，不同程度易出现涌水涌砂风险。经过分析计算后，确定采用套管内注水工艺，在套管内始终保持较高的水头，以平衡承压水压力；同时，对现场有承压水溢出的抽芯检测孔，采取在施工期间不进行封堵的减压措施，顺利地解决了承压水的不利影响。套管内注水平衡承压水见图 4.1-7，抽芯孔排水泄压见图 4.1-8。

图 4.1-7　套管内注水平衡承压水

图 4.1-8　抽芯孔排水泄压

4.1.5　施工工艺流程

基坑底支撑梁下低净空履带式全套管全回转灌注桩综合成桩施工工艺流程见图 4.1-9。

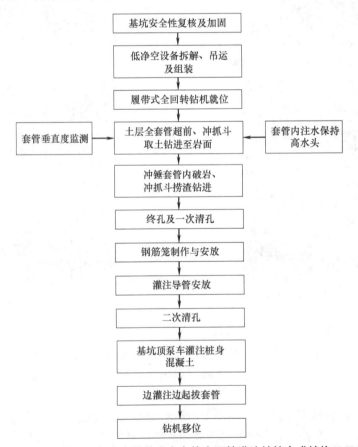

图 4.1-9　基坑底支撑梁下低净空履带式全套管全回转灌注桩综合成桩施工工艺流程图

4.1.6　工序操作要点

1. 基坑安全性复核及加固

（1）为了减少基坑底增加的灌注桩施工对基坑支护结构的影响，根据灌注桩坑底及支撑梁下施工的实际工况，施工前由基坑支护设计单位对基坑整体支护体系的安全稳定性进行复核，并提出基坑加固设计方案，确保基坑在灌注桩施工期间的安全稳定。

（2）根据支护设计加固要求，对基坑底周边被动区基础底板先行施工，被动区基础底板宽度3～6m、厚度1.5m，具体根据补桩位置综合考虑，基坑底周边被动区钢筋混凝土底板加固见图4.1-10。

图 4.1-10　基坑底周边被动区钢筋混凝土底板加固

（3）由于坑底位于软土地层，为了保证机械施工安全，在坑底设置钢筋混凝土连续板，对基坑底施工场地进行硬化，硬化浇筑混凝土时在桩位处提前预留孔洞，基坑底场地硬化及预留桩孔洞口见图4.1-11。

（4）对基坑顶部的栈桥板及周边堆场，严格按照要求控制临时附加荷载，最大附加荷载不超过30kPa，具体采取铺设钢板、堆土及时清运等措施，减少施工作业对支护结构的不利影响。

图 4.1-11　基坑底场地硬化及预留桩孔洞口

2. 低净空设备拆解、吊运及组装

（1）本工艺施工时，下入基坑底的大型设备包括：履带式全套管全回转钻机、履带起重机等，其单件重量大、尺寸宽，整体吊装无法满足基坑作业安全。

（2）为了保证基坑支护结构及临时栈桥板的安全，要求基坑顶单次起吊重量不大于25t。为此，将大于起吊重量的自行走式全回转钻机、YTQU75B履带起重机等进行分拆，吊运至基坑底后进行重新组装；大型设备的分拆、组装由设备厂商现场指导，组装完成后进行试运行，运转正常并验收后投入现场使用。基坑顶设备拆解吊运见图4.1-12。

3. 履带式全套管全回转钻机就位

（1）履带式全套管全回转钻机主要包括：钻机工作装置、液压动力站、反力叉板等，钻机工作装置连同液压动力站尺寸为 8709mm×4980mm×4503mm（长×宽×高）。

（2）设备就位前，采用全站仪对桩中心位置进行测量放样，采用十字交叉法进行定位，并在桩中心打入短钢筋做好标识。

（3）利用行走无线遥控系统操控履带式全套管全回转钻机自动行走就位，设备就位时，提前考虑设备摆放方位，并注意对支撑立柱的保护。设备移动至桩位后，用十字交叉法定出设备套管中心位置，然后采用吊锤复核桩中心位置，适当调整移动钻机使套管中心与桩中心在同一垂线上，最后撑起钻机底盘下的液压平衡支撑板，调整钻机处于水平状态，再次校核桩中心位置后完成设备就位。现场全套管全回转钻机支撑立柱旁就位见图 4.1-13。

图 4.1-12　基坑顶设备拆解吊运

图 4.1-13　全套管全回转钻机支撑立柱旁就位

（4）对于坑底摆放钻机空间受限的桩位，将液压动力站安置在钻机工作装置上，即主机和动力站集成一体，直接进行移位不需要拆接胶管。现场钻机主机和动力站集成就位见图 4.1-14。

（5）全套管全回转设备就位时，充分考虑反力叉板的摆放和固定。全套管全回转设备正常作业时为顺时针旋转作业，此时反力叉的翼板利用起重机的履带反压提供反力，现场履带起重机与反力叉状态见图 4.1-15。对于现场位置条件受限的情况，由于首节钢套管的刀头钻进作业具有方向性，此种情况下可调整全套管全回转机械设备，将首节套管的刀头进行反装，使其在逆时针旋转即反转时为正常钻进作业，借助场地已浇筑的加固底板提供反力，逆时针反转作业反力叉就位见图 4.1-16。

（6）对于紧邻塔式起重机基础和预先浇筑的基坑底周边底板位置附近的桩孔，由于受高差的影响，导致全套管全回转钻机无法摆放，此时采取通过在基坑底浇筑混凝土临时桩孔作业平台，以满足全套管全回转钻机就位的要求，坑底邻边浇筑临时作业平台具体见图 4.1-17。

图 4.1-14 钻机主机和动力站
集成就位

图 4.1-15 履带起重机与
反力叉状态

图 4.1-16 逆时针反转作业
反力叉就位

4. 土层全套管超前、冲抓斗取土钻进至岩面

（1）全套管全回转设备就位后，通过支撑梁间空隙开始吊装安放钢套管。

（2）套管使用前，对套管垂直度进行检查和校正，套管检查校正完毕后，用全套管全回转设备开始按套管编号分节安放钢套管。

（3）压入底部钢套管时，用水平仪检查其垂直度，在钢套管压入约 3m 后，检查一次垂直度状况，然后在钢套管钻进时同步在 X、Y 两个方向使用线锤校核套管垂直度。

图 4.1-17 坑底邻边浇筑临时作业平台

（4）由于施工地层存在深厚的砂层且含承压水，钻进时加大套管冲抓斗取土面的超压深度，常规的全套管工艺一般套管的超压深度为 2～3m，本工艺钻进保持套管超前深度不小于 6m。

（5）为平衡地下承压水的压力，钻进时在套管内加满水，保持孔内一定的水头压力，现场护壁套管内注水见图 4.1-18；另外，对有承压水溢出的抽芯检测孔在施工期间不封堵，利用其适当减压降水，有利于钻进时的孔壁稳定。

图 4.1-18 套管内注水平衡承压水压力

（6）由于套管内带水作业，砂层采用专门的 HT1200 水下抓斗进行捞渣钻进（图 4.1-19）；同时，在顶层支撑梁上标注入孔位置标识，便于抓斗取土作业时准确入孔（图 4.1-20）。

图 4.1-19　专用水下抓斗捞渣钻进

图 4.1-20　支撑梁上抓斗入孔位置标识

（7）采用全套管跟管钻进结合水压平衡工艺，用水下冲抓斗钻进直至岩面。

（8）冲抓斗取出的渣土集中堆放在坑底，由铲车清理渣土并装入料斗，再利用塔式起重机转运至坑顶统一堆放，定时组织外运。铲车坑底清理渣土见图 4.1-21，塔式起重机转运渣土至坑顶堆放见图 4.1-22。

图 4.1-21　铲车坑底清理渣土

图 4.1-22　塔式起重机转运渣土至坑顶堆放

5. 冲锤套管内破岩、冲抓斗捞渣钻进

（1）钻进至持力层岩面后，更换十字形冲击锤进行冲击破碎，入岩冲击锤见图 4.1-23。

（2）如遇岩面倾斜的情况，为了保证桩孔垂直度，冲锤采用小冲程、慢速钻进，至全岩面后确认全断面入岩，并按设计的入岩深度完成冲击入岩施工。

（3）冲锤破碎的岩渣，用水下冲抓斗捞渣钻进，直至设计标高。

6. 终孔及一次清孔

（1）钻至设计深度时，进行终孔检验。

（2）终孔后，采用水下抓斗进行一次清孔。

7. 钢筋笼制作与安放

（1）钢筋笼在基坑顶设置的加工场提前进行加工制作，安放前由监理工程师进行隐蔽验收。

（2）由于钢筋笼整体较长，采用起重机在基坑顶分段吊装、孔口连接。

（3）安放钢筋笼时，垂直慢速起吊，避免碰撞支撑梁和立柱，以免造成钢筋笼变形或支撑梁和立柱变形。吊放钢筋笼及孔口接笼见图4.1-24。

图 4.1-23　入岩冲击锤

图 4.1-24　吊放钢筋笼及孔口接笼

8. 灌注导管安放

（1）钢筋笼安放到位后，及时安放灌注导管。

（2）导管材质选用壁厚10mm、直径300mm的无缝钢管，接头为法兰连接。

（3）导管使用前试拼装并试压，试验压力不小于0.6MPa。

（4）导管安放完成后，导管底部距离孔底控制在30～50cm。

9. 二次清孔

（1）为了确保成桩质量，灌注前测量孔底沉渣厚度，如沉渣厚度超标，则进行二次清孔。

（2）由于有全套管护壁，二次清孔不存在塌孔的风险。

（3）由于成孔深度较深，二次清孔采用气举反循环工艺，选用功率55kW、额定排气压力0.8MPa的空压机，结合1m³的储气罐提供安全稳定的气流，保证良好的清孔效果，反循环空压机及储气罐见图4.1-25，现场气举反循环二次清孔见图4.1-26。清孔完成后，会同监理工程师对沉渣厚度进行测量验收。

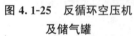

图 4.1-25　反循环空压机
　　　　　　及储气罐

图 4.1-26　气举反循环二次清孔

10. 基坑顶泵车灌注桩身混凝土

（1）二次清孔完成后，尽快灌注桩身混凝土。

（2）桩身混凝土采用泵车在基坑顶输送至初灌斗，基坑顶输送泵灌注桩身混凝土见图 4.1-27。

（3）由于每根桩的混凝土量平均超过 $100\mathrm{m}^3$，而低净空环境下的施工效率较低，平均每根桩的灌注时间达 18h 左右。因此，在混凝土中添加缓凝剂，保证混凝土的初凝时间不小于 20h。

（4）初灌采用 $3\mathrm{m}^3$ 大料斗灌注，灌注前用清水湿润料斗。采用球胆作为隔水塞，初灌前将球胆塞入导管内，压上灌注斗内底口的盖板，然后通过基坑顶的泵车向料斗内倒入混凝土。待灌注料斗内混凝土满足初灌量时，提起料斗的盖板，此时混凝土即压住球胆冲入孔底。桩身混凝土初灌见图 4.1-28。

图 4.1-27　基坑顶输送泵灌注桩身混凝土

图 4.1-28　桩身混凝土初灌

（5）正常灌注时，为便于拔管操作，更换为小料斗，通过泵车料管持续进行混凝土灌注。灌注过程中，定期测量混凝土面位置，及时进行拔管、拆管，导管埋深控制在2～4m。

11. 边灌注边起拔套管

（1）混凝土灌注过程中分段拔出钢套管。

（2）考虑到砂层、淤泥等不良地层的影响，为了保证顺利成桩，过程中加大套管内混凝土超过钢套管底的高度，一般控制在不小于15m。

（3）边灌注边起拔套管，直至灌注桩顶超灌高度后拔出全部钢套管。

12. 钻机移位

（1）钢套管全部拔出后，操控动力站恢复全套管全回转钻机液压驱动系统行程至自然状态。

（2）收起底盘液压平衡支撑板，恢复履带行走状态。

（3）拆除反力叉，当主机和动力站集成一体时，利用行走无线遥控系统直接操控履带式全套管全回转钻机移位至下一桩孔位置。

4.1.7　机械设备配置

本工艺现场施工所涉及的主要机械设备见表4.1-1。

主要机械设备配置表 表 4.1-1

名称	型号	备注
全套管全回转钻机	DTR2106HZ	履带式自行走,下沉套管
履带起重机	YTQU75B	抓斗作业
冲抓斗	HT1200	土层、砂层抓斗钻进
冲锤	直径 1200mm	入岩冲击破碎
装载机	ZL-12	坑底转运钻渣
螺杆式空压机	$55SCF^+\text{-}8B$	气举反循环二次清孔
储气罐	J2020-A0641	气举反循环二次清孔
塔式起重机	QTZ200	垂直转运钻渣

4.1.8　质量控制

1. 制度管控措施

（1）制定项目施工质量管理体系，施工过程实行"三检制"（即班组自检、值班技术员复检和专职人员核检）。

（2）为了确保现场全套管全回转作业安全、可靠完成，项目部成立以项目经理为首的质量管理小组，对施工工序质量进行控制与检查。

（3）施工前，编制安全专项施工方案，明确工程的重难点，并制订相应的应对措施。

2. 履带式全套管全回转钻机成孔

（1）套管使用前，检查和校正单节套管垂直度，对各节套管编号并做好标记。

（2）全套管全回转钻机下沉套管时，按套管编号分节安放。

（3）底节套管每压入约 3m，检查一次套管垂直度，在 X、Y 两个方向使用线锤校核套管垂直度。

（4）考虑深厚砂层以及承压水的不利影响，成孔过程中保持钢套管底部低于冲抓斗取土面不少于 6m，同时保持套管内处于高水位状态。

（5）由于套管内水位较高，采用专门的水下冲抓斗进行取土作业，入岩采用冲锤进行破碎；如遇到斜岩面，则采用冲锤小冲程冲击、慢速钻进。

（6）采用气举反循环工艺进行二次清孔，采用 $9.8m^3/min$、额定排气压力 0.8MPa 空压机送气，提高清孔作业效率。为了保证清孔气流稳定，增加 $1m^3$ 容量的储气罐。

（7）每根桩施工完毕后，对首节钢套管底部的合金刀头进行检查，发现磨损严重时及时修复。

3. 钢筋笼吊装

（1）由于钢筋笼整体较长，采用分段吊装、孔口对接安放钢筋笼。

（2）焊接时，保证焊接的长度及焊缝的宽度等满足设计及规范要求，同时保证接头在同一截面的搭接率不超过 50%。

（3）钢筋笼搭接过程中，控制好声测管的连接质量，在安放过程中注意对声测管的保护。

4. 灌注桩身混凝土

（1）灌注桩身混凝土前，进行孔底沉渣的复测，确保孔底沉渣厚度满足设计要求。

（2）受道路交通、场地以及基坑安全保护的不利影响，桩身混凝土灌注效率较低，为了保证混凝土灌注的连续性，在混凝土中添加缓凝剂，保证混凝土的初凝时间不小于 20h。

（3）混凝土灌注时，导管安放到位，采用大方量灌注斗进行初灌，以保证初灌时的埋管深度。

（4）混凝土灌注过程中，始终保证导管的埋管深度在 2～6m。

（5）为了避免淤泥、砂层等不良地层的影响，混凝土灌注过程中，保证钢套管底部距离混凝土面不少于 15m。

（6）灌注完成时，确保桩顶有足够超灌高度。

4.1.9　安全措施

1. 履带式全套管全回转钻机成孔

（1）施工前，对场地进行硬化处理，确保全套管全回转设备、履带起重机等大型机械作业时的安全。

（2）拆卸动力站液压系统的油管时，先进行泄压操作，确保作业安全。

（3）履带式全套管全回转钻机移位时，派专人指挥，注意行走安全，严禁机械碰撞支撑立柱。

（4）安放套管、冲抓斗取土等竖向作业时，避免碰撞损坏支撑梁混凝土结构，对支撑梁可能受影响的局部采用废弃车轮胎进行隔离保护，避免直接撞击受损。

（5）冲抓斗取土回转作业时，设置警示范围，严禁无关人员进入。

2. 钢筋笼吊装

（1）吊装作业指派信号司索工现场进行指挥，作业时起重机回转半径内人员全部撤离至安全范围内。

（2）吊装过程中，严禁钢筋笼碰撞支护结构，以免发生钢筋笼变形或者散架，必要时采用牵引绳进行钢筋笼辅助移动控制。

（3）钢筋笼孔口对接时，下一节钢筋笼未下放到孔口前，严禁人员站在设备平台上等待。

（4）大风和暴雨天气严禁吊装作业。

3. 灌注桩身混凝土

（1）灌注时，混凝土罐车、泵车按指定安全位置停放，确保基坑支护结构安全。

（2）基坑底灌注作业时，与基坑顶采用安全信号配合作业。

（3）在全套管全回转钻机作业平台上灌注混凝土、支撑梁上作业时，严格按要求做好安全防护。

4.2　复杂地层深基坑栈桥板区支撑梁底低净空灌注桩综合成桩技术

4.2.1　引言

珠海横琴某项目位于珠海十字门中央商务区横琴片区，项目用地面积$10000m^2$，项目设计 4 层地下室，基坑开挖深度约 20m，采用灌注桩和 3 道钢筋混凝土支撑支护形式，第三道支撑梁至坑底的最低净空高度约 5m。由于现场作业条件受限，场地内基本上无可以利用的空地，基坑设计将基坑中间首层对撑设置为栈桥板，作为基坑及基础施工时的临时堆场，同时也便于基坑垂直出土。项目基础工程桩设计为钻孔灌注桩，先期在基坑开挖前的地面上进行施工，在基坑开挖至坑底设计标高后，由于基础设计变更需增加直径 1.5m 的灌注桩 40 根，桩长为坑底以下约 65m，桩底入中风化花岗岩 3m，设计要求沉渣厚度不超过 5cm。项目场内地质条件复杂，坑底以下成孔范围内的不良地层主要为淤泥质黏土和粗砂，砂层平均厚度达 28.4m、最厚处 40m，在坑底施工存在高承压水，承压水水头高出基坑底部约 14m。变更增加的工程桩中 6 根桩位于基坑栈桥板覆盖区域，施工除了受支撑梁和立柱桩的影响外，还受栈桥板的限制。

本项目深基坑栈桥板区支撑梁底实施灌注桩施工，属于低净空作业。前述第 4.1 节已经介绍了支撑梁底灌注桩施工工艺，针对本基坑栈桥板区支撑梁底实际施工问题，项目组对"复杂地层深基坑栈桥板区支撑梁底低净空灌注桩综合成桩技术"进行了研究，将履带自行走式全套管全回转钻机在基坑底支撑梁下就位，通过在基坑顶栈桥板上静力切割开洞，并在栈桥板上实施护壁套管超前安放、套管内冲抓取土、冲击锤入岩钻进、吊放钢筋笼、气举反循环二次清孔、泵车灌注桩身混凝土等工序操作，解决了深基坑栈桥板区域坑底支撑梁底低净空条件下复杂地层成孔、支撑梁下低净空、栈桥区受限制的钻进成桩难题。

4.2.2　工艺特点

1. 施工便捷高效

本工艺在基坑底采用履带自行走式全回转钻机，钻机整机高度约 4m，可满足在本项目支撑梁底 5m 的低净空条件下作业，钻机可自行在基坑底行走，方便在支撑梁下桩孔就位和转场；同时，施工过程中除套管下沉由坑底全套管全回转钻机完成外，将护壁套管延伸至栈桥板面之上位置，冲抓斗套管内取土、冲击锤入岩钻进、安放钢筋笼、二次清孔和灌注桩身混凝土等工序均安排在栈桥板上完成，整体施工通过坑底和坑顶的协调配合实现了高效便捷。

2. 质量安全可靠

本工艺施工前对基坑底进行硬化加固处理，确保重型设备的作业安全；同时，采用在基坑底搭设满堂脚手架对基坑栈桥板施工区进行支撑加固，提高栈桥板的承载能力，确保在栈桥板上的作业安全；对于桩孔位置的钢筋混凝土栈桥板，采用水磨钻钻孔、绳锯静力切割开设作业洞口，成桩后对板面重新浇筑钢筋混凝土进行恢复；另外，采用全孔全套管护壁，确保成孔质量；成孔后采用套管内的气举反循环二次清孔工艺，可达到零沉渣的效果。通过上述一系列质量技术和安全保证措施，确保作业全过程的顺利进行。

3. 综合成本经济

本工艺采用将坑底全套管全回转钻机下沉的护壁套管延伸至基坑顶栈桥面上，履带起重机冲抓斗从坑顶栈桥板起吊入套管内直接抓取土层，配合坑底全套管全回转钻机超前护壁钻进，避免成孔过程的不良地层垮孔，成孔效率高。坑底全套管全回转钻机自行履带移位，行走就位快捷、高效、省时；套管内抓取的渣土在栈桥板上堆放，及时装载直接外运出场；混凝土灌注采用泵车在坑顶连续灌注，比料斗吊运效率更高，整体施工安排比在基坑底进行成桩操作大大降低综合施工成本。

4.2.3　适用范围

适用于基坑栈桥板区支撑梁底净空不小于 5m 且桩位处于支撑梁空隙中的灌注桩施工。

4.2.4　工艺原理

本项目对复杂地层深基坑栈桥板区支撑梁底低净空灌注桩综合成桩技术进行了研究，其关键技术包括三部分：一是基坑栈桥板区域支撑梁下低净空作业施工技术；二是低净空条件下全套管全回转钻机钻进技术；三是基坑支撑栈桥板上竖向作业技术等。

1. 基坑栈桥板区域支撑梁下低净空作业施工原理

基坑栈桥板区支撑梁底低净空作业的关键，在于解决在基坑底支撑梁下的有限空间内，桩机如何在平面上快速移动，并保证竖向净空高度下正常、安全作业的难题。本工艺通过对传统全套管全回转设备进行加装履带改造，采用 DTR2106HZ 履带自行走式钻机，解决了传统设备需要起重机辅助移动的难题，设备高 4053mm，低于支撑梁底 5m 的净空高度，满足低净空条件下施工要求。此外，所使用设备的回转扭矩为 3085kN·m，具有强大的钻进能力，最大成孔直径可达 2100mm、孔深 80m，完全可满足设计要求的大直径、超深桩施工。支撑梁下履带自行走式全套管全回转钻机见图 4.2-1。

图 4.2-1 支撑梁下履带自行走式全套管全回转钻机

2. 低净空条件下全套管全回转钻机钻进原理

全套管全回转钻进是依靠钻机扭矩驱动钢套管 360°旋转钻进，通过套管底部的高强合金刀头对土体进行切割，并利用全套管全回转钻机下压作用将套管压入地层中，同时配备冲抓斗将套管内的地层抓取排出。由于本项目上部土质条件差且存在高承压水，土层钻进时保持套管底超出开挖面不少于 6m，持续将套管压入土层直至岩面，钢套管实现全过程钻进护壁，有效阻隔了钻孔过程中不良地质条件的影响；另外，由于套管壁厚刚度好，钻进时垂直度控制精度高。当钻进至持力层岩面时，采用冲锤在套管内冲击破岩，然后用冲抓斗捞渣，反复破碎清理，直至设计桩底标高。

3. 基坑支撑栈桥板上竖向作业原理

由于受支撑梁和栈桥板的影响，本工艺对常规的全套管全回转钻机在同一平面作业的传统工艺进行优化，将全套管全回转设备主机设置在坑底支撑梁下，而将履带起重机及冲抓斗设置在栈桥板上，通过基坑顶栈桥板上，以及基坑底支撑梁下的相互配合进行钻进、成桩作业，解决了空间受限问题的同时，大大提升了施工效率。基坑顶冲抓斗与基坑底全套管全回转钻机作业施工见图 4.2-2。

对于基坑支撑梁栈桥板上的竖向作业，主要通过优化调整灌注桩的位置，使其尽量位于对应栈桥板下支撑梁间区域，在对栈桥板进行桩孔定位后，采用静力切割开设作业孔洞，保证垂直方向上的空间畅通，成桩后再对洞口进行修复。全套管全回转钻机在基坑底栈桥板下钻进作业，钻机的钢套管通过栈桥板上的孔洞延伸至栈桥板面以上，

图 4.2-2 基坑顶冲抓斗与基坑底全套管全回转钻机作业施工

履带起重机抓斗可在栈桥板上配合全回转钻机进行取土钻进（图 4.2-3）。此外，安放钢筋笼、气举反循环二次清孔、灌注成桩等作业均在栈桥板上完成。

4.2.5 施工工艺流程

以珠海横琴某大厦项目工程为例，复杂地层深基坑栈桥板区支撑梁底低净空灌注桩综合成桩施工工艺流程见图 4.2-4。

(a) 栈桥板下钻机就位　　　(b) 钢套管延伸至栈桥板上　　　(c) 栈桥板上抓斗取土

图 4.2-3　栈桥板上低净空全套管全回转钻机竖向作业

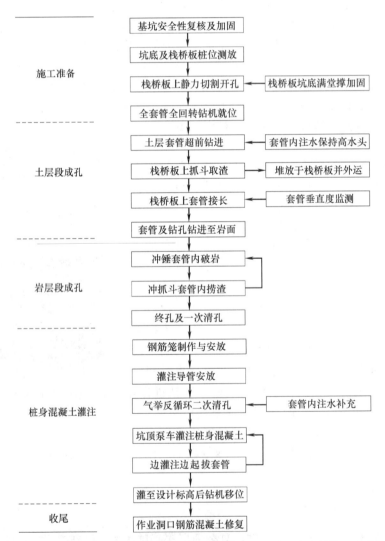

图 4.2-4　复杂地层深基坑栈桥板区支撑梁底低净空灌注桩综合成桩施工工艺流程图

4.2.6 工序操作要点

1. 基坑安全性复核及加固

（1）为了减少大型履带起重机灌注桩冲抓成孔施工对基坑支护结构的影响，根据栈桥板及立柱桩在原设计方案中的设计荷载，再结合灌注桩施工的实际工况，施工前由基坑支护设计单位对栈桥板下的支撑梁、板以及基坑整体支护体系的安全稳定性进行复核，并提出基坑加固设计方案，确保基坑在灌注桩施工期间的安全。

（2）根据基坑支护设计加固要求，对基坑底周边被动区基础底板先行施工，宽度 3～6m、厚度 1.5m，具体根据补桩位置综合考虑，基坑底周边被动区钢筋混凝土底板加固见图 4.2-5。

（3）由于坑底位于软土地层，为了保证机械施工安全，在坑底设置钢筋混凝土连续板，基坑底混凝土硬化具体见图 4.2-6。

图 4.2-5 基坑底周边被动区钢筋混凝土底板加固

图 4.2-6 基坑底混凝土硬化

（4）在基坑顶部栈桥板上作业，采取满铺钢板、及时清运堆土等安全措施，严格按照要求降低附加荷载，控制最大附加荷载不超过 30kPa，减少施工作业对支护结构的影响，栈桥板上满铺钢板作业见图 4.2-7。

2. 坑底及栈桥板桩位测放

（1）在基坑底用全站仪对桩中心位置进行测量放样，采用十字交叉法进行定位，对桩中心做好标识，并设置 4 个定位护桩。

（2）将全套管全回转设备移动到桩位，然后复核调整将钻机桩孔中心位置与桩中心位置在一条垂线上。

图 4.2-7 栈桥板上满铺钢板作业

（3）在基坑顶栈桥板上用全站仪放出桩中心位置，并根据桩径适当外扩，定出需要切割的栈桥板桩位孔洞的边线，同时做好相应的标记。

3. 栈桥板坑底满堂撑加固

（1）考虑到履带起重机在基坑栈桥板上施工作业的荷载较大，不仅包括履带起重机的自重、起重机冲抓作业的动荷载，以及其他配套设备的附加荷载等，为了保证履带起重机在基坑栈桥板施工的安全，现场采取满堂架支撑的方式对基坑栈桥板施工作业区进行支撑加固处理，加固方案经基坑设计单位复核后实施。

（2）按照加固方案，由专业的架子工进行满堂支撑架搭设，见图4.2-8；为了保证满堂支撑架的稳固，用钢管扣件将支撑架与支撑梁采用抱箍方式进行固定，见图4.2-9；满堂脚手架搭设完成后，组织现场验收，合格后使用。满堂脚手架上栈桥板作业见图4.2-10。

图4.2-8　搭设满堂架支撑架　　图4.2-9　支撑架与支撑梁连接　　图4.2-10　满堂脚手架上栈桥板作业

4. 栈桥板上静力切割开孔

（1）为了解决栈桥板对灌注桩竖向施工空间的阻碍，对施工桩孔范围的栈桥板进行切割开孔，以便于套管从基坑顶栈桥板上下放至基坑底配合全套管全回转钻机施工。

（2）为了减少对栈桥板损坏及整体结构的不利影响，采用水磨钻在待切割区域四个角位置进行取芯钻孔，然后利用在取芯孔内穿绳锯实施静力切割，开设的作业孔比设计桩径大300mm，见图4.2-11。

图4.2-11　绳锯静力切割栈桥板及孔洞

（3）为了保证安全，在洞口四周按要求设置水平防护栏杆。同时，为了避免作业过程中高空坠物落入基坑内，在洞口套管四周设置网片防护，见图4.2-12。

图 4.2-12　栈桥板洞口防护措施

5. 全套管全回转钻机坑底就位

（1）履带式全套管全回转钻机施工时配套机具主要包括：钻机主机、液压动力站、反力叉等，钻机工作装置连同液压动力站尺寸为 8709mm×4980mm×4503mm（长×宽×高）。

（2）将全套管全回转钻机分块拆解后，吊至基坑底进行重新组装（图 4.2-13），拆解后单体重量不大于 25t，以保证基坑栈桥板的安全。

（3）钻机就位前，采用全站仪对桩中心位置进行复核。利用行走无线遥控系统操控履带式全套管全回转钻机自动行走就位，设备就位时提前考虑设备摆放的方位。

图 4.2-13　拆解后的设备吊运及坑底组装

（4）钻机移至桩位后，用十字交叉法定出设备套管中心位置，然后采用吊锤复核桩中心位置，适当调整移动钻机使套管中心与桩中心在同一垂线上，最后支撑起钻机底盘下的液压平衡支撑板，调整钻机处于水平状态，并安装和固定反力叉。坑底钻机就位具体见图 4.2-14。

图 4.2-14　坑底钻机就位

6. 土层套管超前钻进

（1）起重机安放在栈桥板满堂支撑的加固区域，并在起重机履带位置铺设钢板，以确保安全。起重机栈桥板上就位见图 4.2-15。

图 4.2-15　起重机栈桥板上就位

图 4.2-16　栈桥板上吊放入坑底套管

（2）套管使用前，对套管垂直度进行检查和校正；套管检查校正完毕后，用全套管全回转设备开始按套管编号分节吊放钢套管。栈桥板上吊放入坑底套管见图 4.2-16。

（3）全套管全回转钻机压入底部钢套管时，用水平仪器检查其垂直度，一般在钢套管压入一定深度（约 3m）后，检查一次垂直度状况；在钢套管钻进下沉时，同步在 X、Y 两个方向使用线锤校核调整套管垂直度。

（4）由于施工地层存在深厚的砂层，并且含承压水，钻进时加大套管超压深度，常规的全套管工艺一般套管超深 2～3m，本工艺钻进时保持套管超压深度不小于 6m。

（5）考虑场地内存在承压水，在套管内注水保持高水头，以平衡地下水压力，防止底部出现管涌。

7. 栈桥板上抓斗取渣

（1）由于套管内带水作业，采用专用的水下冲抓斗进行取土排渣钻进，确保取土和钻进效率，专用水下冲抓斗见图 4.2-17。

（2）冲抓斗取出的渣土堆放在基坑顶，并用装载箱转运至栈桥板上的指定区域临时堆放，并安排挖掘机装车及时外运，栈桥板上渣土集中堆放见图 4.2-18。

8. 栈桥板上套管接长

（1）由于履带起重机抓斗在栈桥板上作业，先将套管吊放并接长至栈桥板的作业面。

（2）通过栈桥板切割的作业孔，将钢套管下放至基坑底的全套管全回转钻机，然后在坑底通过全套管全回转钻机的回转结构将套管压入。

图 4.2-17　专用水下冲抓斗

图 4.2-18　栈桥板上渣土集中堆放

（3）根据栈桥板作业面和坑底的距离，在基坑底连续压入 4 节套管后，再将套管上拔至栈桥板作业面，由此顺利实现套管在栈桥板上的接长操作，坑内套管连接位置具体见图 4.2-19。

（4）当套管露出栈板面高约 0.5m 时，在栈板上起吊套管进行孔口接长，栈桥板上套管接长见图 4.2-20。

图 4.2-19　坑内套管连接位置

图 4.2-20　栈桥板上套管接长

9. 套管及钻孔钻进至岩面

（1）套管接长后，继续采用冲抓斗在套管内取渣钻进，同时基坑底的全套管全回转钻机同步下压套管，保持套管超前钻进，栈桥板上冲抓斗套管内取渣钻进见图 4.2-21。

（2）套管钻进过程中，采用吊锤在相互垂直的两个方向监测套管的垂直度。

（3）现场采用套管内冲抓、接长套管循环钻进，直至套管及钻孔钻进至岩面。

10. 冲锤套管内破岩

（1）钻进至持力层岩面后，更换破岩冲锤（图 4.2-22）进行岩层冲击破碎。

图 4.2-21 栈桥板上冲抓斗套管内取渣钻进

图 4.2-22 破岩冲锤

（2）遇倾斜岩面时，为了保证垂直度，冲锤采用小冲程、慢速钻进，至全断面入岩后确认岩面，并按设计的入岩深度完成冲击入岩施工。

11. 冲抓斗套管内捞渣

（1）冲锤破碎的岩渣采用冲抓斗在套管内捞渣排出。

（2）将清理出孔的岩渣统一堆放于栈桥板上外运处理。

（3）清理一段岩渣后，用破岩冲锤反复冲击破岩钻进，然后再用冲抓斗捞渣清理；如此循环往复，直至入岩深度满足设计要求。

12. 终孔及一次清孔

（1）钻进至设计持力层深度时，现场进行终孔测量和验收。

（2）终孔后，采用水下冲抓斗进行一次清孔，清孔完成后对孔底沉渣进行测量，确保孔底沉渣满足设计要求。

13. 钢筋笼制作与安放

（1）钢筋笼在基坑顶设置的加工场提前加工制作，安放前通知监理工程师进行隐蔽验收。

（2）一次清孔完成后，及时安放钢筋笼；由于钢筋笼整体较长，采用起重机在基坑顶分段吊装，在套管口现场对接。

（3）安放钢筋笼时，注意钢筋笼的吊点设置，以免造成钢筋笼变形。钢筋笼吊装见图4.2-23。

14. 灌注导管安放

（1）钢筋笼安放就位后，及时安放灌注导管，栈桥板上灌注导管安放见图4.2-24。

（2）导管材质选用壁厚10mm、直径300mm的无缝钢管，接头采用法兰连接。

图 4.2-23　钢筋笼吊装

（3）导管使用前进行试拼装并试压，试验压力不小于 0.6MPa；连接时，安置密封圈，连接紧密。

（4）导管安放完成后，保持导管底部距离孔底控制在 30～50cm。

15. 气举反循环二次清孔

（1）钢筋笼安放完成后，测量孔底沉渣，如沉渣厚度超标，则进行二次清孔。

（2）由于成孔深度较深，二次清孔采用气举反循环工艺，选用功率 55kW、额定排气压力 0.8MPa 的螺杆式空压机，结合 $1m^3$ 的储气罐提供安全稳定的气流，达到良好的清孔效果，栈桥板上螺杆式空压机和储气罐见图 4.2-25。

图 4.2-24　栈桥板上灌注导管安放　　图 4.2-25　栈桥板上螺杆式空压机及储气罐

（3）二次清孔时，为了保证孔内浆液的正常循环，往套管内持续注水，保持套管内有充足的循环水，现场气举反循环清孔见图 4.2-26。

（4）清孔完成后，会同监理工程师一起对沉渣厚度进行测量验收。

16. 坑顶泵车灌注桩身混凝土

（1）二次清孔完成后，及时灌注桩身混凝土。

（2）由于每根桩的混凝土超过 $100m^3$，初灌量较大，单根桩灌注时间长达 18h 左右，因此，采用缓凝混凝土灌注，混凝土缓凝时间不小于 20h。

161

图 4.2-26　气举反循环清孔

图 4.2-27　栈桥板架臂架泵灌注桩身混凝土

（3）桩身混凝土采用泵车在栈桥板上进行灌注，利用臂架泵将混凝土输送至孔口灌注斗，见图 4.2-27。

（4）初灌采用 3m³ 大料斗灌注，灌注前用清水湿润料斗。采用球胆作为隔水塞，初灌前将隔水塞放入导管内，压上灌注斗内底口的盖板，然后通过基坑顶的泵车向料斗内输送混凝土。待灌注料斗内混凝土满足初灌量时，提起料斗底的盖板，此时混凝土即压住球胆冲入孔底，完成混凝土初灌作业。

（5）正常灌注时，为便于拔管操作，更换为小料斗，通过泵车料管持续进行混凝土灌注。灌注过程中，定期测量混凝土面位置，及时进行拔管、拆管，导管埋深控制在 2～4m。

（6）灌注至桩顶段时，确保桩顶超灌高度满足设计要求。

17. 边灌注边起拔套管

（1）混凝土灌注过程中，分段拔出钢套管。

（2）考虑到砂层等不良地层的影响，为了保证顺利成桩，过程中加大套管内混凝土超过钢套管底的高度，一般控制在不小于 15m。

（3）边灌注边提拔套管，直至灌注完成后拔出全部护壁套管。

18. 灌至设计标高后钻机移位

（1）灌注至设计标高后，拔出全部钢套管。

（2）收起底盘液压平衡支撑板，恢复钻机履带行走状态。

（3）拆除反力叉，当主机和动力站集成一体时，利用行走无线遥控系统直接操控履带式全套管全回转钻机直接移位至下一桩孔位置。

19. 作业洞口钢筋混凝土修复

（1）灌注桩施工完毕后，及时对栈桥板作业洞口的钢筋混凝土进行修复。

（2）先支洞口底模板，利用螺杆和工字钢对底模进行固定，见图 4.2-28。

（3）最后绑扎钢筋，采用提高一个强度等级的混凝土浇筑洞口混凝土进行修复。

4.2.7 机械设备配置

本工艺现场施工所涉及的主要机械设备见表 4.2-1。

图 4.2-28 栈桥板洞口底模固定

主要机械设备配置表 表 4.2-1

名称	型号	备注
全套管全回转钻机	DTR2106HZ	履带自行走式，钻进、下沉套管
履带起重机	YTQU75B	吊装冲抓斗取土钻进
冲抓斗	直径 1200	土层、砂层两种抓斗
冲锤	直径 1200	岩层冲击破碎钻进
装载机	ZL-12	转运桩渣土
螺杆式空压机	55SCF$^+$-8B	沉渣清孔
储气罐	J2020-A0641	沉渣清孔
挖掘机	PC200	出土
水磨钻	5.5W	栈桥板桩位处开设绳锯洞口
绳锯切割机	22kW	栈桥板桩位处开设洞口

4.2.8 质量控制

1. 履带式全套管全回转钻机成孔

（1）套管使用前，对套管垂直度进行检查和校正，对各节套管编号，做好标记，按序吊放拼接。

（2）在下沉底部钢套管时，用水平仪器检查其垂直度，待套管被压入约 3m 后，检查一次套管垂直度。

（3）钢套管下沉过程中，在 X、Y 两个方向使用线锤校核调整套管垂直度。

（4）考虑到深厚砂层以及承压水的不利影响，成孔过程中保持钢套管底部超前冲抓斗取土面大于 6m，同时保持套管内处于高水位状态。

（5）由于套管内水位较高，采用专门水下冲抓斗进行取土作业，对于入岩段更换冲锤进行破碎。如果遇到倾斜岩面，为了保证垂直度，采用冲锤小冲程冲击、慢速钻进。

（6）采用气举反循环工艺在套管内进行清孔，提高清孔作业效率。

2. 钢筋笼吊装

（1）由于钢筋笼整体较长，采用分段吊装、孔口对接工艺安放钢筋笼。

（2）钢筋笼对接过程中，做好声测管的保护。

3. 灌注桩身混凝土

（1）灌注桩身混凝土前，进行孔底沉渣测量，如沉渣厚度超标，则采用气举反循环进行二次清孔。

（2）为了保证混凝土灌注质量，在混凝土中添加缓凝剂，混凝土缓凝时间不小于 20h。

（3）混凝土灌注时，导管安放到位，采用大方量灌注斗进行初灌，以保证初灌时的埋管深度。

（4）混凝土灌注过程中，始终保证导管埋管深度在 2～4m。

（5）为了避免砂层等不良地层的影响，混凝土灌注过程中，保证钢套管底部距离混凝土面不少于 15cm。

（6）灌注完成时确保桩顶有足够超灌高度，超灌不小于 0.8m。

4.2.9 安全措施

1. 履带式全套管全回转钻机成孔

（1）采用满堂脚手架对履带起重机摆放的区域进行全面加固，同时在栈桥板上履带起重机的位置铺设钢板，保证栈桥板上重型机械的作业安全。

（2）满堂支撑架搭设前，编制专项方案，并按审批的方案施工。

（3）为了保证满堂支撑架的整体稳定，将支撑立杆与支撑梁采取抱箍连接的方式进行加固；搭设完成后组织进行验收，使用过程定期检查，确保施工安全。

（4）拆卸动力站液压系统的油管前，先进行泄压操作，确保安全后再拆管。

（5）全套管全回转钻机移位时，安排专人指挥，防止碰撞支撑立柱。

（6）为了保证基坑底与栈桥板间的配合作业，将钢套管延伸至栈桥板作业面。采用全套管全回转钻机先一次性压入基坑底土层中 3～4 根套管，再拔出至栈桥板面，严禁在高空对接套管。

（7）履带起重机抓斗在栈桥板上取土作业时，在设备回转作业范围内设置警示范围，无关人员严禁进入。

2. 钢筋笼吊装

（1）钢筋笼在栈桥板外的加工场集中加工，采用分段制作工艺，安放时由起重机转运至栈桥板上。

（2）吊装作业由专业司索工现场指挥，作业时起重机回转半径内人员全部撤离至安全范围内。

（3）吊装时，采用多点匀称起吊，慢速移动，避免发生钢筋笼变形。

3. 灌注桩身混凝土

（1）为了减少栈桥板上的荷载，采用泵车输送混凝土灌注，泵车、混凝土罐车停放在安全位置。

（2）当护壁钢套管管口高出作业面时，灌注时做好高处作业安全防护工作。

4.3 高铁桥下 5m 超低净空盾构穿越区隔离灌注桩组合成桩技术

4.3.1 引言

为满足经济建设和交通便利的需求，众多城市的高速铁路路网线路不断延伸，地下隧道建设项目日益增多，其中不乏隧道穿越现有高铁桥的情形。为尽可能减少施工对既有高铁桥的影响，盾构施工前在桥墩和盾构隧道之间设置隔离桩予以保护。以新建南京地铁 6 号线为例，隧道盾构设计直径 6.2m，顶部埋深距地面 13m，地铁盾构下穿既有沪宁城际跨经五路特大桥 73～75 号桥墩桩基区间，同时下穿邻近的京沪铁路三股道段，沪宁城际高铁与京沪铁路平面分布见图 4.3-1，盾构路线与现有铁路位置关系示意见图 4.3-2。

图 4.3-1　沪宁城际高铁与京沪铁路平面分布

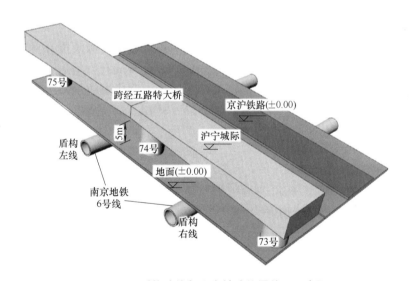

图 4.3-2　盾构路线与现有铁路位置关系示意图

现场地层自上而下为杂填土、粉质黏土、全风化闪长岩、强风化闪长岩、中风化闪长岩，上部杂填土厚度约 4m。为做好后续盾构穿越时对既有高铁桥基的保护，设计沿拟建地铁隧道外轮廓 1m 范围打设一排直径 1m@1.2m、平均桩长 22m 的隔离灌注桩。为确保钻进过程中高铁桥的安全，设计要求采用永久性护筒护壁，护筒穿透至粉质黏土层不少于 6m，护筒平均长度 12m。所施工的隔离桩中，位于高铁桥下共 20 根，桥下施工净空仅 5m，属于超低净空作业，高架桥下隔离桩分布见图 4.3-3。

受超低净空的影响，低净空旋挖钻机、全套管全回转钻机受施工高度的限制，均无法

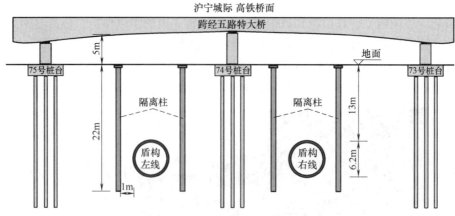

图 4.3-3　高架桥下隔离桩分布

满足现场施工，而低净空的回转钻机虽可满足净空条件，但其无法预先完成深长护筒的埋设，给隔离桩钻进成桩带来困难和风险。为了解决上述项目超低净空环境、填土深厚、施工受限的难题，项目组对"高铁桥下5m超低净空盾构穿越区隔离灌注桩组合成桩技术"进行研究。采用兼具履带行走、水平吊运、回转钻进、冲抓成孔等功能的低净空全回转一体机，实现超低净空下的护筒压入、冲抓成孔。考虑到超低净空环境下，冲抓成孔速度较

图 4.3-4　施工现场低净空全回转一体机

慢，后续将方案优化为采用低净空全回转一体机将短节永久性护筒逐节沉入到位，然后由低净空泵吸反循环回转钻机于护筒内钻进排渣成孔，最后通过安放短节钢筋笼、导管完成灌注混凝土成桩。通过全回转一体机、反循环回转钻机的组合作业，解决了超低净空条件下灌注桩成桩难题，同时避免了对既有桥墩的扰动，达到了高效、低扰、可靠、经济的效果，为类似地下隧道盾构工程施工提供了成套的解决方案。施工现场低净空全回转一体机见图 4.3-4。

4.3.2　工艺特点

1. 净空施工限制小

本工艺采用的低净空全回转一体机集成履带行走、水平吊运、回转钻进等功能，无需大型起重机配合即可实现超低净空下的护筒沉入。通过低净空泵吸反循环回转钻机于护筒内钻进成孔，并定制短节钢筋笼、导管灌注，满足超低净空环境的施工要求。

2. 成桩质量有保障

本工艺采用全回转一体机安放深长永久性护筒护壁，有效防止上部填土层塌孔对桥梁造成危害；回转钻进成孔全程采用泥浆护壁、气举反循环排渣，成孔孔壁稳定、孔底沉渣少；同时，永久护筒作为桩身永久防护，有效提高桩身承载力，对成桩质量有保障。

3. 流水作业工效高

本工艺采用的低净空全回转一体机可独立实现自行就位、护筒吊运、回转压入等工序，施工连贯高效，在将该施工段护筒沉入到位后，由反循环回转钻机接力钻进成孔，全回转一体机行走至下个施工段进行护筒沉入作业，成桩作业互不干扰，组合流水施工连贯高效。

4.3.3 适用范围

适用于低净空高度 5m 及以上的灌注桩施工，适用于全回转一体机护筒直径不大于 1500mm 的灌注桩施工。

4.3.4 工艺原理

本工艺对高铁桥下 5m 超低净空盾构穿越区隔离灌注桩组合成桩施工技术进行了研究，其关键技术主要包括四大部分：一是低净空全回转一体机套管预埋技术，二是护筒送压器辅助全回转送压顶节护筒埋设技术，三是低净空泵吸反循环钻进成孔技术，四是低净空灌注成桩技术。

1. 低净空全回转一体机套管预埋技术

面对桥下超低净空作业环境条件，常规垂直吊装方法受限，全套管全回转钻机作业受阻。本工艺采用 JAD150 低净空全回转一体机开展作业，该机高度约 4.5m，集成液压动力站、履带驾驶室、回转机构、水平滑轨吊运机构于一体，通过底部履带实现整机一站式行走，无需起重机辅助即可在超低净空环境下灵活移动、快速就位；就位后通过液压系统控制水平滑轨前进和回退，配合自带的卷扬机，将护筒以平移式吊装至回转机构，回转机构对护筒施加扭力与压力，驱动底部带高强合金刀头的首节护筒旋转切入土层，实现逐步下沉，下沉过程通过水平滑轨吊运冲抓斗于护筒内取土及卸土，多工序一体施工连续高效。一体机依托水平滑轨吊运机构巧妙将垂直吊装变为水平吊运，突破低净空局限，确保施工正常开展。低净空全回转一体机结构示意见图 4.3-5，全回转一体机低净空环境下冲抓作业见图 4.3-6。

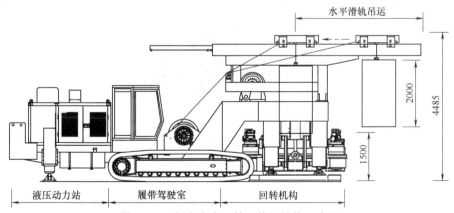

图 4.3-5 低净空全回转一体机结构示意图

2. 护筒送压器辅助全回转送压顶节护筒埋设技术

为便于全回转一体机移位及后续施工，需将顶节护筒下沉至地面，而一体机回转机构位置高出地面 1.5m，在沉入顶节护筒时无法将其完全沉至地面，常规解决方法是通过加

图 4.3-6　全回转一体机低净空环境下冲抓作业

接护筒将其压入到位，随后切除多余部分，此举造成护筒材料浪费且耽误工时。本工艺通过事先对顶节护筒上部沿圆周错位切割 0.2m 深的矩形槽口，采用专用的护筒送压器辅助压入，将顶节护筒标高送至地面。护筒送压器采用短节护筒改制，送压器长度 2m，底部设置与顶节护筒相嵌匹配的槽口，并在筒内增设环体钢圈；当全回转一体机无法进一步压入顶节护筒时，起吊送压器至顶节护筒上方，并交错嵌入对应槽口，钢圈起到护筒对接时的定位作用。全回转一体机借助送压器将顶节护筒压入，当下沉到位后起提送压器移机即可，见图 4.3-7。

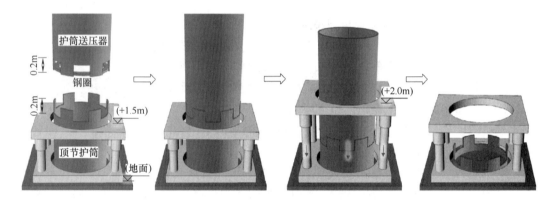

图 4.3-7　护筒送压器辅助全回转一体机送压顶节护筒至地面

3. 低净空泵吸反循环钻进成孔技术

本工艺为提升钻进成孔工效，在全回转一体机安放钢护筒就位后，采用低净空履带式泵吸反循环回转钻机钻进（图 4.3-8），钻机由动力头、钻具、砂石泵、真空泵、发电机等组成，机身最大高度 4m，搭配 1.5m 长的短节钻杆可在超低净空下顺利成孔。钻机工作时，发电机为各部件提供电力，动力头驱动钻杆和钻头旋转钻进，配合真空泵的抽吸作用，将渣土和泥浆吸进钻杆内腔并上升至砂石泵，再经排渣管排出至泥浆循环池，反复钻进排渣至达到设计孔深。

图 4.3-8　低净空履带式泵吸反循环钻机

4. 低净空灌注成桩技术

在反循环回转钻机钻进至设计孔深后，将钻机移位进行桩身混凝土灌注作业。本工艺针对超低净空环境，设计了长度1m、2.5m两种规格的短节钢筋笼，通过挖掘机辅助吊入特制短节钢筋笼至孔内，并在孔口逐节焊接安放；钢筋笼下放至孔底后，吊入长度3m的短节导管灌注，实现超低净空下灌注成桩。

4.3.5 施工工艺流程

高铁桥下5m超低净空盾构穿越区隔离灌注桩组合成桩施工工艺流程见图4.3-9。

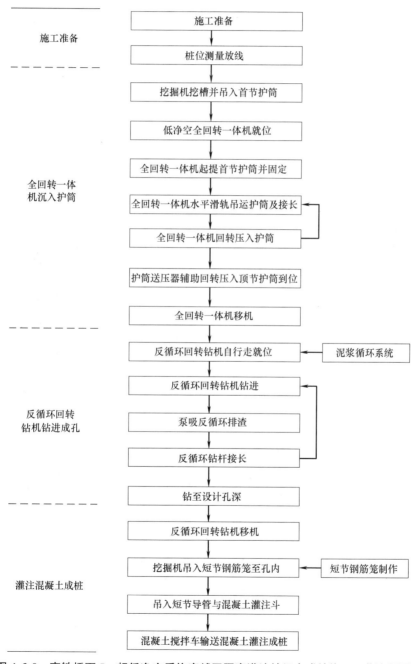

图4.3-9 高铁桥下5m超低净空盾构穿越区隔离灌注桩组合成桩施工工艺流程图

4.3.6　工序操作要点

以南京地铁 6 号线盾构穿越沪宁城际高铁、京沪铁路工程（地基加固）为例进行说明，桥下低净空 5m，隔离灌注桩 1m@1.2m，平均桩长 20m。

图 4.3-10　高铁桥下场地情况

1. 施工准备

（1）调查场地及毗邻区域内的地下及地上管线、建（构）筑物及障碍物和可能受施工影响的情况，向铁路主管部门报备。高铁桥下场地情况见图 4.3-10。

（2）测量高架桥底面到桥下地面的垂直距离，确认桥下最低净空高度，并在高架桥底面下 30cm 设置限高警戒线，严禁超高施工，限高警戒线与安全标识见图 4.3-11。

图 4.3-11　限高警戒线与安全标识

（3）沿现有邻近的 74 号桥墩设置防护围栏，防止施工过程中发生碰撞，见图 4.3-12。安装 360°视角摄像头，对现场进行全过程监控，见图 4.3-13。

图 4.3-12　桥墩安全防护　　　　　　　图 4.3-13　现场安装监控摄像头

（4）清除场地内影响施工的地上障碍物，并采用挖掘机对场地进行平整压实，见图4.3-14。

2. 桩位测量放线

（1）根据图纸对灌注桩桩位进行测量放线，鉴于本项目为成排的灌注隔离桩，每次以4根桩作为一个施工段进行放线。

（2）现场测放护筒的轴线，沿放线轨迹喷撒白灰，作为该施工段的定位标记，见图4.3-15。

图4.3-14　低净空作业场地平整　　　　图4.3-15　隔离桩桩位轴线白灰标记

3. 挖掘机挖槽并吊入首节护筒

（1）布设该施工段桩位标记后，采用挖掘机沿标记开挖深度2.0m的槽段，以便一次性将该段灌注桩的首节护筒埋设，挖掘机开挖槽段见图4.3-16。

（2）首节护筒长度2.3m，其底部加设长度30cm、壁厚4cm筒靴，底部设合金刀齿，筒靴外径较筒体超出2cm，在护筒压入过程进行护径切削钻进，为上部护筒提供2cm土体缝隙，减少护筒受到的外侧摩阻力，使后续护筒更易沉入。首节带筒靴护筒见图4.3-17。

图4.3-16　挖掘机开挖槽段　　　　图4.3-17　首节带筒靴护筒

（3）槽段开挖后，通过挖掘机将该施工段的各首节护筒逐一吊入槽段，并再次放线校核护筒位置，满足要求后回填土体压实埋设。挖掘机辅助吊入首节护筒见图4.3-18，定位轴线校核护筒中心见图4.3-19。

图 4.3-18　挖掘机辅助吊入首节护筒

图 4.3-19　定位轴线校核护筒中心

4. 低净空全回转一体机就位

（1）首节护筒埋设完成后，预先在全回转一体机就位区域铺垫钢板，为一体机平稳运行提供保障。

（2）控制液压系统将一体机后支腿和前基板收起，通过履带行走至施工段内首个桩位后，将支腿及前基板下放，代替履带平稳支撑机身。全回转一体机履带行走见图 4.3-20，一体机下放后支腿与前基板见图 4.3-21。

（3）全回转一体机操作员通过驾驶室内的监控显示屏与施工人员相互配合，调整全回转一体机位置，使回转机构与护筒中心对中，见图 4.3-22。

5. 全回转一体机起提首节护筒并固定

（1）全回转一体机回转机构与护筒对中后，通过液压系统调整回转机构上部平台降至最低，并控制水平滑轨平移至护筒上方，松开卷扬机将吊钩下放（图 4.3-23）。

图 4.3-20　全回转一体机履带行走　　　　图 4.3-21　一体机下放后支腿与前基板

图 4.3-22　全回转一体机操作员通过显示屏与施工人员配合调整对中

（2）将吊钩钩住护筒，回收卷扬缓慢将已经埋入地下的首节护筒起吊，并上提至其顶部高出回转机构上部平台 10cm 左右，此时钻机回转机构的楔形定位夹具夹紧护筒，解开吊具后，由回转机构固定护筒。楔形夹紧定位夹具见图 4.3-24，回转机构固定首节护筒见图 4.3-25。

6. 全回转一体机水平滑轨吊运护筒及接长

（1）当埋入地下的首节护筒上提并固定后，开始护筒接长，护筒接长采用 NBC-500A 高性能数字化焊机进行焊接。

（2）下放吊钩并通过钢丝绳钩住接长护筒（图 4.3-26），并通过钻机滑轨和钢丝绳起吊护筒至回转机构正上方（图 4.3-27）。

图 4.3-23　水平滑轨吊钩下放

图 4.3-24　楔形夹紧定位夹具　　　　图 4.3-25　回转机构固定首节护筒

图 4.3-26　一体机吊钩水平吊运接长护筒

图 4.3-27　接长护筒吊运至孔口

（3）缓慢下放护筒，将其与已安放的下方护筒对接，并在下方护筒顶部与接长护筒对接边缘焊接 4 根短钢筋进行限位，并采用铁锤局部敲击调节护筒对齐，作业平台护筒限位及调节对接见图 4.3-28。

图 4.3-28　作业平台护筒限位及调节对接

（4）护筒校正对齐后，沿护筒对接处均匀点焊焊接，对上、下节护筒进行初步固定，随后采用满焊形式将两节护筒焊接牢靠，完成护筒接长。对接护筒间点焊固定见图 4.3-29，满焊连接见图 4.3-30。

图 4.3-29　对接护筒间点焊固定

图 4.3-30　对接护筒间满焊连接

7. 全回转一体机回转压入护筒

（1）护筒接长完毕后，启动全回转一体机，将通过左、右两侧回转油缸的反复推动使护筒转动，回转驱动护筒的同时下压护筒，在首节护筒合金刀齿切削地层的配合下，使护筒向下沉入。全回转一体机回转压入护筒见图 4.3-31。

图 4.3-31　全回转一体机回转压入护筒

（2）护筒回转沉入过程中，在一体机两个方向设十字交叉垂线，并设专人对护筒垂直度进行监测；若发现偏斜，立即停机进行纠偏，护筒垂直度监测见图 4.3-32。

8. 护筒送压器辅助回转压入顶节护筒到位

（1）护筒逐节接长并压入，当一体机回转压入顶节护筒时，因回转机构上部平台高于地面 1.5m，无法将顶节护筒压至地面，此时采用护筒送压器辅助压入到位。顶节护筒就位见图 4.3-33，顶节护筒压入情况见图 4.3-34。

（2）护筒送压器由标准节短护筒改制而成，其长度为 2m，底部设置与顶节护筒相嵌匹配的槽口，并在筒内增设环体钢圈加固底部，护筒送压器见图 4.3-35。

（3）当全回转一体机无法再一进步沉入顶节护筒时，将护筒送压器通过水平滑轨吊运机构起吊至顶节护筒上方（图 4.3-36）。

（4）护筒送压器被吊运至顶节护筒上方后，通过底部环形钢圈辅助定位与顶节护筒对中，并调整护筒送压器使其下部矩形槽口嵌入顶节护筒上部槽口（图 4.3-37）。

图 4.3-32　护筒垂直度监测

（5）当送压器和顶节护筒嵌入相互嵌合后，控制回转机构夹具松开顶节护筒，并上升夹紧护筒送压器，随后回转压入，直至将顶节护筒沉入至地下（图 4.3-38）。

图 4.3-33　顶节护筒就位

图 4.3-34　顶节护筒压入情况

图 4.3-35　护筒送压器

图 4.3-36　水平吊运送压器至顶节护筒上方

图 4.3-37　护筒送压器与顶节护筒槽口嵌入对齐

图 4.3-38　护筒送压器辅助压入顶节护筒至地下

9. 全回转一体机移机

（1）该施工段首根灌注桩的顶节护筒沉入到位后，全回转一体机后退一个桩位继续进行护筒沉入，直至将该施工段内各桩护筒沉入到位。

（2）施工段内各护筒全部沉入到位后，收起全回转一体机各支腿，通过履带式行走驶离并前往下一个施工段，为后续工序退让工作面（图 4.3-39）。

10. 泥浆循环系统

（1）采用 LGK-160YR 等离子切割机，将该施工段处已沉入到位的各护筒顶部切割泥浆溢流槽口，槽口位置与泥浆沟断面一致，对称设置两个槽口，断面尺寸 40cm×40cm，各护筒间相互贯通。护筒顶泥浆溢流槽口开设见图 4.3-40。

（2）为满足反循环钻进需求，现场设置泥浆循环系统，泥浆循环系统由泥浆沉淀池、循环池和泥浆循环沟组成，并设置泥浆胶管和 3PN 泥浆泵等。采用挖掘机开挖泥浆循环沟、池，并按照设计配比制备泥浆。泥浆沉淀池、循环池见图 4.3-41，泥浆循环沟见图 4.3-42。

图 4.3-39　全回转一体机移机至下一桩位

图 4.3-40　护筒顶泥浆溢流槽口开设

图 4.3-41　泥浆沉淀池、循环池

图 4.3-42　泥浆循环沟

11. 反循环回转钻机自行走就位

(1) 泥浆循环系统制备完成后，控制 FS250 型低净空反循环回转钻机（图 4.3-43）自行走至该施工段首个桩位。钻机集成动力头、钻具、砂石泵、真空泵、100kW 发电机组、履带机构于一体，其机身高度 4m，最大钻孔直径 2.5m，最深可达 200m。

(2) 反循环钻机就位后，将泥浆排渣管一端通过法兰与钻机动力头处砂石泵进行连接，另一端放置于泥浆循环沉淀池中，泥浆排渣管与反循环钻机连接见图 4.3-44。

(3) 钻机与泥浆循环系统连接完成后，将钻头拧上吊塞，通过钻机动力头上升、下降以辅助起吊钻头，将钻头放入护筒口固定，并调整钻头中心与护筒中心对中。钻头采用三翼犁式钻头（图 4.3-45），钻头孔口固定见图 4.3-46。

(4) 钻头孔口固定后，调整钻机位置，将钻机钢架立直，使其动力头与钻头对中，随后将钻头提起，将其卡在钻机平台上并卸掉吊塞，使用水平尺对钻机钢架垂直度进行检验，确保钻机机身平整、钢架垂直。动力头对中见图 4.3-47，水平尺测量机架垂直度见图 4.3-48。

图 4.3-43 FS250 型低净空反循环回转钻机

图 4.3-44 泥浆排渣管与反循环钻机连接

图 4.3-45 三翼犁式钻头

图 4.3-46 钻头孔口固定

图 4.3-47 动力头对中

图 4.3-48 水平尺测量机架垂直度

（5）钻机完成就位及对中后，控制机架滑轨将动力头上升，将单节长度 1.5m、内径 0.17m 钻杆进行安装连接，钻杆安装见图 4.3-49。

12. 反循环回转钻机钻进

（1）钻机就绪后，将砂石泵处的单向阀关闭，启动钻机真空泵将砂石泵以下、孔口以上的钻杆空心段进行抽真空，当钻杆空腔达到一定真空度后，孔底泥浆上升并填充钻杆空腔，将空气排出。

（2）钻杆空气排出后，透过砂石泵处的透明管观察到有泥浆流出，即说明钻杆空腔被泥浆填满，此时开启砂石泵和单向阀对孔内泥浆进行抽吸，形成反循环，砂石泵抽吸见图 4.3-50。

图 4.3-49　钻杆安装

图 4.3-50　砂石泵抽吸

（3）形成反循环后，启动动力头驱动钻杆、钻头旋转，同时控制钻杆向下钻进（图 4.3-51）。

图 4.3-51　反循环回转钻机钻进

13. 泵吸反循环排渣

（1）在钻机钻进过程，钻头切削所形成的钻渣通过砂石泵的抽吸作用上返（图 4.3-52），孔底泥浆与钻渣混合物被抽吸至钻机砂石泵，并通过泥浆胶管输送至泥浆沉淀池（图 4.3-53）。

（2）沉淀后的泥浆流入循环池，经泥浆沟回流至孔内循环利用。

图 4.3-52　孔底钻渣抽吸上返　　　　图 4.3-53　上返泥浆经胶管输送至泥浆沉淀池

14. 反循环钻杆接长

（1）钻机驱动钻杆向下钻进，当钻杆钻至距钻机平台以上约 30cm 时，在孔口进行钻杆接长；钻杆接长前，事先在连接处涂抹黄油（图 4.3-54），使钻杆安装更顺滑且防止漏气。

（2）接长钻杆时，先起提孔内钻杆，并将其固定在孔口接长平台后进行拆卸，随后上升动力头，预留接长钻杆作业面（图 4.3-55）。

图 4.3-54　钻杆连接处涂抹黄油　　　　图 4.3-55　钻杆固定在接长平台及拆卸

（3）将接长钻杆对准钻机动力头，启动钻机驱动动力头，使动力头短钻杆旋转进入钻杆上端螺纹段，待钻杆与动力头连接稳固后，继续驱动动力头，使接长钻杆下端螺纹段旋转进入孔内钻杆连接处，完成钻杆接长，见图 4.3-56。

15. 钻至设计孔深

（1）当反循环回转钻机向下钻进至该施工段首个灌注桩的设计孔深后，使用测绳下放孔内进行终孔深度确认。

（2）会同监理工程师进行终孔验收，验收合格后进行下一工序。

16. 反循环回转钻机移机

（1）钻孔终孔验收后，将泥浆排渣管从反循环回转钻机拆除，并拆卸钻杆及钻头。

（2）控制反循环回转钻机动力头钢架收起，操纵钻机通过履带式行驶，移开该施工段，为后续工序预留工作面。

图 4.3-56　钻杆接长

17. 短节钢筋笼制作

（1）在桥底外场地布置的钢筋加工厂进行钢筋笼制作，钢筋笼直径为 0.8m，长度分为 1.0m、2.5m 两种规格，钢筋笼滚轮制作见图 4.3-57，短节钢筋笼成品见图 4.3-58。

图 4.3-57　钢筋笼滚轮制作

图 4.3-58　短节钢筋笼

图 4.3-59　经验收合格的钢筋笼

（2）制作完成并经验收后的钢筋笼成品，通过运输车送至桥底下施工场地备用，经验收合格的钢筋笼见图 4.3-59。

18. 挖掘机吊入短节钢筋笼至孔内

（1）终孔验收后，采用挖掘机起吊钢筋笼入孔，并在孔口进行临时固定，孔口钢筋笼插杠固定见图 4.3-60。

（2）挖掘机起吊下一节钢筋笼，将其与孔口处固定的钢筋笼进行对中接长，钢筋笼孔口焊接接长见图 4.3-61。

图 4.3-60　钢筋笼孔口插杠固定　　　　　　　图 4.3-61　钢筋笼孔口焊接接长

（3）钢筋笼接长完成后，挖掘机保持对钢筋笼起吊状态，将孔口固定措施卸除后，再将该节钢筋笼下放至孔内；重复钢筋笼起吊、接长、孔口固定等工序，直至将钢筋笼下放至孔底。

19. 吊入短节导管与混凝土灌注斗

（1）钢筋笼下放至孔底后，挖掘机起吊灌注平台至孔口，随后逐节吊入短节导管（长度 3m、内径 260mm）至孔内，直至将导管下放至距孔底 0.3m，挖掘机辅助导管下放见图 4.3-62。

（2）导管下放到位后，将混凝土灌注斗吊放至孔口导管上方，并进行安装连接及下放，混凝土灌注斗与导管连接见图 4.3-63，混凝土灌注斗下放至灌注平台见图 4.3-64。

图 4.3-62　挖掘机辅助导管下放　　图 4.3-63　灌注斗与导管连接　　图 4.3-64　灌注斗下放至灌注平台

20. 混凝土搅拌车输送混凝土灌注成桩

（1）采用混凝土搅拌罐车进场灌注，混凝土搅拌车进场前，修筑临时道路，在桥下沿车辆行驶路径铺垫钢板，以免混凝土搅拌车对桥下场地造成过大扰动，铺垫钢板见图 4.3-65。

（2）混凝土搅拌罐车行驶至桩位处，直接卸料至灌注斗内，当料斗将灌满时，通过挖掘机辅助提升混凝土灌注斗内底部盖板，使混凝土灌入孔中，混凝土灌注见图 4.3-66。

图 4.3-65　铺垫钢板　　　　　　　　　　图 4.3-66　混凝土灌注

（3）保持混凝土搅拌罐车持续卸料灌注，每灌注完一车混凝土后，测量孔内混凝土面上升高度，及时拆除灌注斗和导管，始终保持导管埋深 2～4m，灌注斗拆除见图 4.3-67，导管拆除见图 4.3-68。

图 4.3-67　灌注斗拆除　　　　　　　　　图 4.3-68　导管拆除

（4）桩孔内混凝土灌注至超灌标高后，将灌注斗、余下导管拔出，完成灌注成桩。

（5）待上一根桩桩身混凝土养护 8～10h 后，开始该施工段内下一根桩的成孔、成桩，直至将该施工段内所有灌注桩完成施工。

4.3.7　机械设备配置

本工艺现场施工所涉及的主要机械设备见表 4.3-1。

主要机械器具配置表　　　　　　　　　　　　　　表 4.3-1

名称	型号	备注
低净空全回转一体机	JAD150	吊运及沉入护筒
反循环回转钻机	FS250	反循环钻进成孔

名称	型号	备注
钢护筒	直径1m，首节长度2.35m，标准节2m	切削土层、护壁
护筒送压器	直径1m，长度2m	送压护筒到位
挖掘机	KOBELCO、SK200-8	埋设护筒、辅助起吊
全站仪	NIROPTS	桩位测量放线
3PN泥浆泵	功率75kW	抽吸泥浆
高性能数字化焊机	NBC-500A	焊接
等离子切割机	LGK-160YR	切割

4.3.8 质量控制

1. 低净空全回转一体机沉入护筒

（1）挖掘机开挖槽段时，严格控制槽段深度，避免槽段开挖过深对桥基土体造成扰动。

（2）首节钢护筒吊入槽段后，再次放线校核桩位，发现偏差进行调整，护筒埋设回填后再次校核轴线，直至满足要求。

（3）全回转一体机就位后，检查一体机机身水平度，调整一体机各支承支腿，使回转机构中心与护筒中心对中。

（4）全回转一体机压入护筒前，利用两个方向的垂直线，配合全站仪校核护筒垂直度，并通过调整钻机支腿油缸使套管垂直度满足设计要求。

（5）护筒接长前，对护筒对接边缘进行刷洗，避免夹杂污垢影响接长焊接质量。

（6）护筒送压器与顶节护筒槽口相嵌对齐后，再进行护筒送压，送压深度保持与地面平齐。

2. 反循环回转钻机钻进

（1）反循环钻进时，设置合理的泥浆循环系统，泥浆采用黏土粉制备，并派专人管理，定期测试泥浆性能。

（2）泥浆循环管路密封连接，防止漏气影响反循环排渣效果。

（3）钻机就位对中后，使用水平尺对钻机机架垂直度进行检验，确保钻机机身平整、机架垂直。

（4）钻杆接长前，事先在连接处涂抹黄油，防止漏气。

（5）回转钻进反循环排渣时，设专人对泥浆循环池、循环沟中出现的塑料纸、木屑、电线等杂物捞起清除，避免影响正常钻进。

（6）每次接长钻杆时，采用手电筒照射砂石泵，防止泵管堵塞。

3. 低净空灌注成桩

（1）对短节钢筋笼成品进行检查，满足要求后投入现场使用；钢筋笼在孔口接长后，由监理对焊接质量进行隐蔽验收。

（2）导管采用短节配置，初次使用前，进行压力试验，检查其密封性；连接时，加密封圈并涂抹黄油，保持连接密封。

（3）混凝土灌注保持不间断连续进行，定期测量孔内混凝土面上升高度，及时拆除灌注导管，始终保持导管埋深 2～4m。

（4）混凝土灌注完成后，养护时间超过 12h 后，对同一施工段内的下一桩孔进行作业，防止孔内坍塌。

4.3.9　安全措施

1. 高铁桥下低净空防护

（1）在高架桥底面下 30cm 设置限高警戒线及警戒标识，严禁超高施工。

（2）对桥下桥墩设置防护钢围栏并张贴警戒线，防止施工过程对桥墩造成磕碰。

（3）在桥下安装 360°监控摄像头，对现场施工情况全程监控，发现不当行为及时制止。

（4）施工过程中，安全员旁站监督，确保任何操作不超过净空和边界限制。

（5）对桥下邻近铁路作警戒标识，严禁任何人员进入铁路管制范围，禁止任何人员翻越。

2. 低净空全回转一体机沉入护筒

（1）首节护筒埋入后，设置安全围栏，并在孔口进行遮盖，防止掉落。

（2）全回转一体机作业半径外围设置警戒隔离防护措施，施工过程中不随意撤除。

（3）全回转一体机水平滑轨吊运钢护筒时，设专人检查护筒吊具连接情况，防止吊运过程松脱。

（4）钢护筒接长时，站立在钻机平台上的作业人员系好安全带，谨防高处坠落。

（5）全回转一体机移机时，设专人指挥，履带下铺设钢板，防止对桩孔的影响。

3. 反循环回转钻机钻进

（1）泥浆循环系统的沟、池周边设置防护围栏，并设警示标识，严禁无关人员进入，防止发生人员跌落。

（2）反循环回转钻机工作前，设专人检查机架、动力头、发电机、砂石泵、真空泵等装置完好情况。

（3）反循环回转钻机砂石泵通过排渣管与泥浆循环系统连接后，检查各管路接头的密封情况，并进行必要的紧固工作。

（4）对钻机孔口处的排渣管采取固定措施，防止泵吸启动排渣瞬间流量过大管道甩动伤人。

（5）保持与全回转一体机的安全施工距离，防止相互干扰。

4. 低净空灌注成桩

（1）挖掘机辅助起吊钢筋笼、导管和灌注斗时，禁止无关人员进入起吊范围，安排专职安全员全过程旁站监督。

（2）混凝土灌注前，对导管进行检查，首次使用前进行试压。

（3）灌注成桩后，将孔口回填并设置防护围栏。

第5章 全套管全回转与潜孔锤组合施工新技术

5.1 限高区基坑咬合桩硬岩全套管全回转与潜孔锤组合钻进技术

5.1.1 引言

在邻近地铁高架桥限高区域进行基坑支护咬合桩施工时，一般采用低桩架的小功率旋挖钻机、冲孔桩机或全套管全回转钻机。但小功率旋挖钻机受钻孔深度一般 30～35m，难以满足深孔施工要求，而深度较大的旋挖咬合施工，其在桩孔下部的垂直度控制难度大，容易在底部处出开叉漏水。而冲孔桩机施工时会产生大量的泥浆，且在硬岩中钻进施工效率低，既不经济也不环保。当全回转钻机施工咬合桩时，采用全套管护壁钻进，桩孔垂直度易于控制，咬合质量好；但对于较深厚的硬岩钻进，全套管全回转采用冲抓斗破岩、捞渣斗捞渣，或采用旋挖钻机配合套管内入岩钻进，均表现出破岩效果差、总体钻进进度慢。

布吉站是深圳市城市轨道交通 14 号线工程的第 4 个车站，为地下三层岛式换乘车站，是地铁 3 号线、5 号线、14 号线的 3 线换乘站。车站西侧毗邻 3 号线高架车站、区间以及深圳东站，北侧紧邻地铁 5 号线盾构区间，东侧紧贴龙岗大道高架桥，作业空间极其狭窄。场地地层主要分布素填土、填砂层、粉质黏土、砾砂、圆砾，下层岩层为角岩。布吉站主体结构采用明挖法施工，主体围护结构外围周长约 562m，标准段基坑宽度为22.3m、深度为 26.6m；小里程端盾构井段基坑宽度 24.96m、深度 27.9m，大里程端盾构井段基坑宽度为 25.8m、深度为 27.6m。主体基坑围护结构采用咬合桩＋内支撑支护形式，咬合桩荤桩直径按不同位置设计为 1.0m、1.2m、1.4m，素桩直径 1.0m，最大咬合桩深约 35m，部分咬合桩入中、微风化角岩超过 10m，中等风化角岩饱和单轴抗压强度平均值 49.3MPa、微风化角岩平均值达 104.9MPa。该项目基坑围护结构外轮廓与地铁3 号线高架桥桥桩最小净距约 0.8m，龙岗大道高架桥桥桩与车站主体围护结构外轮廓最小净距约为 0.4m，北侧地铁 5 号线与车站主体围护结构外轮廓最小净距约为 3.0m，且最低施工净空仅 9m。基坑支护施工的重难点在于超低净空施工、入硬岩钻进，以及施工区域的环境噪声、安全文明施工要求高等。施工现场周边环境见图 5.1-1。

图 5.1-1 施工现场周边环境

针对上述问题，根据项目现场的特殊环境条件、基坑支护设计、施工要求等，现场利用全套管全回转钻机成孔技术，综合使用低净空抓斗、旋挖钻机、潜孔锤入岩等多种钻进方法，确保了硬岩咬合桩的施工质量和基坑安全，加快了施工进度，提升了现场文明施工水平。布吉站主体结构基坑开挖见图5.1-2。

图5.1-2　布吉站主体结构基坑开挖

5.1.2　工艺特点

1. 适应能力增强

本工艺针对低净空施工环境条件，利用低净空全套管全回转钻机成孔并下入套管护壁，配套采用低净空的旋挖钻机、冲抓斗取土钻进，将套管下至岩面，确保孔壁稳定；对于深厚硬岩采用低净空潜孔锤钻机破岩，整体适应能力强，完全满足低净空条件下的施工。

2. 钻进工效显著

本工艺采用低净空潜孔锤破岩钻进，其特有的低桩架结构设计使其完全满足低净空环境条件的限制；同时，采用大直径潜孔锤一次性全断面破岩，发挥出潜孔锤在硬质岩层中钻进的技术优势，大大加快钻进成孔效率。

3. 成桩质量可靠

本工艺采用上部土层段全套管护壁，有效防止孔内素填土、填砂的塌孔；同时，全套管护壁确保了钻孔的垂直度，成桩质量得到保证；另外，后序荤桩咬合素桩钻进时，能保证桩间紧密咬合，形成良好的整体连续结构，完全起到止水作用。

4. 绿色文明施工

本工艺采用潜孔锤破岩钻进时，在孔口专门设置了配套的岩渣收集箱，减少了破岩施工过程产生的钻渣、岩屑、粉尘、泥浆的飞溅污染，收集的废渣、废浆集中外运，满足了绿色施工的要求。

5.1.3　适用范围

适用于限高区9m范围的灌注桩施工，适用于基坑支护咬合桩或灌注桩硬岩成孔钻进，适用于直径1200mm及以下灌注桩硬岩潜孔锤钻进施工。

5.1.4　工艺原理

1. 限高区咬合桩施工原理

在限高区环境条件下，各工序均采用低净空限制条件下的施工工艺，主要内容包括：

全回转钻机下沉套管护壁、低净空抓斗和旋挖钻机套管内取土钻进、低桩架潜孔锤钻机破岩等。

（1）全套管全回转钻机短节套管土层钻进

利用全套管全回转钻机下压功能将套管下沉，同时采用低净空冲抓斗抓取套管内的地层，对于密实的砾砂和圆砾采用低净空旋挖钻机配合钻斗钻进，并始终保持套管底超前开挖面，实现全套管护壁。全套管全回转钻机钻进见图 5.1-3，低净空旋挖钻机套管内取土钻进见图 5.1-4。

图 5.1-3　全套管全回转钻机钻进

图 5.1-4　低净空旋挖钻机套管内取土钻进

（2）全套管全回转钻进配合短套管护壁

限高区作业环境高度受限，而全套管全回转钻机机身高度超过 3.0m，影响全套管全回转钻机正常作业的因素主要为套管的单节长度，套管的单节长度决定了全套管全回转钻机作业高度。为此，本工艺订制 2m 短节套管，孔口螺栓固定，降低全套管全回转钻进的套管作业高度。

（3）低桩架潜孔锤钻机及短节钻杆

本工艺所采用的钻机原桅杆高度为 28m，根据限高区施工场地对桅杆高度进行调整，调整后桅杆高度约 8m，钻机其余结构保持不变，具体潜孔锤钻机改造前后情况见图 5.1-5、图 5.1-6。

（4）潜孔锤短节六方接头钻杆钻进

本工艺采用六方接头连接分段短节钻杆，实现钻杆长度有效延伸，达到满足成孔深度要求。钻杆采用单节为 2m 的标准长度，并配备适量的 1.0m、1.5m 的短节钻杆（图 5.1-7），通过钻杆接长可以实现成孔深度不受限制。钻杆接头采用六方子母套接接头（图 5.1-8），辅以两根插销完成接长固定；钻杆套接完成后，可有效减少接头处磨损，保证其具有足够的刚度，有效传递钻进扭矩，潜孔锤钻杆连接及插销固定示意见图 5.1-9。

图 5.1-5　高桩架 SWSD 系列多功能潜孔锤钻机

189

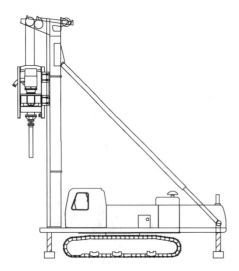

图 5.1-6　改造后的低桩架 SWSD 多功能潜孔锤钻机

图 5.1-7　潜孔锤短节钻杆　　　　　　**图 5.1-8　潜孔锤钻杆六方子母套接接头**

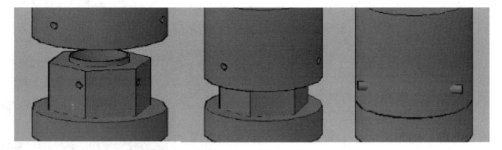

图 5.1-9　潜孔锤钻杆连接及插销固定示意图

（5）短节钢筋笼连接

受限于限高区的高度限制，钢筋笼的单根长度减小至 4m，以便吊装作业时满足限高要求。短节钢筋笼见图 5.1-10。

（6）短吊臂低趴角起重机吊装作业

限高作业区的起重机采用履带起重机，该类起重机的大臂由数根桅杆组装而成，为满

图 5.1-10 短节钢筋笼

足施工要求拆卸一定数量的桅杆，改装成为低净空低趴角度作业专用起重机。低净空作业起重机改装示意见图 5.1-11，低净空低趴角作业起重机见图 5.1-12。

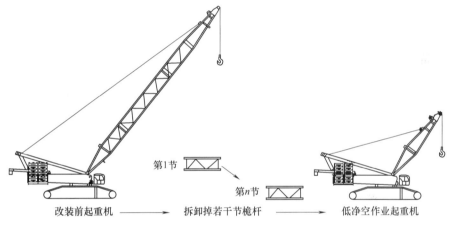

改装前起重机 ⟶ 拆卸掉若干节桅杆 ⟶ 低净空作业起重机

第1节
第n节

图 5.1-11 低净空作业起重机改装示意图

图 5.1-12 低净空低趴角作业起重机

2. 咬合桩全套管全回转与潜孔锤组合钻进原理

（1）工序安排

土层采用全套管全回转钻机全套管护壁钻进，至基岩面后移开全套管全回转钻机，潜孔锤桩机就位入岩钻进；潜孔锤完成入岩钻进后，进行清孔、下入钢筋笼、安放导管、灌注桩身混凝土成桩，最后采用拔管机起拔套管。

（2）分序施工

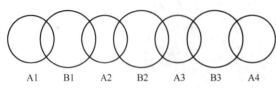

图 5.1-13　咬合桩成孔施工顺序示意图

咬合桩成孔钻进分两序施工，先施工两根相邻的素混凝土桩（A 序桩），完成灌注混凝土后，再对安装钢筋笼的荤桩（B 序桩）进行成孔、灌注，施工顺序为 A1→A2→B1→A3→B2→A4，以此类推。具体施工顺序见图 5.1-13～图 5.1-16。

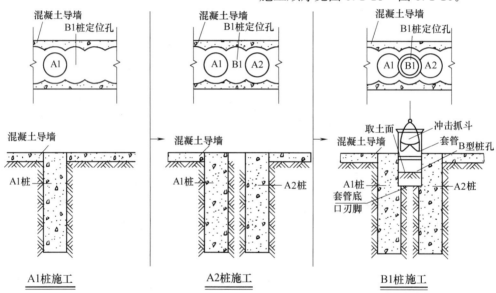

图 5.1-14　咬合桩成孔施工剖面顺序示意图

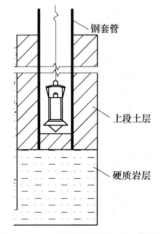

图 5.1-15　上段土层冲抓取土成孔

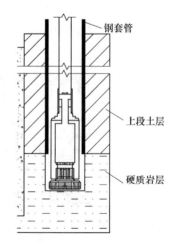

图 5.1-16　下部硬岩潜孔锤钻进成孔

5.1.5 施工工艺流程

1. 咬合桩施工工艺流程图

限高区基坑咬合桩硬岩全套管全回转与潜孔锤组合施工工艺流程见图 5.1-17。

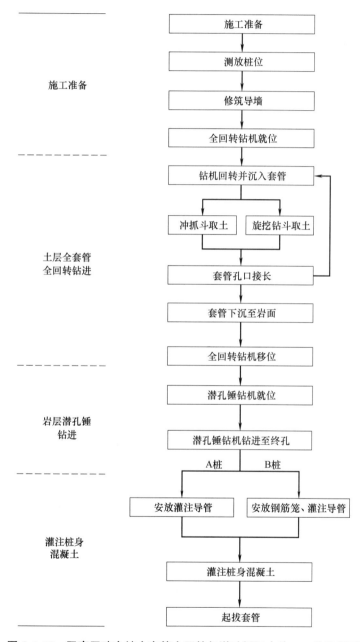

图 5.1-17 限高区咬合桩全套管全回转与潜孔锤组合施工工艺流程图

2. 咬合桩施工现场操作工艺流程

限高区基坑咬合桩素桩、荤桩现场操作工艺流程见图 5.1-18、图 5.1-19。

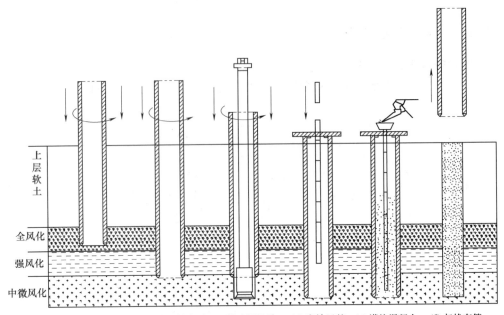

(a) 全回转钻进　(b) 钻进至基岩面　(c) 潜孔锤钻进　(d) 安放导管　(e) 灌注混凝土　(f) 起拔套管

图 5.1-18　硬岩钻进素桩（A）施工工艺操作流程示意图

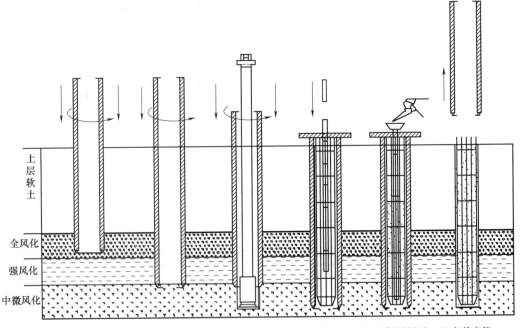

(a) 全回转钻进　(b) 钻进至基岩面　(c) 潜孔锤钻进　(d) 安放钢筋笼、导管 (e) 灌注混凝土　(f) 起拔套管

图 5.1-19　硬岩钻进荤桩（B）施工工艺操作流程示意图

5.1.6　工序操作要点

1. 施工准备

（1）清除场地杂物，将施工场地平整、压实，并进行硬地化施工。

（2）规划施工平面布置，修筑临时通行道路，布设泥浆循环系统等。平整临时道路，场地填平压实，并对场地硬地化处理。

（3）做好低净空设备和配套机具的进场准备和现场调试工作，包括全套管全回转钻机、低净空旋挖钻机、低净空潜孔锤钻机等。

2. 测放桩位

（1）采用全站仪对咬合桩桩位中心点进行放样，并做好标记。

（2）从桩位中心点引出四个护桩，便于后续工序对桩位的复核，施工过程中对护桩进行妥善保护。

3. 修筑导墙

（1）现场测放导墙位置，开挖沟槽并压实基底；先浇筑混凝土垫层，将中心线和边线引入沟槽底部；在垫层基础上按照轴线和边线安装整体钢模，按设计绑扎导墙钢筋、浇筑混凝土。

（2）导墙混凝土养护 24h 后拆模。

4. 全套管全回转钻机就位

（1）选择 DTR2106H、DTR2005H 型盾安重工全套管全回转钻机施工，先将钻机基板吊至桩位，并与桩位中心点对中。

（2）基板就位后，随后起吊全套管全回转钻机置于基板上，将桩位中心点、基板中心点、钻机回转机构中心点重合就位；钻机配置的液压动力站吊放在导墙外平整场地附近，接通钻机的液压管路。

（3）钻机就位后，安装钻机反力叉并固定。全套管全回转钻机低净空桥下就位见图 5.1-20。

5. 钻机回转并沉入套管

（1）为满足低净空施工要求，根据项目限高特点，选择单节 1.0m、2.0m、6.0m 的短钢套管合理进行搭配钻进，短节钢套管见图 5.1-21。

图 5.1-20　全套管全回转钻机低净空桥下就位　　　　**图 5.1-21　短节钢套管**

（2）全套管全回转钻机启动后，采用低桅杆履带起重机起钢套管，首节钢套管为长度 6m，钢套管底端带高强度合金刀头，回转钻进时切割地层。首节钢套管吊入见图 5.1-22。

（3）首节套管吊入后，从 X 及 Y 两个轴线方向吊线锤配合全站仪监测套管垂直度，若出现偏斜现象，通过调整全套管全回转钻机支腿油缸进行纠偏，调整完成后钻机回转机构定位块将套管夹紧固定，采用经纬仪或全站仪进行复核。首节套管安装完成见图 5.1-23。

图 5.1-22　首节钢套管吊入

图 5.1-23　首节套管安装完成

6. 土层段冲抓斗取土

（1）土层钻进时，采用低净空冲抓斗取土。

（2）全套管全回转钻机边回转、边冲抓取土（图 5.1-25），套管底始终保持超前钻进开挖面 2.0m 以上，以防止上部的填土、填砂发生塌孔。

图 5.1-24　全套管全回转钻机冲抓取土

7. 土层段旋挖钻筒取土

（1）由于桩孔上部砾砂、圆砾致密，冲抓斗抓取效果不佳，考虑采用 KR285C 泰信低净空旋挖钻机配备钻斗钻进。

（2）旋挖钻机钻进时，全套管全回转钻机同步进行下沉套管，旋挖钻进严格控制进尺深度，孔底开挖面始终低于套管底部不小于 2.0m。旋挖钻机套管内取土钻进见图 5.1-25。

8. 全套管全回转套管孔口接长

（1）当钻进至护壁套管距钻机平台 0.5m 左右时，采用低净空履带起重机调运后序套管与前序套管进行对接，场套管吊入孔口见图 5.1-26。

图 5.1-25　旋挖钻机套管内取土钻进　　　　图 5.1-26　套管吊入孔口

（2）对接的套管通过旋转使前序套管顶部的螺栓孔与后序套管的螺栓孔重合，并采用螺栓进行固定，具体见图 5.1-27。

图 5.1-27　全套管全回转钻机通过螺栓固定连接套管

（3）当土层钻进至一定深度时，根据地质情况估算套管底部至岩面的距离，合理安装适当长度的套管，避免套管到达基岩面时，套管长度不够或露出太多导致后序工作不便。

9. 全套管下沉至岩面

（1）当上部土层段钻进完成遇基岩时，全套管全回转钻机继续回转钻进，将套管全断面进入基岩面，防止存在斜岩面影响后序清孔作业。

（2）采用低净空履带起重机将全套管全回转钻机吊离桩位。

10. 低净空潜孔锤钻机就位

（1）潜孔锤钻机选择山河智能 SWSD2512 主机，改装后的整机高度为 8m，履带自行走移动，具体见图 5.1-28。

（2）桩孔入岩段设计直径 1200mm，选择深圳市晟辉机械有限公司生产的直径 1050mm 潜孔锤钻头钻进（图 5.1-29）。

图 5.1-28　改装后的潜孔锤钻机机架

（3）采用起重机将潜孔锤钻头移至钻机旁便于安装处，提升钻杆，使钻杆下方的六方接头与潜孔锤上方的六方接头对准，连接后插入两根固定插销，具体见图 5.1-30。

图 5.1-29　直径 1050mm 潜孔锤钻头

图 5.1-30　潜孔锤与机架连接

11. 潜孔锤钻进至终孔

（1）潜孔锤桩履带自行移动至桩孔就位，将潜孔锤钻头对准套管中心，调整钻机垂直度。潜孔锤钻机就位见图 5.1-31。

（2）潜孔锤钻进配备 DSR-100A 空压机 4 台，配套储气罐和高风压管。

（3）将潜孔锤钻头下放入套管内，至孔底后将钻具提离孔底 20～30cm，开动空压机及钻具上方的回转电机，待套管口出风时，将钻具放至孔底，开始低净空潜孔锤破岩钻进。潜孔锤钻头入孔见图 5.1-32，潜孔锤入岩钻进见图 5.1-33。

图 5.1-31　潜孔锤钻机就位

图 5.1-32　潜孔锤钻头入孔 　　　　　　　图 5.1-33　潜孔锤入岩钻进

（4）当潜孔锤钻杆钻进下沉至孔口约 0.5m 左右时进行钻杆接长，钻杆采用 2m 短节，接长时先将钻机与潜孔锤钻杆分离，钻机稍稍让出孔口，将钻杆起吊至孔口接长；钻杆接头采用六方键槽套接连接，当上下两节钻杆套接到位后，再插入定位销固定。潜孔锤短接钻杆现场对接见图 5.1-34、图 5.1-35。

（5）低净空潜孔锤钻进过程中，高风压携带钻渣通过钢护筒间的空隙上返，直至排出孔外，孔口设置专门的集纳箱收集岩渣（图 5.1-36）。持续钻进至设计桩端位置，并进行终孔验收。

图 5.1-34　短接钻杆起吊　　　图 5.1-35　钻杆孔口对接完成　　　图 5.1-36　钻进岩渣上返至孔口收纳箱

12. 安放钢筋笼及灌注导管

（1）受限高影响无法一次性吊放钢筋笼，钢筋笼采用分段吊装入孔，在孔口通过套筒连接；钢筋笼吊放时对准孔位，吊直扶稳，缓慢下放到位，并在孔口固定。

（2）桩身混凝土采用导管回顶法灌注，安放导管前对每节导管进行检查，第一次使用时现场进行水压试验；导管连接时，连接部位加密封圈及涂抹黄油，确保密封可靠。

（3）导管下入时，调接搭配好导管长度，就位时导管底部离孔底 300～500mm。

13. 灌注桩身混凝土和拔出套管

（1）灌注导管安放完成后，进行孔底沉渣测量，如满足要求则进行水下混凝土灌注；

图 5.1-37 灌注桩身混凝土

如孔底沉渣厚度超标，则采用气举反循环二次清孔。

（2）桩身混凝土采用水下商品混凝土，坍落度 180～220mm，本项目采用料斗灌注，初灌一次性灌注 2～3m³ 混凝土，确保导管埋量深度；灌注混凝土过程中，定期测量桩孔内混凝土面上升高度，并及时拔除导管，确保导管埋深控制在不大于 4m，直至灌注至设计桩顶标高位置超灌 0.8mm。现场灌注桩身混凝土见图 5.1-37。

（3）灌注成桩后，采用套管起拔机起拔套管。

5.1.7 机械设备配置

本工艺现场施工所涉及的主要机械设备见表 5.1-1。

主要机械设备配置表 表 5.1-1

名称	型号	备注
全套管全回转钻机	DTR2106H、DTR2005H	土层钻进
挖掘机	PC200	场地清理、渣土转运
履带起重机	三一 90t	吊装
多功能潜孔锤钻机	SWSD2512	潜孔锤桩架施工
潜孔锤钻头	SH 系列大口径潜孔锤钻头	岩层钻进
空压机	DSR-100A	高压气体输出
储气罐	Y180M-4	高压气体临时存储
起拔机	自制	套管灌注混凝土后起拔

5.1.8 质量控制

1. 全套管全回转钻机钻进

（1）在全套管全回转钻机旁选取两个相互垂直的方向（X 及 Y 两个轴线方向），采用测锤校核套管的垂直度，发现偏斜现象立即处理。

（2）套管垂直度检测贯穿整个成孔过程，同时在每一节套管对接前，用直尺及线锤进行孔内垂直度检查，检测合格后进行下节套管对接。

2. 潜孔锤破岩成孔

（1）现场空压机与潜孔锤钻机距离控制在 60m 范围内，以避免压力及气量下降。

（2）破岩成孔过程中，定期对潜孔锤锤身进行检查，如出现严重磨损或断裂现象及时更换。

3. 钢筋笼吊装

(1) 在吊装钢筋笼前，对钢筋笼进行隐蔽验收，检查内容包括长度、直径，焊点是否变形等，完成检查后可开始吊装。

(2) 钢筋笼吊装采用双钩缓慢起吊，吊运时防止扭转、弯曲，入套管时缓慢下放，避免碰撞钢护筒壁。

(3) 钢筋笼就位后进行孔口固定，防止钢筋笼上浮。

4. 灌注桩身混凝土

(1) 初灌时，控制足量的混凝土一次性灌入，始终控制导管埋深 2～4m。

(2) 灌注过程中，保持连续灌注，最大停歇时间尽可能不超过 30min。

(3) 采用商品混凝土，每罐混凝土到场后，进行坍落度检测，符合要求后进行灌注；灌注时，按规定留取混凝土试块。

(4) 混凝土实际灌注标高比设计高度高出 80cm。

5.1.9 安全措施

1. 受限区吊装作业

(1) 现场所有吊装作业时，起重机司机听从司索工指挥，吊装影响区域内无关人员全部退场。

(2) 吊装提升或下降做到平稳、慢速，避免紧急制动或冲击。

2. 安全防护

(1) 所有机械设备四周设置临时围挡，无关人员严禁入内。

(2) 现场处于地铁高架桥下，为确保高架桥的安全，在桥身限高位置张贴安全警示标识（图 5.1-38）。

(3) 侧向受限安全保护区域，设置醒目的

图 5.1-38　地铁高架桥底张贴安全警示标识

反光标识和防撞轮胎，处处提醒注意操作安全，防止发生碰撞，并设置相应的自动报警装置，确保地铁安全运营。现场反光安全标识和自动报警装置见图 5.1-39，桥墩底部设置防撞轮胎见图 5.1-40。

3. 低净空钻进成桩

(1) 受低净空的影响，全套管全回转钻机土层钻进取土的冲抓斗采用低净空微型设计，护壁套管、潜孔锤钻进钻杆均采用短节，防止现场操作时意外碰撞桥梁结构。

(2) 全套管全回转钻机作业时，在工作平台设置爬梯和安全防护栏，无关人员严禁登高作业。

(3) 潜孔锤钻进时，检查空压机与钻机间的高风压管路的连接状态，所有连接部位，设置防脱安全拉绳，防止松脱伤人。

(4) 潜孔锤钻进配备的空压机由专人管理，严格按操作流程作业，发现异常及时停机检查。

图 5.1-39　反光安全标识和自动报警装置

图 5.1-40　桥墩底部设置防撞轮胎

5.1.10　环保措施

1. 场地优化布置

（1）严格按现场平面布置要求做好场地规划，进行封闭施工。

（2）场地临时道路由专人管理，设置明显标识，定期洒水降尘。

（3）场地进出口设置专门洗车池，并配置高压水枪和三级沉淀系统，派专人对进出场车辆进行冲洗，严禁带泥及污物上路。

（4）施工现场合理布置，实现全套管全回转钻机、潜孔锤钻机实现流水有序作业。

（5）施工现场各种料具分类堆放整齐，工完料尽即清理恢复，机械设备按施工平面图指定位置存放，不再使用的材料、工具和机械设备及时清退出场。

图 5.1-41　全套管全回转钻机冲抓斗取出的钻渣集中在集渣箱内

2. 噪声、钻渣、污水排放

（1）施工现场采取适当的隔声、降噪措施，使用低噪声空压机，并根据工序要求和施工现场周边条件合理安排施工作业时间，严禁噪声扰民。

（2）全套管全回转钻机冲抓斗取出的钻渣集中在集渣箱内（图 5.1-41），避免钻渣随处堆放，集渣箱装满后及时外运。

（3）所有施工机械设备定期进行保养，并定期检查其液压系统，防止漏油污染。

（4）场地内的废泥浆采用专用的密闭运输罐车外运，现场设置系统的排水沟、集水井，有效组织抽排水。

（5）潜孔锤钻进前，在孔口放置自制的钻渣收纳箱，防止钻渣四溅污染环境。现场专用的潜孔锤钻渣收纳箱见图 5.1-42。

（6）硬岩钻进过程中，潜孔锤高频高风压冲击，孔内存在泥浆时会溅出污染周边环境，则采用帆布对周边进行遮挡（图 5.1-43）。

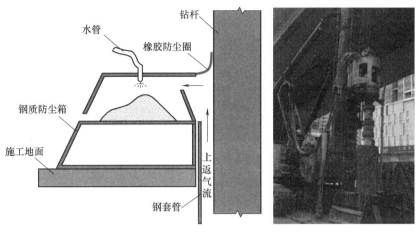

图 5.1-42　潜孔锤钻渣收纳箱

图 5.1-43　帆布遮挡潜孔锤周边

5.2　海堤填石层钢管桩潜孔锤阵列引孔与全套管全回转双护筒定位成桩技术

5.2.1　引言

"阳江新增循环水监测与预过滤系统项目建安工程"位于阳江核电厂旁边沿海填筑的防波堤，其第二道拦截设施（机械化网兜）基础设计采用直径 $\phi1800$mm 的永久性钢套管灌注桩。场地地层上部由上至下分布填石、淤泥质土、粗砂、砂质黏土，下伏基岩为花岗岩各风化层；其中填石层平均厚度 24m，为修筑防波堤时堆填而成，主要为粒径 400～1200mm 的中风化花岗岩块；淤泥质土、粗砂、砂质黏土平均厚度为 24m，下伏基岩为全风化、强风化、中风化花岗岩。灌注桩设计桩端持力层为中风化花岗岩，桩底嵌入中风化岩 1800mm，平均桩长约 60m。

本工程钻孔灌注桩前期采用冲击成孔工艺，利用冲孔桩机配备十字冲锤冲击上部填石钻进成孔，在孔口下入直径 1800mm 的钢护筒，作为永久性护筒成为灌注桩的一部分。

但受填石块度不均匀、间隙大的不利影响，桩孔内泥浆流失严重，需要反复回填黏土再冲击成孔，造成施工进度极其缓慢，现场冲击成孔见图 5.2-1。为解决填石层穿越问题，后改用潜孔锤跟管阵列咬合引孔，并用砂土置换填石，随后采用全套管全回转钻机下沉钢护筒（图 5.2-2）。但在护筒下沉和后继成孔过程中，上部深厚填石因受成孔过程中的扰动产生沉降，填石间相互挤压而发生移位，导致全套管全回转钻机连同护筒一并发生一定程度的偏移，护筒中心与桩孔中心点偏差超过允许值，施工工艺仍无法满足设计要求。

图 5.2-1　现场冲击成孔　　　　　　图 5.2-2　全套管全回转下沉钢护筒

　　为解决灌注桩施工时护筒和钻机受地层挤压移位、灌注桩施工质量无法保证的技术难题，项目组对海堤深厚填石层灌注桩施工技术进行了研究，经过现场试验，不断完善工艺，总结出成套针对滨海填石层永久性套管灌注桩潜孔锤阵列咬合引孔与全套管全回转双护筒定位成桩的施工方法。本工艺首先采用潜孔锤跟管钻进阵列咬合引孔，引孔至填石层底后，用砂土置换填石层；再采用全套管全回转钻机埋设直径 2000mm（比设计桩径大 200mm）的外护筒，预留足够孔位偏移量，并将外护筒穿越填石层并进入持力层，使外护筒嵌固并稳定于填石层以下地层中；随后在外护筒内测定永久性内护筒中心点位置，并在外护筒上设置内护筒定位块，再在外护筒内下放直径 1800mm 的永久性内护筒，在永久性内护筒就位并复核中心点满足要求后起拔外护筒；最后采用旋挖分级扩孔钻进桩端持力层至设计深度，并灌注混凝土成桩。本工艺克服了在滨海深厚填石层钻进困难、护筒移位导致桩位偏差大的难题，达到了质量可靠、施工高效、成本经济的效果。

5.2.2　工艺特点

1. 质量可靠

本工艺填石层采用潜孔锤跟管钻进咬合引孔，将桩位范围内的深厚填石置换为砂土，避免了由不良地层导致的漏浆、塌孔等情况；采用全套管全回转钻机埋设比设计桩径大的外护筒至持力层岩面，预留了足够的偏移量；同时，根据外护筒中心的偏移量，在外护筒上采用定位块专利技术固定内护筒中心后，再准确安放内护筒，内护筒就位后在自身刚性结构和稳定地层的作用下，能有效保持位置稳定，定位效果好，并确保桩中心满足要求。

2. 施工高效

本工艺采用潜孔锤高频往复冲击对深厚填石层进行快速破碎，并采用阵列咬合引孔以及在跟管套管内用砂土将填石层进行置换，降低了后续护筒安放和填石层钻进难度，进一步提高了钻进效率；同时，采用全套管全回转钻机下入深长护筒，配合冲抓、旋挖在护筒内抓石、取土，加快了深长护筒的沉入效率；另外，采用在外护筒内壁设置安放内护筒中心点定位块技术，实现快捷、准确安放内护筒，加快了施工进度。

3. 成本经济

本工艺采用潜孔锤阵列咬合引孔及双护筒定位技术，有效解决了深厚填石层护筒穿越困难、发生偏移的难题，提高了施工效率，节省了相应的施工费用；同时，潜孔锤引孔采用预制钢导槽可循环使用，避免了咬合引孔过程反复浇筑混凝土导槽所需耗材和时间；另外，潜孔钻头配置耐磨结构，有效延长了钻头寿命，大大降低成本；另外，潜孔锤跟管钻进及清孔时从孔内排出的泥砂重复利用于置换填石，节约材料费用，总体综合成本低。

5.2.3　适用范围

适用于厚度不超过 30m 滨海填石地层潜孔锤跟管阵列咬合引孔，适用于全套管全回转钻机外护筒下沉长度不超过 60m 的灌注桩施工。

5.2.4　工艺原理

本工艺对海堤填石层钢管灌注桩潜孔锤阵列引孔与全套管全回转双护筒定位成桩技术进行研究，其关键技术主要包括以下四部分：一是深厚填石层潜孔锤阵列咬合引孔及置换技术；二是全套管全回转钻机外护筒埋设技术；三是外护筒嵌固技术；四是内护筒定位技术。

1. 潜孔锤阵列咬合引孔与置换技术

1）潜孔锤破岩技术

潜孔锤破岩技术是利用大直径潜孔锤对深厚填石进行高频破碎，大直径潜孔锤以空压机提供的压缩空气作为动力，压缩空气经钻杆进入潜孔锤冲击器，推动潜孔锤钻头对硬岩进行超高频率冲击破碎；同时，空压机产生的压缩空气兼作洗孔介质，将潜孔锤破碎的岩屑携带至地面。

2）潜孔锤跟管钻进技术

（1）潜孔锤跟管管靴技术

针对本项目深厚填石层分布的特点，本工艺采用潜孔锤钻进与套管跟管钻进引孔技术，通过潜孔锤钻头与套管端部设置的管靴配合实现。所使用的管靴外径与套管外径相同，将管靴置于套管底部，嵌于护筒的内表面，管靴在套管底部内环形成凸出结构，此凸出结构将与潜孔锤凸出结构接触，成为跟管结构的一部分。管靴与套管接触的外环面，管靴与套管形成的坡口通过焊接工艺结合成一体，管靴结构见图 5.2-3，管靴结构与套管焊接见图 5.2-4。

（2）潜孔锤跟管钻进原理

潜孔锤跟管钻进是通过潜孔锤钻头与管靴结构相互作用而实现，潜孔锤钻进时，潜孔锤钻头底部设置的可伸缩冲击滑块向外滑出，实施扩孔冲击破碎填石；在潜孔锤扩孔钻进时，潜孔锤钻头上部的凸出结构对管靴凸出结构进行啮合冲击，从而带动套管跟进，并始终与潜孔锤钻头保持同步下沉，从而对钻孔进行有效护壁。潜孔锤钻头与套管管靴跟管结构示意见图 5.2-5，潜孔锤钻头与管靴结构跟管钻进流程示意见图 5.2-6。

图 5.2-3　管靴结构

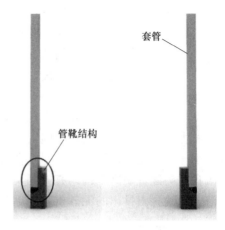

图 5.2-4　管靴结构与套管焊接

图 5.2-5　潜孔锤钻头与套管管靴跟管结构示意

（3）潜孔锤跟管耐磨环优化设计与应用

由于本项目场地分布深厚硬质填石层，潜孔锤破岩量大，潜孔锤钻头的跟管凸出结构磨损快，使潜孔锤本体损耗大。为提升潜孔锤体的使用寿命，降低工程施工成本，项目组在潜孔锤钻头凸起处设计一道耐磨环槽，并在槽内配置耐磨环，用钢制的耐磨环取代潜孔锤钻进过程中套管管靴对钻头凸出结构的撞击磨损，保护钻头的同时保证套管同步下沉。增加耐磨环槽及耐磨环后的潜孔锤跟管结构示意见图 5.2-7。

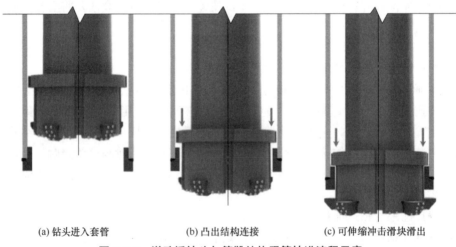

（a）钻头进入套管　　　（b）凸出结构连接　　　（c）可伸缩冲击滑块滑出

图 5.2-6　潜孔锤钻头与管靴结构跟管钻进流程示意

3）潜孔锤阵列咬合引孔及置换技术

由于本项目灌注桩设计桩径较大，为保证引孔效率，本工艺采用 $\phi 800$mm 潜孔锤进行阵列式咬合跟管引孔。以设计桩位中心为圆心，按 "$n+m$"（n 个边线孔 $+m$ 个中心

图 5.2-7 增加耐磨环槽及耐磨环后的潜孔锤跟管结构示意

孔）复合引孔平面位置布设分序引孔孔位。本项目灌注桩直径 ϕ1800mm，边线孔 $n=7$、中心孔 $m=1$，布孔方式为"7+1"孔，具体引孔平面布置见图 5.2-8。引孔时利用预制钢导槽定位，通过导槽开孔确定潜孔锤钻进位置，预制咬合式导槽结构见图 5.2-9。每个阵列孔成孔后，将潜孔锤提出套管，在套管内回填砂土后拔出套管。潜孔锤跟管阵列咬合引孔及砂土置换操作流程示意见图 5.2-10。

| 图 5.2-8 引孔平面布置示意图 | 图 5.2-9 灌注桩预制咬合式导槽结构 |

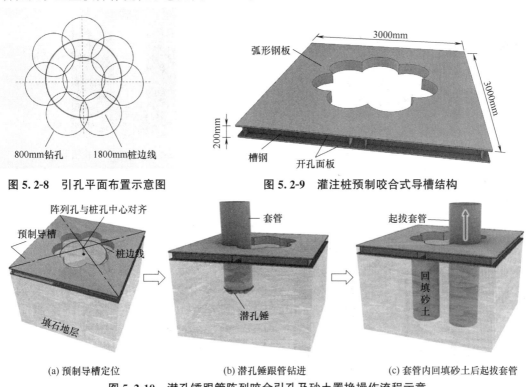

(a) 预制导槽定位　　　(b) 潜孔锤跟管钻进　　　(c) 套管内回填砂土后起拔套管

图 5.2-10 潜孔锤跟管阵列咬合引孔及砂土置换操作流程示意

2. 全套管全回转钻机外护筒埋设技术

（1）全套管全回转护筒定位

本工艺采用内外护筒安放技术，外护筒直径大且就位深，为确保外护筒垂直度满足要求，采用全套管全回转钻机安放护筒。全套管全回转钻机是一种可以驱动套管做 360°回转的全套管施工设备，集全液压动力和传动、机电液联合控制于一体，钻机本身具有强大的扭矩、压入力,从而对地层进行有效切削,有效防止塌孔,且施工过程无噪声、无振动、无泥浆,安全性高。钻机的回转机构配备上下两层定位抱箍装置,抱箍夹紧系统,在液压驱动下通过收缩和伸出,将护壁套管锁紧并控制垂直度,套管垂直度大于 1/500。此外,全套管全回转钻进过程中,配套冲抓斗进行取土钻进。

(2) 外护筒埋设

为确保大直径、深长护筒埋设至中风化岩面,本工艺采用全套管全回转钻机进行外护筒的埋设,在护筒下沉过程中,遇土层时采用旋挖钻机钻进取土,遇填石时则采用冲抓斗抓取填石,以加快深长护筒沉入和钻进速度。旋挖钻机套管内钻进取土见图 5.2-11,冲抓斗冲抓填石见图 5.2-12。

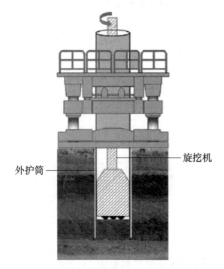

图 5.2-11　旋挖钻机套管内钻进取土

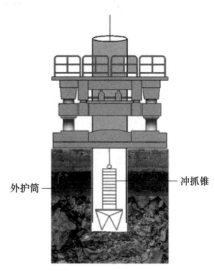

图 5.2-12　冲抓斗冲抓填石

3. 外护筒嵌固技术

(1) 护筒稳定地层嵌固原理

由于填石厚、间隙大、分选性差、形状不规则,深厚填石层在护筒下沉过程中受扰动后重新排列,随即产生不同程度的沉降,在填石沉降移动过程中,带动地面护筒发生偏

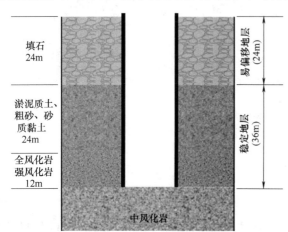

图 5.2-13　外护筒嵌固示意图

移。为进一步克服护筒的移位,本工艺采用全套管全回转钻机将外护筒埋设至中风化岩面,外护筒穿越上部 24m 易偏移填石层后,再往下进入下部土层 24m(淤泥质土、粗砂、砂质黏土),并嵌入 12m 厚的全风化岩、强风化岩层中。本工艺外护筒上部 24m 处于非稳定地层中,而外护筒下部 36m 嵌固于稳定地层内,足以承受上部非稳定地层对护筒产生的推力,使外护筒的位移得到有效控制。外护筒嵌固埋设示意见图 5.2-13。

（2）外护筒防偏移原理

受上部深厚填石层的沉降并相互挤压推移作用，护筒在易偏移地层段下沉过程中，难免会发生一定程度的偏移。为此，本工艺采用直径比设计桩径大200mm的外护筒，为在外护筒内安放永久性内护筒预留出足够的偏移量以及调整的范围，后续通过定位技术确保内护筒中心与设计桩孔中心一致。另外，本项目选择壁厚40mm的标准钢套管作为外护筒，进一步提升外护筒的刚度，以抵抗上部非稳定地层移位，提高护筒整体稳定性。

4. 内护筒定位技术

（1）偏移量纠偏原理

为了顺利埋设永久性钢护筒，并确保护筒中心与桩位中心保持一致，本工艺埋设 $\phi2000$mm 的外护筒就位，并确保外护筒的最大偏移量不大于200mm，再以外护筒为基准，复测永久性内护筒的中心点，即设计桩位中心。随后，以内护筒中心点为圆心，在其半径（r）范围测放4个点位，并测量记录其与外护筒间距离 x_1、x_2、y_1、y_2，具体原理见图5.2-14。

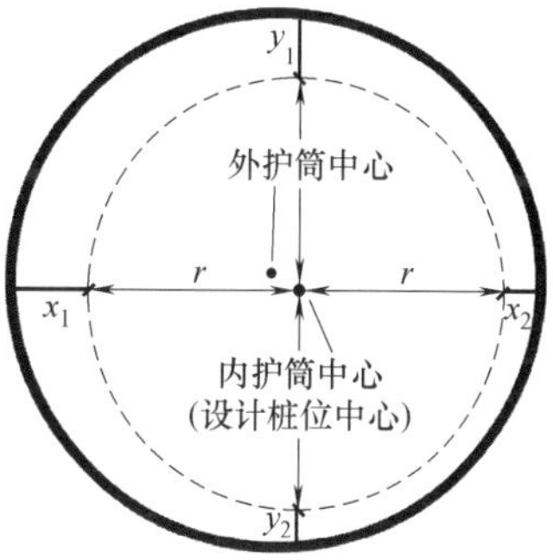

（2）内护筒定位原理

根据上述测得的内护筒定位相对于与外护筒的 x_1、x_2、y_1、y_2 横纵位置相应的距离，在外护筒内壁焊接4

图 5.2-14　调整桩位中心原理示意

个相应长度的定位钢块，定位块由钢板切割而成，用以控制永久性内护筒的下放位置，使内护筒的中心点与设计桩位中心点重合；随后，将内护筒吊入外护筒内，逐节加接内护筒至进入持力层岩面。内护筒定位后，逐节拔出外护筒，在拔出过程中，内外护筒之间的空隙被充填，使内护筒处于稳定地层包裹下保持稳固，且此时内护筒中心与设计桩位中心保持一致，桩孔位置满足设计要求。永久性内护筒埋设操作流程示意见图5.2-15。

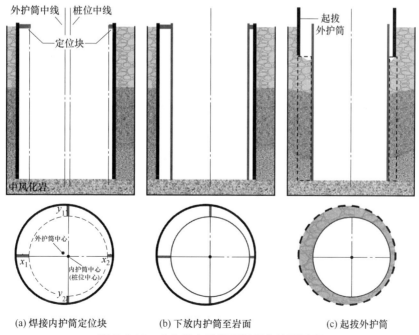

(a) 焊接内护筒定位块　　　　(b) 下放内护筒至岩面　　　　(c) 起拔外护筒

图 5.2-15　永久性内护筒埋设操作流程示意

5.2.5 施工工艺流程

海堤填石层钢管灌注桩全套管全回转双护筒定位成桩施工工艺流程见图5.2-16。

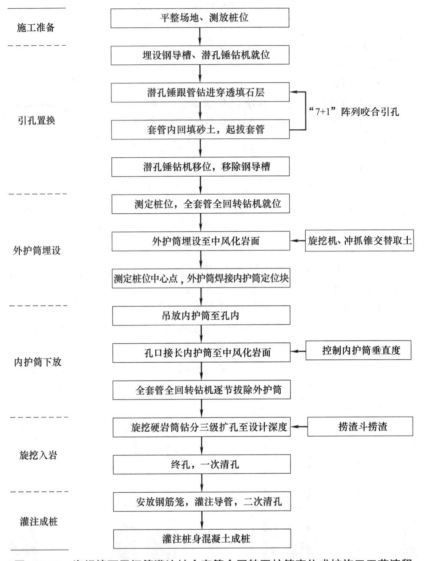

图 5.2-16 海堤填石层钢管灌注桩全套管全回转双护筒定位成桩施工工艺流程

5.2.6 工序操作要点

1. 平整场地，测放桩位

（1）施工前，将场地区域进行平整、压实，以方便桩机顺利行走。

（2）根据桩位设计图，使用全站仪进行桩位测量定位，打入短钢筋设立明显标志；根据放样桩位设十字交叉线，在线端处设置4个护桩，并进行妥善保护。

2. 埋设钢导槽，潜孔锤钻机就位

（1）在桩位处埋设预制钢导槽，就位时将导槽开孔中心点与桩孔十字交叉中心点对齐，埋设后使导槽保持水平。现场埋设预制钢导槽见图 5.2-17。

图 5.2-17 现场埋设预制钢导槽

（2）采用液压系统将 SH-180 潜孔锤钻机调平，并用水平尺校正，确保桩机保持水平。SH-180 潜孔锤钻机见图 5.2-18。

（3）将管靴套入套管内进行堆焊，焊接管靴的套管见图 5.2-19。清理耐磨环槽和耐磨环，将耐磨环接头置于潜孔锤钻头凹环部位，在耐磨环接头处进行满焊连接，安装耐磨环潜孔锤钻头见图 5.2-20。

（4）受桩架高度影响，先在场地钻一个直径大于套管外径的工艺孔，利用工艺孔组合潜孔锤钻具及带管靴的套管。在桩位孔附近设置工艺孔，起吊套管并放入工艺孔内（图 5.2-21）。随后，将直径 800mm 的潜孔锤钻

图 5.2-18 SH-180 潜孔锤钻机

头和钻杆对准工艺孔后放入套管内。钻头与套管组合完成后，将钻头、钻杆和套管从工艺孔内吊出，形成潜孔锤钻头与套管的跟管组合钻具（图 5.2-22）。

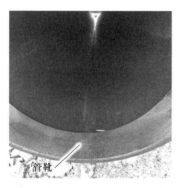

图 5.2-19 焊接管靴的套管　　图 5.2-20 安装耐磨环潜孔锤钻头

（5）采用起重机将组合钻具起吊，并与钻机动力连接固定，起吊潜孔锤钻具并安装就位见图 5.2-23。

3. 潜孔锤跟管钻进穿透填石层

（1）潜孔锤钻机及套管至桩孔位，调整桩架位置，确保套管中心点、潜孔锤中心点和阵列孔中心点"三点一线"。

图 5.2-21　工艺孔内吊放套管

图 5.2-22　潜孔锤跟管组合钻具

图 5.2-23　起吊潜孔锤钻具并安装就位

图 5.2-24　潜孔锤全套管跟管钻进

（2）开启空压机和钻具上方的回转电机，待潜孔锤出风时，将钻具轻放至孔口，对准阵列孔。潜孔锤启动后，钻头底部的四个可伸缩冲击滑块外扩并超出套管直径。钻进过程中，及时清理从间隙返出并堆积在平台孔口附近的钻渣，潜孔锤全套管跟管钻进见图 5.2-24。

（3）当套管跟管下沉至孔口附近时，加接钻杆和套管。钻杆接头采用六方键槽套接连接，当钻杆套接到位后，再插入定位销固定，连接时控制钻杆长度始终高出套管顶。现场工人在吊篮内插入潜孔锤钻杆连接定位销（图 5.2-25）。

（4）钻杆接长后，将下一节套管吊起置于已接长的钻杆外的前一节套管处，对接平齐，将上下两节套管用丝扣连接，加接套管（图 5.2-26）。重复跟管钻进和加接钻杆、套管作业至穿透填石层为止。

图 5.2-25　插入潜孔锤钻杆连接定位销

图 5.2-26　现场加接套管

4. 套管内回填砂土，起拔套管

（1）采用先边线孔后中心孔的顺序，即"7＋1"阵列式咬合重复潜孔锤跟管钻进、回填砂土和拔除套管，直至整个桩孔范围内填石层全部被砂土置换。

（2）潜孔锤穿透填石层使套管就位后，上提潜孔锤钻杆并逐节拆卸，护壁套管留在孔内。

（3）潜孔锤钻头拔出后，及时向套管内回填砂土，回填所用的砂土以粗砂、石粉，或回填潜孔锤钻进上返的岩渣，所含最大颗粒粒径不超过 5cm。砂土用挖掘机填入孔内，直至将孔内填石完全置换，套管内回填砂土见图 5.2-27。

（4）砂土回填至套管口后，采用单夹持打拔机拔除套管，见图 5.2-28。随后，进行下一阵列孔位引孔。

图 5.2-27　套管内回填砂土

图 5.2-28　单夹持振动锤起拔套管

5. 潜孔锤钻机移位，移除钢导槽

（1）当最后一个阵列孔位引孔结束并将套管拔出后，将潜孔锤钻机移离孔口。

（2）采用吊机将预制钢导槽从孔口移除。

6. 测定桩位，全套管全回转钻机就位

（1）重新平整、压实桩孔周围场地，确保施工区域内重型设备行走安全。

（2）根据桩位标识与护桩重新测放桩位中心点，若桩位标识与护桩发生破坏，则采用全站仪重新测量放样。

（3）将钻机底座的定位基板摆放到位，利用铅垂线复核定位板圆心和桩位中心，确保两层双中心重合。现场定位基板就位见图 5.2-29。

（4）用起重机将 JAR260H 全套管全回转钻机吊放至钻机定位基板上，使全套管全回转钻机底部四个支腿与定位板四个定位圆弧准确坐落，全套管全回转钻机就位见图 5.2-30。

图 5.2-29　全套管全回转钻机定位基板就位　　　图 5.2-30　全套管全回转钻机就位

7. 外护筒埋设至中风化岩面

（1）由于场地填石层深、块度大，尽管采用潜孔锤对填石进行了置换引孔，但在各引孔间难以避免块石挤偏而进入到已引过的孔内，开始施工时采用壁厚 20mm 的普通钢护筒下沉时，出现套管底受填石影响而卷边的现象，现场外护筒底部卷边见图 5.2-31。为此，外护筒选择采用直径 40mm 标准全套管全回转钻机配套的钢套管，标准厚壁钢套管外护筒见图 5.2-32。

（2）将筒底端带有刃口的首节外护筒吊放至全套管全回转钻机夹具内，平稳缓慢吊放，避免与主机机体碰撞。带合金刀头的首节外护筒见图 5.2-33。

图 5.2-31　普通钢板外　　　图 5.2-32　标准厚壁钢套　　　图 5.2-33　带合金刀头的
　　护筒底部卷边　　　　　　　管外护筒　　　　　　　　　首节外护筒

（3）开启全套管全回转钻机回转机构并下压外护筒，钻机回转钻进的过程中观察扭矩、压力及垂直度，同时做好记录。

（4）外护筒下压时，利用 SR415R 旋挖钻机配合从护筒内取土，同步继续下沉外护筒，并始终保持护筒底深度超前取土面 2m。对于护筒下沉过程中遇未完全置换的填石难以下压时，采用冲抓斗适当超前抓取填石，以便护筒顺利下沉。外护筒下压时旋挖钻机配合取土见图 5.2-34，冲抓斗抓取块石见图 5.2-35。

图 5.2-34　旋挖钻机配合取土

图 5.2-35　冲抓斗抓取块石

（5）外护筒下放过程中，当一节护筒下沉至上部距全套管全回转钻机操作平台 50cm 左右时停止下放，吊放另一节护筒至孔口，并通过螺栓固定；重复钻进、套管内取土、接长护筒，直至外护筒底至中风化岩面。接长外护筒见图 5.2-36。

8. 测定桩位中心点，外护筒焊接内护筒定位块

（1）待外护筒底端钻进至中风化岩面后，全套管全回转钻机停止钻进并固定外护筒。

（2）外护筒固定后，根据内护筒的内径测算外护筒中心与设计桩位中心位置偏差值，并记录在四个方位需要调整的距离。

图 5.2-36　接长外护筒

（3）依据量测的外护筒中心与设计桩位中心的偏差值，确定内护筒定位块的焊接位置和厚度，在外护筒内壁上部焊接相应厚度的定位调节块。

9. 吊放内护筒至孔内

（1）焊接好定位块后，校核内护筒中心点位置，确保与设计桩位中心保持一致。

（2）将壁厚 20mm、单节长 12m 的永久内护筒吊放至外护筒定位块中，护筒定位块见图 5.2-37。

（3）根据孔深确定所需永久性护筒的长度，起吊内护筒，对准桩位中心沿着外护筒内壁的定位块缓慢下放，内护筒吊放至孔口见图 5.2-38。

（4）内护筒下放过程中，采用全站仪对护筒外侧进行垂直度监测。

图 5.2-37　内护筒定位块

图 5.2-38　内护筒吊放至孔口

10. 孔口接长内护筒至中风化岩面

（1）吊放首节内护筒下放至孔口附近后，沿内护筒孔口外侧环形对称焊接 4 个牛腿，使外护筒承托内护筒，复核筒身垂直度后进行护筒接长。

（2）将上节护筒吊放于下节护筒上部，保持起吊状态进行纠偏；纠偏后的调节位置采用点焊初步固定，再沿着对接护筒圆周方向寻找下一偏差点，并进行纠偏调节直至护筒圆度满足要求。当上、下节护筒完全对位后，对上、下节护筒打坡口以增加焊面，采用满焊连接将上、下节护筒连接。内护筒牛腿固定并接长见图 5.2-39。

（3）重复焊接接长护筒作业，直至内护筒下放至持力层岩面。

11. 全套管全回转钻机逐节拔除外护筒

（1）永久性内护筒准确定位且埋设稳定后，利用全套管全回转钻机自带的液压顶力起拔外护筒。启动抱箍夹紧系统将外护筒抱紧上拔 750mm 后松开夹块，钻机回转机构将夹块下移并重复抱紧外护筒上拔作业，起拔外护筒见图 5.2-40。当一节外护筒起拔至距钻机操作平台 50cm 时，松开固定螺栓，并使用起重机将外护筒吊离孔口。

图 5.2-39　内护筒牛腿固定并接长

图 5.2-40　起拔外护筒

（2）起拔外护筒过程中保持平稳缓慢，避免扰动内护筒；拔出外护筒后，周边地层等自然填满内护筒周围的空隙。

（3）外护筒拔出后将全套管全回转钻机移离孔口。

12. 旋挖硬岩筒钻分三级扩孔至设计深度

（1）考虑到桩孔入岩深度为 1800mm，岩层坚硬，为便于取芯，并提高硬岩层钻进效率，本桩端入岩采用 5RS360 旋挖钻机按 1200mm、1500mm、1800mm 三级扩孔钻进。

（2）首先，第一级采用直径 ϕ1200mm 截齿筒钻钻进至设计深度，并采用取芯筒钻取出岩芯，并进行捞渣；随后，依次更换直径 ϕ1500mm、ϕ1800mm 的筒钻进行第二、三级硬岩扩孔钻进至设计桩径，旋挖钻机扩孔截齿筒钻见图 5.2-41。

（3）入岩钻进过程中控制钻压、轻压慢转，保持钻机平稳。提钻后孔内残留较多岩渣时，及时采用捞渣筒清理出孔内钻渣，见图 5.2-42。

图 5.2-41　旋挖钻机扩孔截齿筒钻

图 5.2-42　取出岩芯后捞渣

13. 终孔、一次清孔

（1）当完成入岩钻进至设计深度时，对钻孔进行终孔检验，包括孔径、孔深、持力层、垂直度等。

（2）终孔后进行一次清孔，采用旋挖钻斗捞渣，直至将孔底钻渣清除。

14. 安放钢筋笼、灌注导管、二次清孔

（1）按设计要求进行钢筋笼制作。钢筋笼吊装采用"双钩多点"的方式缓慢起吊，防止扭转、弯曲。

（2）钢筋笼吊装至孔口上方，缓慢下放钢筋笼入孔至设计标高，调整钢筋笼与桩孔中心对齐，再把钢筋笼在孔口固定，安放钢筋笼见图 5.2-43。

（3）安放灌注导管前，对导管进行水密试验，安装灌注导管见图 5.2-44。

（4）灌注混凝土前，采用气举反循环进行二次清孔。二次清孔排出沉渣经过三级净化系统进行处理，沉渣经分筛后流入沉淀池内，净化后的泥浆再次回流至孔内循环使用，具体见图 5.2-45。

15. 灌注桩身混凝土成桩

（1）清孔完成后，检查孔底沉渣、泥浆指标，泥浆含砂率检测见图 5.2-46。

图 5.2-43　安放钢筋笼

图 5.2-44　安放灌注导管

图 5.2-45　二次清孔泥浆过滤处理

图 5.2-46　泥浆含砂率检测

（2）清孔验收合格后，在孔口安装灌注料斗。灌注采用灌注斗吊灌，在灌注过程中，不时上下提动料斗和导管，以便管内混凝土能顺利下入孔内，护筒内灌注混凝土见图 5.2-47。

图 5.2-47　护筒内灌注混凝土

（3）灌注过程中，定期测量桩身混凝土上升高度，并及时拆除灌注导管，始终保持导管埋管深度不超过 4m；灌注混凝土至孔口并超灌 0.8～1.0m 左右时，拔出灌注导管完成桩身灌注。

5.2.7 机械设备配置

本工艺现场施工涉及的主要机械设备见表 5.2-1。

主要机械设备配置表   表 5.2-1

名称	型号	备注
潜孔锤钻机	SH-180	机架高 17m
潜孔锤钻头	直径 800mm	平底、可扩径钻头
潜孔锤跟管套管	12m 长，外径 800mm	潜孔锤跟管钻进护壁套管
预制孔口钢导槽	适用于 1800mm 桩径	辅助潜孔锤咬合钻进引孔
全套管全回转钻机	JAR260H	下压/起拔外护筒
旋挖捞渣斗	直径 1800mm	钻孔捞渣
外护筒	外径 2080mm，壁厚 40mm	标准护壁套管，辅助内护筒定位
内护筒	外径 1840mm，壁厚 20mm	永久性护筒
旋挖钻机	SR360	取土、成孔、入岩
截齿筒钻	直径 1200mm、1500mm、1800mm	硬岩钻进

5.2.8 质量控制

1. 潜孔锤咬合引孔及置换

（1）潜孔锤钻机设备底座尺寸较大，桩机就位后，始终保持平稳，确保在施工过程中不发生倾斜和偏移，以保证桩孔垂直度满足设计要求。

（2）引孔过程中，控制潜孔锤下沉速度；派专人观察钻具的下沉速度是否异常，钻具是否有挤偏的现象；如出现异常情况，及时分析原因并采取措施。

（3）引孔深度以穿过填石层约 1m 左右控制，以返回地面的钻渣判断。

（4）严格按"7+1"咬合引孔平面进行布孔，以确保引孔效果。

（5）引孔结束后，在套管内回填，回填以粗砂、石粉为主，所含最大粒径不超过 5cm。

2. 全套管全回转钻机埋设外护筒

（1）外护筒进场时，对护筒内径、壁厚、长度以及外观等进行检查验收。

（2）外护筒沉放时，护筒中心与测量标定的桩中心偏差不大于 5cm。

（3）外护筒就位时，用十字线在护筒顶部标记护筒中心，护筒中心与测放的钻孔中心位置偏差不大于 50mm，同时保证护筒竖直。沉放外护筒过程中，实时监测护筒的垂直度，发现偏差时及时纠偏。

3. 内护筒定位及下放

（1）内护筒进场时，对内径、壁厚、变形、长度等进行检查验收。

（2）内护筒焊接完成后检测焊缝质量，并进行垂直度检测，合格后继续下放。

（3）内护筒定位块焊接位置标记准确，严格按照计算尺寸加工。

（4）吊放内护筒时，保持平稳、竖直，避免与外护筒碰撞。

5.2.9　安全措施

1. 潜孔锤咬合引孔及置换

（1）潜孔锤引孔时，做好孔口的降尘防护措施，防止高风压携渣伤人。

（2）钻杆接长时，操作人员登高作业做好个人安全防护，吊篮满足安全使用要求，作业人员系好安全带。

（3）潜孔锤桩机引孔时，空压机派专人管理，高风压管连接固定牢靠，防止松脱伤人。

2. 全套管全回转钻机埋设外护筒

（1）外护筒埋设时，全套管全回转钻机的反力叉支撑牢靠，防止钻进过程中钻机晃动。

（2）旋挖和冲抓斗配合全回转钻机取土、抓石时，现场设专人指挥，并设安全防护区。

3. 内护筒定位及下放

（1）内护筒定位采用在外护筒口焊接定位块实现，外护筒定位块设置时，孔口操作人员系绑安全带，防止不慎落入护筒内。

（2）内护筒吊装时，严格按照起重作业规定操作，吊装护筒移动范围无关人员撤离。

（3）在外护筒内悬空放置内护筒时，起重机保持平稳吊起状态；内护筒孔口就位采用在内护筒焊接 4 个牛腿固定，牛腿焊接要求牢靠。

第6章 拔桩清障施工新技术

6.1 全套管全回转钻机旧桩无损拔除技术

6.1.1 引言

近些年来，随着国内经济的飞速发展，大中型城市的旧城区改造、市政建设、地铁隧道盾构等相关项目建设工程快速增加，在新建项目基础工程施工过程中，经常遇到地下残留的旧钢筋混凝土结构及废弃的桩基，给项目施工带来较大的阻碍和困难。为使建设工程顺利进行，通常在不影响周围基础设施环境的原则上将废弃障碍物清除或拔除。对于埋深较浅的旧基础和墩基础，通常采用直接放坡开挖，待旧基础完全暴露后进行机械破除。而对于桩端埋深较深的旧桩，开挖清除难以实现，传统的处理方法常采用冲击法破碎、旋挖钻机就地清除。冲击法破碎是指采用冲击钻机，配备十字冲击锤就地将旧桩冲碎，旧桩的碎渣通过泥浆循环携带出孔，然后再进行新建桩施工。旋挖钻机就地清除是指直接在旧桩位置进行钻进，旋挖钻机利用截齿破碎钻头将桩身混凝土及钢筋笼分段破碎和截断，直至将旧桩完全清除。采用传统的旧桩清除方法，受旧桩混凝土强度高、桩身钢筋笼的影响，清除处理时间长、经济成本高。

针对传统旧桩清除施工中存在的问题，根据全套管全回转钻机的特性和功能，项目组总结出利用全套管全回转钻机对旧桩实施无损拔除的施工方法，即采用全套管全回转钻机，在旧桩位置将钢套管沉入桩周地层，利用套管内壁和桩体间的摩擦力把桩体扭断，或用楔形钎锤沿着套管内壁锤击，使锤头嵌入桩体及套管间，通过钻机的回转作业使桩体扭断，断后的桩体用冲抓斗或起重机捆扎取出，实现套管内部拔桩清障施工。

6.1.2 工艺特点

1. 快速便捷

本工艺采用全套管全回转钻机下沉钢套管，并配合冲抓斗取土，钢套管下沉速度快，以旧桩桩长 25m 左右计，单台全套管全回转钻机拔除旧桩施工效率为 1.5 根/天。

2. 清障彻底

本工艺钻进时全程采用钢套管护壁跟进，能准确、有效判断旧桩体工况和取出情况，同时可在套管内利用冲抓斗反复抓取或分析、整体拔出，确保清障彻底。

3. 绿色文明

本工艺采用全套管全回转钻机液压下沉钢套管，冲抓斗直接抓取孔内地层，施工过程噪声低，振动轻微，对周边环境扰动小，施工现场整洁文明，可实现绿色、环保施工。

4. 安全可靠

本工艺将钢套管钻进并完全套住旧桩，利用套管护壁作用及全套管全回转钻机自身的强大扭矩，在钢套管内完成旧桩扭断、拔桩清障施工，减少对周围土体扰动，安全性能高。

6.1.3　适用范围

适用于桩径小于 2.5m、拔桩清障深度不大于 60.0m 的全套管全回转钻机拔桩清障施工。

6.1.4　工艺原理

全套管全回转钻机是集成机电液为一体，驱动钢套管 360°回转，并将钢套管压入和拔出的新型桩工设备。采用全套管全回转钻机拔除旧桩，是利用其产生的下压力和扭矩，驱动比旧桩直径大的钢套管进行转动切削作业，并将套管下沉至完全套住桩体，利用套管内壁和桩体间的摩擦力把旧桩桩体扭断，或用楔形钎锤沿着套管内壁锤击，使锤头嵌入桩体与套管间，通过回转作业使桩体扭断，断后的桩体用冲抓斗或起重机捆绑分段或整体取出。旧桩体拔除后，进行钢套管内部回填，并起拔套管完成旧桩清除。

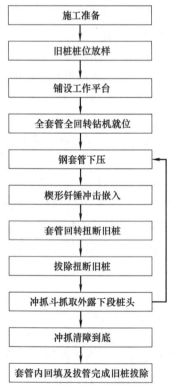

图 6.1-1　全套管全回转钻机
旧桩无损拔除施工工艺流程

6.1.5　施工工艺流程

全套管全回转钻机旧桩无损拔除施工工艺流程见图 6.1-1。

6.1.6　工序操作要点

以废弃的旧桥桩拔除为例，旧桩桩径 1200mm、桩长 25m，现状场地为原河道。

1. 施工准备

（1）根据提供的原有旧桩的基本信息确定桩位，同时参考旧桩的桩径、桩深等参数，选取合适的钢套管和全套管全回转钻机。

（2）本项目工程旧桩桩径为 1200mm，结合过往施工经验及本项目施工的实际情况，最终选用直径 2000mm 钢套管进行旧桩拔除作业。

2. 旧桩桩位放样

（1）根据现场测设的测量控制网，利用全站仪对旧桩桩位进行放样，并打入短钢筋做出桩位标记。

（2）本项目工程旧桩体为桥桩，浅挖后将桩体顶端外露，现场直接进行桩位确定。

3. 铺设工作平台

（1）因本项目工程施工地点为河道，对地表淤泥用挖掘机提前进行清理，将旧桩桩头露出，并对场地进行压实平整处理，具体见图 6.1-2。

（2）在施工桩位铺设大型工作平台，工作平台采用路基板，路基板采用双层架设，以减少钻机中心处压力，防止地基软弱造成钻机不均匀下陷。桩位处路基板铺设见图 6.1-3。

图 6.1-2 清理并平整桩位处场地   图 6.1-3 桩位处路基板铺设

4. 全套管全回转钻机就位

（1）工作平台铺设完成后，吊放全套管全回转钻机定位基板，并使基板中心与桩位中心重合。现场路基板和定位基板吊装铺设见图 6.1-4。

（2）定位基板铺设完成后，进行全套管全回转钻机设备吊装。根据旧桩桩径和桩长，选用 DTR2106H 全套管全回转钻机施工。

（3）采用履带起重机将全套管全回转钻机吊放在基板正上方，使钻机回转机构主夹具中心位置点与桩位十字定位中心点在一条垂线上，现场钻机吊装见图 6.1-5。钻机就位后，将反力叉、反力架等辅助设备与钻机相连接。

图 6.1-4 路基板与定位基板吊装铺设   图 6.1-5 全套管全回转钻机吊装

5. 钢套管下压

（1）全套管全回转钻机工作前，首先利用钻机水平调节功能，将钻机自身调节至水平位置。

（2）接着用履带起重机吊装第一节钢套管，第一节套管长度 8m，底部连接一段带有刃口的短套管，短套管内安装厚度 30mm 的内壁刀，使套管在切削过程中在旧桩体与钢套管之间形成一定的空隙。第一节钢套管吊装见图 6.1-6。

（3）全套管全回转钻机开始回转及下压作业，将钢套管旋转、切削压入地层中，当套管顶部距钻机作业平台约 50cm 时，第一节钢套管压入完成。第一节钢套管下沉见图 6.1-7。

图 6.1-6　第一节钢套管吊装

图 6.1-7　第一节钢套管下沉

（4）钢套管下压过程中，采用从 X、Y 两个轴线方向，通过测锤或经纬仪检查钢套管的垂直状态，如若出现偏斜情况则及时纠偏。

6. 楔形钎锤冲击嵌入

（1）当钢套管下压到位后，起吊楔形钎锤，并沿钢套管内壁自由下落。

（2）楔形钎锤依靠锤重产生的冲击力，将楔形钎锤嵌入旧桩体与钢套管之间的空隙，楔形钎锤下入时可重复数次，确保嵌入塞实。楔形钎锤嵌入见图 6.1-8。

7. 套管回转扭断旧桩

（1）楔形钎锤嵌入旧桩与钢套管内壁空隙塞实后，启动全套管全回转钻机进行回转。

（2）利用钻机的强大扭矩，并通过楔形钎锤传导，旧桩体桩头随钢套管一同回转，当回转至一定程度后，旧桩分段或被扭断。楔形钎锤将旧桩扭断见图 6.1-9。

图 6.1-8　楔形钎锤嵌入旧桩体与套管间空隙

图 6.1-9　楔形钎锤将旧桩扭断

8. 拔除扭断旧桩

（1）观察确认旧桩已被扭断后，将楔形钎锤吊出，安排人员进入钢套管内部，对旧桩桩头部分露出的钢筋，用锁链进行捆绑、焊接等方式挂牢。人员下入套管内捆绑旧桩见图 6.1-10。

（2）旧桩桩头露出钢筋与锁链连接后，采用履带起重机和全套管全回转钻机相互配合将被扭断旧桩拔出钢套管。现场履带起重机将被扭断旧桩拔出见图 6.1-11。

图 6.1-10　人员下入钢套管内捆绑旧桩

图 6.1-11　履带起重机将被扭断旧桩拔出

9. 冲抓斗抓取外露下段桩头

（1）扭断的旧桩体拔除后，履带起重机起吊冲抓斗，依靠吊机的大小吊钩配合，进行旧桩拔除段与套管壁间土的冲抓取土作业。

（2）使用冲抓斗时，复核套管底所处位置，确保套管底处于抓土面以下超过 2m；如不符合要求，则先进行套管回转切削下沉。

（3）冲抓斗抓取的土采用装载车集中堆放在指定位置，作业直至下节段旧桩桩头外露后停止冲抓。

（4）当旧桩桩头钢筋未显露时，采用履带起重机起吊 2t 重锤冲击破率，直至钢筋露出。

10. 冲抓清障到底

（1）下节段旧桩桩头外露后，重复进行钢套管下压、楔形钎锤嵌入、回转扭断旧桩、拔除扭断旧桩等工序作业。

（2）循环工序施工，根据拔出旧桩的长度，判断地下是否还存有断节旧桩，继续采用冲抓斗取土方式将钢套管内的障碍物、废旧混凝土彻底清除干净。

11. 套管内回填及拔管完成旧桩拔除

（1）确认钢套管内清障彻底后，往钢套管内部回填砂土充盈旧桩的原有空间，防止套管起拔后孔壁周边坍塌对周围土体环境产生影响。

（2）在回填的同时，逐节拔出钢套管，钢套管始终低于回填土标高 2m 左右，

（3）在砂土回填过程中，每回填 2m，采用约 2t 的冲锤采用履带起重机进行套管内夯击压实。

（4）回填至设计标高后，将钢套管全部拔出，完成该桩位点拔桩清障。

6.1.7　机械设备配置

本工艺施工现场所涉及的主要机械设备见表 6.1-1。

主要机械设配置表　　　　　表 6.1-1

名称	型号	单位	备注
全套管全回转钻机	DTR2106H	1 套	回转钻进、下沉钢套管
液压动力站	200kW	1 台	液压系统
履带起重机	SCC125t	1 台	钢套管安拆、拔桩及吊装
钢套管	直径 2000mm	30m	护壁与拔桩
冲抓斗	直径 1200mm	1 套	冲碎、抓取旧桩
楔形钎锤	长度 2000mm	1 套	旧桩与钢套管间空隙固定、扭断旧桩
重锤	2t	1 个	夯击压实孔内回填砂土
路基箱板	2000mm×6000mm	6 块	全套管全回转钻机就位钢平台
挖掘机	神钢 KOBELCO 液压挖掘机	1 台	平整场地、清渣
装载车	徐工 XC968	1 套	现场清渣、转运
电焊机	DX1-250A-400A	1 台	焊接

6.1.8　质量控制

1. 钢套管选取

（1）在拔桩清障项目中，钢套管型号判断选择是施工顺利与否的关键。钢套管直径选择过小，会导致清障不彻底，甚至会产生闷管现象，严重影响施工进度；钢套管直径选择过大，会导致旧桩难以与土体分离，影响拔桩效果。

（2）由于旧桩灌注质量无法掌握，拔出的旧桩经常会出现"大肚皮"或者垂直度不高的现象（图 6.1-12、图 6.1-13）。因此，钢套管的选取不可一成不变，需结合现场作业实际情况选取。

2. 桩位地基处理

（1）本施工场地较为复杂或软弱，作业前做好现场清理、换填、平整、压实处理。

（2）对于松软场地，在施工桩位地点铺设工作平台，其原理是通过增大钻机下压力与地面接触面积，以此减少钻机中心处压强，防止地基软弱造成钻机下陷。

图 6.1-12　旧桩桩身严重扩径

图 6.1-13　旧桩垂直度严重超标

3. 旧桩拔除

（1）全套管全回转钻机依靠强大的扭矩将旧桩体与周围土体分离，是实现旧桩顺利拔除的前提条件，表现在当全套管全回转钻机带动钢套管回转时，旧桩桩体跟随套管一同回转，要求楔形钎锤嵌入旧桩与钢套管内壁空隙中塞实扎牢。

（2）当桩头钢筋与铁链捆绑固定完成后，采用履带起重机与全套管全回转钻机相互配合将其拔出，具体配合方式为：利用全套管全回转钻机将钢套管及内部旧桩体一同起拔至一定高度，履带起重机大钩起吊拉拔旧桩体（起吊力仅需拉住旧桩体即可，具体起吊力根据工况而定），此时全套管全回转钻机使用回转/摇动模式并略微下压，当履带起重机发现起吊力增加过大时，起重机司机鸣笛示意停止钻机下压动作，钻机继续回转/摇动分散桩体与钢套管内土体压密现象，当履带起重机起吊力变小后，起重机司机通过不同的鸣笛方式指示钻机操作人员继续轻微下压钢套管。

（3）如此反复循环，直到桩体与周围土体完全分离后，履带起重机将扭断旧桩从钢套管内拔除。

4. 旧桩回填

（1）旧桩拔除后，其原有空间采用回填砂土将其充盈，防止孔壁坍塌对周围地层环境产生影响。

（2）本项目工程回填采用符合设计要求的砂土，回填时从钢套管底部往上回填，每次回填高度约 2m 左右，回填后用重锤夯击数次，保证回填密实；回填过程中，同步钢套管起拔作业，始终保持钢套管不超前于回填高度，以此反复直至将回填土填至设计标高为止。

6.1.9　安全措施

1. 吊装作业

（1）拔桩时所使用的起重机采用专用的重负荷履带起重机，其技术指标满足旧桩起拔荷载要求。

（2）现场起吊人员持证上岗，严格执行吊装操作规程和安全规定。

（3）拔桩根据现场条件，采用分段起拔。

2. 钢套管内捆绑旧桩

（1）确定旧桩被扭断后，安排专门人员进入钢套管内。

（2）下入钢套管内的人员作业前接受专门的安全交底，下入前进行套管内通风。

（3）人员下入套管内使用安全吊篮，并系安全绳，套管口安排人员配合作业。

（4）捆绑旧桩的钢丝绳经过抗拔计算，满足旧桩起拔要求。

6.2　高架桥下盾构穿越区低净空废旧灌注桩清除及桥基保护综合施工技术

6.2.1　引言

为满足城市交通通行需求，各大城市地铁线路不断拓展，地下隧道施工越来越普遍。在隧道盾构施工过程中，盾构线路与既有建（构）筑物废旧桩基冲突的情况时有发生。为确保项目盾构隧道开挖的顺利开展，盾构施工前需在不影响周边基础设施安全的情况下将旧桩予以清除。以广州地铁新建 18 号线南延段为例，项目隧道设计直径 8m，顶部埋深距地面约 24m，按照规划其盾构线路将下穿南沙港快速路位于十六涌片区的高架桥段。南沙港快速路（桥）位于广州市南沙区，于 2004 年建成通车，大桥承载着南沙港大量货运车辆的通行，日车流量高达 14 万辆。该高架桥下方 7m 为已修建通车的灵新大道，盾构路线与灵新大道旧灌注桩基础相冲突，相关情况见图 6.2-1。新建盾构穿越区与旧桩冲突数量共计 83 根，其中桥下低净空范围分布旧桩 55 根，旧桩为混凝土灌注桩，设计桩径 800mm，平均桩长 34m，旧桩基础混凝土强度等级为 C35，盾构机极难掘进穿越。

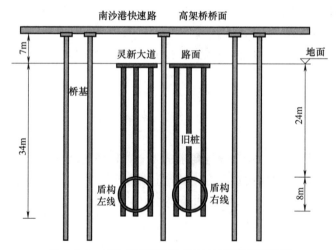

图 6.2-1　盾构路线与既有旧桩冲突断面示意图

地下旧桩清除常规采用冲击破碎、旋挖清除、全套管全回转拔桩等方法。鉴于南沙场地为鱼涌泥塘回填，若采用冲击锤对旧桩进行冲碎，冲击过程容易造成塌孔，加之原有旧桩桩端入岩，且位于高架桥下，其冲击造成的振动和塌孔对上部桥梁基础将造成不良影响。如采用旋挖钻机施工，因低净空旋挖钻机扭矩较小，且旧桩较深，低净空旋挖钻机的性能清除旧桩速度慢、耗费材料多。如采用全套管全回转钻机拔除旧桩，同样受低净空环境限制，常规的拔桩作业无法在现场正常进行。

为了解决上述项目低净空环境、淤泥层厚、桥梁基础保护要求高等问题，项目组对高架桥下盾构穿越区低净空废旧灌注桩清除及桥基保护综合施工技术进行了研究和总结，采用自行走履带式全套管全回转钻机施工，通过沉入套管并切削土体将旧桩套在套管内，采用低趴短臂履带起重机配合针对低净空改造的冲抓斗、十字冲锤、楔形钎锤、提水桶等特制微型器具入孔作业，将套管内旧桩分段拔除。同时，为避免旧桩清除对桥基造成过大扰动，采取了在清除前对桥基与盾构外边缘区域进行 MJS 加固，旧桩清除全程采用全套管超前隔绝孔内清障，旧桩拔除后在孔内回填超缓凝水泥砂浆等保护措施。通过现场试拔桩施工和各项监测数据分析，低净空下旧桩清除施工对既有高架桥的变形影响完全可控。本工法解决了低净空受限条件下的旧桩清除施工难题，同时采取桥基综合保护措施尽可能减少施工对现有建筑的影响，达到了高效、低扰、可靠的效果，为类似地下隧道盾构工程施工提供了成套的解决方案。

6.2.2 工艺特点

1. 净空限制低

本工艺采用的全套管全回转钻机底部加设履带自行走机构，无需大型起重机配合即可自由移动就位。旧桩清除过程采用低趴短臂履带起重机，配合短节钢套管和经改制的微型冲抓斗、十字冲锤、楔形钎锤、提水桶入孔作业，实现低净空条件下无障碍施工，确保施工正常开展。

2. 清障效率高

本工艺采用自行走履带式全套管全回转钻机施工，钻机就位快捷高效。采用全套管全回转钻机将套管下沉套住旧桩，通过微型楔形钎锤卡入旧桩与套管间的空隙，钻机配合转动并将旧桩扭断，再借助低趴短臂履带起重机将断桩拔出，整体清障效率高。

3. 清除效果好

本工艺旧桩清除全程采用钢套管跟进，通过全回转钻机与微型楔形钎锤配合扭断旧桩，随即吊出断桩，通过测量拔出断桩长度，判断套管内旧桩清除情况，当末段断桩长度较短时，由冲锤与冲抓斗在套管内反复冲抓，确保清障完全彻底，为后续盾构穿越扫清障碍。

4. 桥基扰动小

本工艺在旧桩清除前，预先对桥墩与盾构外线中间区域进行 MJS 加固。施工过程通过全套管全回转钻机驱动钢套管超前钻进套住旧桩，全程隔绝孔内作业对桥基造成过大扰动。拔桩完成后立即在孔内填灌超缓凝水泥砂浆，对场地再次加固，确保了桥基的安全稳定。

6.2.3 适用范围

适用于低净空高度 7m 及以上的旧桩清除，适用于高架桥下桥基安全保护条件下的旧桩清除。

6.2.4　工艺原理

本工艺对高架桥下盾构穿越区低净空废旧灌注桩清除及桥基保护技术进行了研究，关键技术包括以下四部分：一是自行走履带式全套管全回转钻机低净空分段拔桩技术，二是低趴短臂履带起重机低净空配合作业技术，三是低净空特制配套器具拔桩技术，四是桥基低扰动保护技术等。

1. 自行走履带式全套管全回转钻机低净空分段拔桩

本工艺采用全套管全回转钻机分段拔除旧桩，为满足低净空施工需求，对 JAR-210H 全套管全回转钻机进行改造，在其底座加装履带行走机构，整机高度 4m，无需大型起重机辅助，可自行走至桩孔就位。拔桩时，钻机带动套管回转下压，同时依靠套管底部安装的高强度刀头对旧桩周围的土体、岩层及钢筋混凝土等进行切削分离减阻，套管将旧桩桩体套在管内，将楔形钎锤嵌入套管与桩身间的空隙，通过全套管全回转钻机的配合将旧桩分段扭断，并由履带起重机拔出。常规全套管全回转钻机见图 6.2-2，履带式全套管全回转钻机见图 6.2-3。

图 6.2-2　常规全套管全回转钻机　　　图 6.2-3　履带式全套管全回转钻机

2. 低趴短臂履带起重机低净空配合作业

旧桩拔除通常需要履带起重机配合作业，常规履带起重机吊臂过长、过高，无法满足低净空环境下施工要求。为此，本工艺对常规 YTQU100HD 履带起重机吊臂架进行拆减，并调整为低趴状态，形成低趴短臂履带起重机，其最大吊载 100t，全高仅 3.5m，可满足低净空环境下起吊作业。常规履带起重机见图 6.2-4，低趴短臂履带起重机见图 6.2-5，低趴短臂履带起重机低净空拔桩见图 6.2-6。

3. 低净空特制配套器具拔桩

本工艺在拔桩过程中，由钻机回转套管切削并沉入，采用改制的微型楔形钎锤、十字冲锤、冲抓斗等配套工器具配合实施分段拔桩，使各项工序完全满足低净空条件下作业。

（1）短节套管隔离旧桩

旧桩拔除采用全套管沉入土层套住旧桩将其隔离，减少拔桩时阻力，同时避免套管内清障作业影响桥基。常规拔桩使用的套管长度一般为 6m，无法满足低净空施工需求。为此，本工艺订制了第一节长度为 4m，其余标准节为 2m 的短节钢套管，同时考虑到旧桩桩身灌注时的充盈扩径的影响，采用直径 1.5m 的钢套管沉入，使旧桩与套管间存在一定

图 6.2-4 常规履带起重机

图 6.2-5 低趴短臂履带起重机

图 6.2-6 低趴短臂履带
起重机低净空拔桩

的作业空隙。另外，底节套管内安装三把内刀，便于切削地面钢筋混凝土和桩身扩径混凝土，确保后续楔形钎锤顺利嵌入。常规套管见图 6.2-7，短节套管见图 6.2-8，短节套管就位见图 6.2-9。

图 6.2-7 常规套管

图 6.2-8 短节套管

图 6.2-9 短节套管就位

（2）微型冲抓斗取土

旧桩拔除过程采用冲抓斗于管内取土，冲抓斗提升至高处后释放落下冲抓，随后由斗体内部的滑杆与滑轮组配合将斗叶闭合，再提起冲抓斗将土体、碎块从孔内取出。常规冲抓斗斗体长 5m，无法满足低净空环境下施工要求。为此，本工艺由上海韧高科技有限公司专门研制用于低净空环境的微型冲抓斗，斗体长度 2m，内部各配备 2 个上滑轮组和 2 个下滑轮组，大幅降低斗叶所需的闭合力。冲抓时，抓斗张开最大直径 1.25m。常规冲抓斗见图 6.2-10，微型冲抓斗见图 6.2-11，微型冲抓斗取土见图 6.2-12。

（3）微型楔形钎锤扭断旧桩

旧桩长度过长无法一次性拔除时，通常采用楔形钎锤配合钻机将旧桩扭断拔出，常规楔形钎锤长度 4.45m，无法满足低净空环境下施工要求。为此，本工艺研制了微型楔形钎锤，锤体总长仅 2m，由若干块梯形钢板组成，其弧度契合套管内壁，圆弧直径 1.38m。微型楔形钎锤沿套管内壁冲落而下，使锤头嵌入套管与旧桩间的空隙，通过钻机驱动套管回转而将旧桩扭断，断桩通过履带起重机拔出。常规楔形钎锤见图 6.2-13，微型楔形钎锤见图 6.2-14，微型楔形钎锤起吊入孔见图 6.2-15。

图 6.2-10　常规冲抓斗

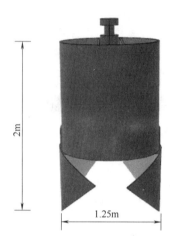

图 6.2-11　微型冲抓斗

图 6.2-12　微型冲抓斗取土

图 6.2-13　常规楔形钎锤

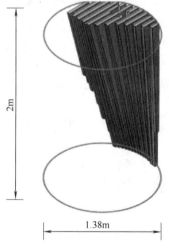

图 6.2-14　微型楔形钎锤

图 6.2-15　微型楔形钎锤起吊入孔

（4）微型十字冲锤破桩

旧桩分段拔除后，若孔底存在残留的断桩，通常采用十字冲锤对其冲击破碎，常规冲锤长约 5m，无法满足低净空环境下施工要求。为此，本工艺对十字冲锤长度进行缩减，微型十字冲锤直径 1.2m、长度 2m，锤体采用双钢板加重设计，以弥补由于长度缩小而带来的重量过轻的影响，通过履带起重机将其起吊至套管口，释放卷扬后使十字冲锤依靠自重冲击旧桩，冲击瞬间锤头将桩身混凝土破碎，随后采用冲抓斗将碎渣抓取出孔外。常规冲锤见图 6.2-16，微型十字冲锤见图 6.2-17，微型十字冲锤低净空破桩见图 6.2-18。

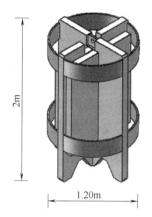

图 6.2-16　常规冲锤　　　图 6.2-17　微型十字冲锤　　图 6.2-18　微型十字冲锤低净空破桩

4. 桥基低扰动保护

本工艺为尽可能减小旧桩清除施工对周边既有桥梁基础的扰动，拔桩清障前对桥基与盾构外的中间场地进行 MJS 加固，将桥基进行隔离防护，降低后续旧桩清除、盾构施工对桥基造成的不良影响。拔桩过程中，采用全套管将旧桩完全套在套管内，旧桩清除各工序作业均在套管内进行，有效隔离孔内扰动对桥基的影响；在旧桩拔出套管外后，在套管内回填超缓凝 M20 水泥砂浆，最后再起拔钢套管，有效防止旧桩清除后对周围桥基造成变形。通过事前、事中、事后的全过程防护，确保拔桩低扰可控，有效保证了桥梁基础的安全稳定。

6.2.5　施工工艺流程

以广州市南沙港快速梁板式桩基清除工程为例进行说明，该工程主要为地铁新建 18 号南延段盾构路线清除障碍，南沙快速路高架桥下灵新大道旧基础为灌注桩基础＋梁板结构形式，结构板厚 300mm，承台梁截面尺寸 1m×1m，旧桩直径 800mm，平均桩长 34m，桥底 7m 低净空旧桩数量 55 根。

高架桥下盾构穿越区低净空废旧灌注桩清除及桥基保护综合施工工艺流程见图 6.2-19。

6.2.6　工序操作要点

1. 施工准备

（1）在进行旧桩清除前，调查场地及毗邻区域内的地下及地上管线、建（构）筑物及障碍物和可能受施工影响的情况。

（2）根据旧桩基础的竣工图，确定旧基础承台、桩长、桩径、配筋等相关资料。

（3）测量桥梁底面到桥下地面的垂直距离，确认桥下最低净空高度，为后续施工提供依据。

（4）清除场地内影响拔桩施工的地上障碍物，并采用挖掘机对场地进行平整压实。桥下低净空场地状况见图 6.2-20。

（5）沿高架桥下桥柱环绕布设混凝土保护围挡，以防施工过程机械不慎磕碰桥柱。桥底面、墩柱承台张贴红色醒目警示标志，防止吊装作业触碰。对桥面设置红外位移监测装置，24h 自动化监测变形情况，具体见图 6.2-21、图 6.2-22。

233

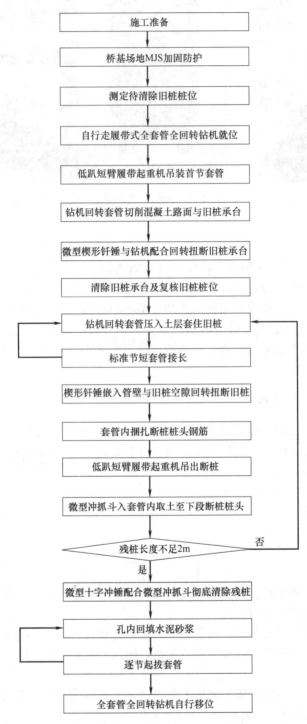

施工准备

↓

桥基场地MJS加固防护

↓

测定待清除旧桩桩位

↓

自行走履带式全套管全回转钻机就位

↓

低趴短臂履带起重机吊装首节套管

↓

钻机回转套管切削混凝土路面与旧桩承台

↓

微型楔形钎锤与钻机配合回转扭断旧桩承台

↓

清除旧桩承台及复核旧桩桩位

↓

钻机回转套管压入土层套住旧桩

↓

标准节短套管接长

↓

楔形钎锤嵌入管壁与旧桩空隙回转扭断旧桩

↓

套管内捆扎断桩桩头钢筋

↓

低趴短臂履带起重机吊出断桩

↓

微型冲抓斗入套管内取土至下段断桩桩头

↓

残桩长度不足2m —— 否

↓ 是

微型十字冲锤配合微型冲抓斗彻底清除残桩

↓

孔内回填水泥砂浆

↓

逐节起拔套管

↓

全套管全回转钻机自行移位

图 6.2-19 高架桥下盾构穿越区低净空废旧灌注桩
清除及桥基保护综合施工工艺流程

图 6.2-20　桥下低净空场地状况

图 6.2-21　桥基处混凝土保护围挡和警戒标识

图 6.2-22　桥面和桥墩柱红外位移自动监测仪

2. 桥基场地 MJS 加固防护

（1）在进行桥下旧桩清除施工前，在桥基与盾构外线之间的场地采用 MJS 进行加固。

（2）MJS 成排打设，其桩径 1.5m、桩距 1.3m、桩长 34m，对桥墩进行围护加固，以减少拔桩对现有桥梁造成的不良影响，MJS 钻孔注浆处理加固见图 6.2-23。

3. 测定待清除旧桩桩位

（1）利用全站仪进行桩位测量放线，测定完成后在路面打入钢钉做好标识。

（2）沿旧桩桩位中心拉十字交叉线，并做好 4 个护桩标记，用于恢复桩中心使用。

4. 自行走履带式全套管全回转钻机就位

（1）本工艺采用 JAR-210H 低净空自行走履带式全套管全回转钻机（图 6.2-24），确保具有足够大的扭矩和下压力切削路基旧桩承台和下沉套管进行旧桩拔除施工。

（2）钻机就位前，起吊定位基板至桩位处对中，以便钻机准确就位，同时为钻机提供

图 6.2-23　MJS 钻孔注浆处理加固

稳定支撑。

（3）将钻机液压油路与液压动力站连接，操控钻机自行走至桩位，并调整钻机底部四个支腿降至基板所设置的 4 个定位圆弧位置，使钻机中心、基板中心与桩中心"三点一线"重合。钻机底部与定位基板圆弧对中就位见图 6.2-25。

（4）钻机就位后，控制履带起重机行驶至钻机一侧，使其履带抵住钻机，以替代反力叉固定钻机，防止钻机钻进过程产生旋转或移位，同时节省工作面，也便于低趴短吊臂履带起重机就位。现场履带起重机固定钻机见图 6.2-26。

图 6.2-24　JAR-210H 低净空自行走履带式全套管全回转钻机

图 6.2-25　钻机底部与定位基板圆弧对中就位

图 6.2-26　履带起重机固定钻机

5. 低趴短臂履带起重机吊装首节套管

（1）履带起重机固定钻机后，吊装首节套管，首节套管长度 4m，在其端部安装合金刀头，当回转时用于切削地层。在首节套管底部加焊菱形凸出网格，以适当增大底部套管的直径，用以减小上部套管侧壁摩阻力，首节套管见图 6.2-27，其底部加焊菱形网格见图 6.2-28。

图 6.2-27　首节套管　　　　　　　图 6.2-28　首节套管底部加焊菱形网格

（2）考虑到本场地分布混凝土路面和旧桩承台，以及旧桩扩径现象严重，本工艺采用在首节套管底部安装三把 10cm 宽的内壁刀头，内刀头在套管切削时在套管内壁形成与切削体至少12cm 宽的间隙，便于切削体的抓取和吊出。首节套管底部内壁刀头布置见图 6.2-29。

（3）将首节套管对准桩位中心，下放至钻机回转机构固定块内，由楔形夹紧装置固定套管，吊装首节 4m 长套管与第二节 2m 短套管就位见图 6.2-30。

（4）套管下放时，采用全站仪对钢套管垂直度进行监测，当发生套管轻微倾斜时，通过钻机液压垂直装置调整；当发生较大偏移时，则取土回填，将套管重新拔起后再次下放。

6. 钻机回转套管切削混凝土路面与旧桩承台

（1）首节套管就位后，启动钻机驱动套管回转切削下压，对混凝土路面、连梁、旧桩承台进行切削。

图 6.2-29　套管底部内壁刀头

图 6.2-30　履带起重机吊装首节 4m 长套管和第二节 2m 短套管就位

（2）在套管环切钻进过程，套管底部内壁刀头将路面、旧桩承台处的混凝土破碎，使旧桩承台与套管之间产生宽度 12cm 左右的空隙。

7. 微型楔形钎锤与钻机配合回转扭断旧桩承台

（1）套管下压至地面以下大于 1.4m 时，起吊微型楔形钎锤，并使楔形钎锤沿套管内壁冲击嵌入旧桩承台与套管之间的空隙。

（2）微型楔形钎锤由 23 片钢板设计组合焊接形成，其整体为弧状，锤体上部大、下部小，便于嵌入套管与旧桩间的空隙。上部宽度 920mm、厚度 610mm，底部宽 640mm、厚度 60mm。微型楔形钎锤设计见图 6.2-31，现场微型楔形钎锤见图 6.2-32。

（3）微型楔形钎锤嵌入塞实承台与套管间的空隙后，钻机驱动套管回转，通过微型楔形钎锤将扭力传至旧桩承台，直至将旧桩承台扭断，使其与桩体完全分离，起吊微型楔形钎锤见图 6.2-33。

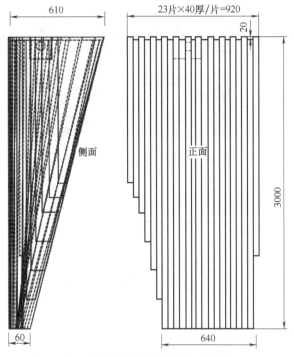

图 6.2-31　微型楔形钎锤设计图（单位：mm）

图 6.2-32　微型楔形钎锤

图 6.2-33　起吊微型楔形钎锤

8. 清除旧桩承台及复核旧桩桩位

（1）旧桩承台与桩体分离后，吊入微型冲抓斗将承台抓出孔外，微型冲抓斗见图 6.2-34，清除的旧桩承台见图 6.2-35。

（2）若旧桩承台断面过大或不规则，冲抓斗难以抓出，则由作业人员入套管内捆扎吊出。

（3）旧桩承台清出孔外后，废旧灌注桩桩头显露，此时复核旧桩中心点与套管中心点，并进行位置调整，确保对中作业。

图 6.2-34　微型冲抓斗　　　　　　　　　　图 6.2-35　清除的旧桩承台

9. 钻机回转套管压入土层套住旧桩

（1）清除旧桩承台且复核桩位后，启动钻机，通过左、右两侧回转油缸反复推动使套管回转切削，同时下压套管，使套管进一步向下沉入土层，将旧桩桩体套在管内，套管回转切削下沉钻进见图 6.2-36。

图 6.2-36　套管回转切削下沉钻进

（2）套管钻进时，在钻机两个方向吊铅垂线，设专人随时监测套管垂直度，发现偏斜及时进行调整。现场吊铅垂线监测套管垂直度见图 6.2-37。

图 6.2-37 吊铅垂线监测套管垂直度

10. 标准节短套管接长

（1）当套管下压至其顶端高出钻机上部作业平台不足 50cm 左右时，进行短套管接长。

（2）套管接长前，为确保套管连接的密闭性，在下节套管上部接长处卷铺塑料膜防水处理（图 6.2-38），然后在塑料膜表面涂抹黄油（图 6.2-39），使对接时上节套管与下节套管顺滑相嵌。

图 6.2-38 套管接头卷铺塑料膜

图 6.2-39 塑料膜上涂抹黄油

（3）起吊标准节短套管（2m）进行接长（图 6.2-40），套管对接时通过护筒自带的缺口标识进行定位对准，然后再用内六角螺栓连接固定（图 6.2-41），并用长臂扳手紧固（图 6.2-42）。

11. 楔形钎锤嵌入管壁与旧桩空隙回转扭断旧桩

（1）标准节短套管接长后，钻机继续压入套管。通过持续加接套管，当压入套管深度超出旧桩桩头位置约 12m 左右，预估套管进入旧桩每 12m 处的接头位置，此处为相对薄

图 6.2-40　套管起吊

图 6.2-41　套管螺栓固定

图 6.2-42　套管螺栓长臂扳手紧固

弱位置，此时暂停套管压入。

（2）起吊微型楔形钎锤紧贴套管内壁（图 6.2-43），释放起吊钢丝绳，楔形钎锤在自重作用下冲落至套管与旧桩间的空隙，使楔形钎锤插入并卡住旧桩（图 6.2-44）；当楔形钎锤一次插入未达到效果时，可重复多次操作，直至楔形钎锤完全卡住旧桩。

图 6.2-43　楔形钎锤吊入套管

图 6.2-44　钎锤沿套管内壁卡住旧桩

（3）待微型楔形钎锤嵌入旧桩与套管间空隙卡实塞牢固后，钻机驱动套管回转，套管通过楔形钎锤将扭力传导至旧桩。当钻机带动钢套管回转时，内部旧桩桩体也跟随套管一同回转，则说明此时旧桩已被扭断。

12. 套管内捆扎断桩桩头钢筋

（1）将旧桩扭断后，采用吊具连接钢片对断桩桩头钢筋进行绑扎。若桩头钢筋显露不完全不便于连接时，则采用微型十字冲锤入孔对桩头进行冲击，使桩头钢筋露出，微型十字冲锤入孔冲击桩头见图 6.2-45。

（2）作业人员入孔捆扎前，若套管内水位较高，则采用自动提水桶进行打水；提水桶

图 6.2-45 微型十字冲锤入孔冲击桩头

长度 2m，直径 1.2m，桶底设有圆盘立杆和带橡胶垫的封盖，通过起吊或松开立杆即可实现提水桶的开合，提水桶构造见图 6.2-46，提水桶套管内提水、倒水见图 6.2-47。

图 6.2-46 提水桶构造

图 6.2-47 提水桶套管内提水、倒水

图 6.2-48　旧桩桩头钢筋与吊具连接

（3）当套管内无积水时，作业人员入套管内将断桩桩头弯折的钢筋穿过钢片圆孔形成连接，并挂上多只吊钩，用于后续起吊拔桩，旧桩桩头钢筋与吊具连接见图6.2-48。

13. 低趴短臂履带起重机吊出断桩

（1）将断桩桩头露出钢筋与吊具连接拉紧后，钻机先将钢套管及内部断桩一同向上提升约50cm，履带起重机主钩向上拉拔断桩，此时钻机回转套管下沉，履带起重机保持向上拉拔状态，通过这种上拉、下沉的反复作用，使套管内旧桩周围土体被疏松，旧桩桩体与周围土体完全分离，扭断的旧桩从套管内拔出。

（2）断桩起拔至套管口时，通过履带起重机主钩与副钩配合，将断桩完全拔出套管外，并将断桩下部分用钢丝绳捆扎绑牢，具体见图6.2-49。

图 6.2-49　履带起重机主、副钩配合起拔断桩至孔外

（3）若该节断桩过长，受低净空高度影响无法直接吊出套管外，则在孔口保持起吊状态，通过挖掘机铲斗配合将断桩在孔口折断（图6.2-50）。折断后履带起重机主、副钩配合继续起拔（图6.2-51），直至该节断桩完全拔出套管外。旧桩堆放在指定位置，由风炮破碎并收集钢筋废旧利用。

（4）旧桩堆放在指定位置，由风炮破碎并收集钢筋废旧利用，具体见图6.2-52。

14. 微型冲抓斗入套管内取土至下段断桩桩头

（1）将上段断桩拔出套管外之后，对套管内残留的土体采用微型冲抓斗冲抓取土。

（2）通过履带起重机起吊微型冲抓斗至套管上方，对准孔内释放冲抓斗落入套管内冲抓取土（图6.2-53），冲抓斗下落高度控制在3m左右，取土深度始终不超过套管沉入深度。将覆盖旧桩桩头以上土体取出，直至下一段旧桩头露出后停止。

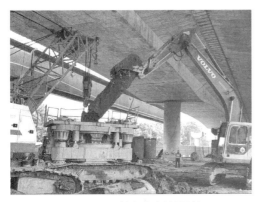

图 6.2-50　挖掘机折断旧桩

图 6.2-51　挖掘机配合履带起重机起拔断桩

图 6.2-52　现场拔出的旧桩

图 6.2-53　微型冲抓斗低净空冲抓取土

15. 重复旧桩分段拔除

（1）重复套管压入、楔形钎锤卡扭断桩、履带起重机拔桩、冲抓取土等低净空作业。

（2）按上述操作将各分段旧桩逐节拔出套管外。

16. 微型十字冲锤配合微型冲抓斗彻底清除残桩

（1）将分段旧桩逐节拔出套管后，根据拔出旧桩的长度判断地下是否还存有残留旧桩；由于旧桩桩端入岩，桩部残桩难以直接起拔，且残桩长度过短也无法通过微型楔形钎锤卡入扭断。为此，当孔底残桩长度小于 2m 时，改用微型十字冲锤冲击破除。

图 6.2-54　微型十字冲锤低净空冲击残桩

（2）将微型十字冲锤提至高处沿套管内释放落入，对孔底残桩进行冲击破碎，并配合微型冲抓斗将碎渣取出。微型十字冲锤低净空冲击残桩见图 6.2-54。

（3）冲锤入套管内冲击前，采用泥浆泵往套管内输送泥浆，使孔内保持一定泥浆液面高度，以平稳压住套管外水头，保持套管内外水压平衡，避免套管底部出现突涌而对桥基产生扰动。泵送泥浆至孔内见图 6.2-55，泥浆泵见图 6.2-56。

图 6.2-55　泵送泥浆至孔内

图 6.2-56　泥浆泵

17. 孔内回填水泥砂浆

（1）待套管内残桩以及碎渣彻底清除后，往孔内回填水泥砂浆，防止套管起拔后孔壁坍塌对周边地层及环境产生不良影响。

（2）水泥砂浆采用导管灌注，作业时将灌注架安放于套管口，导管分节起吊至孔内，单节导管长度 1.5m、内径 300mm（图 6.2-57）。

（3）在钻机平台灌注架接长导管并逐节向孔内下放，直至导管距孔底 30cm 左右，具体见图 6.2-58。

（4）导管安放到位后，起吊灌注料斗并将其与导管进行连接，灌注料斗容积 3.5m³，使初灌首斗水泥砂浆将导管底埋住不少于 1m，

图 6.2-57　短节灌注导管

具体见图 6.2-59。

图 6.2-58 套管口灌注架下放导管

图 6.2-59 初灌斗

（5）使用泵车泵送强度等级 M20 的超缓凝水泥砂浆（图 6.2-60），考虑到灌注、起拔导管、起拔套管的时间，水泥砂浆缓凝时间不小于 18h。

图 6.2-60 泵车输送水泥砂浆

（6）泵车在桥底外将臂架伸展，泵管慢慢延伸至灌注料斗，将水泥砂浆输送至灌注料斗（图 6.2-61），斗内灌满水泥砂浆后，上提灌注料斗底盖，使水泥砂浆顺着导管落至孔底（图 6.2-62）。

(a) 吊放料斗底盖板   (b) 料斗内输送水泥砂浆   (c) 料斗内装满水泥砂浆

图 6.2-61 灌注料斗装料过程

图 6.2-62　提升料斗盖板完成水泥砂浆初灌

（7）初灌完成后，拆卸初灌斗（图 6.2-63），改用泵管直接往套管内泵送水泥砂浆（图 6.2-64）。

图 6.2-63　拆卸初灌斗　　　　　　　**图 6.2-64　泵管套管内泵送水泥砂浆**

18. 逐节起拔套管

（1）为确保导管和套管顺利起拔，当水泥砂浆回填至孔内体积一半时，将灌注料斗卸除，开始起拔导管和套管。

（2）通过履带起重机将导管逐节拔出，孔内导管底部始终保持超出水泥砂浆回填面高度 2m 以上，导管起拔见图 6.2-65。拔出的导管集中堆放，并及时冲洗干净，现场导管冲洗见图 6.2-66。

图 6.2-65　起拔导管

图 6.2-66　起拔灌注导管冲洗

（3）起拔部分导管后，控制钻机将套管逐节拔除（图 6.2-67），套管底部保持超出水泥砂浆填灌高度 2m 以上。

19. 全套管全回转钻机自行移位

（1）待孔内填满水泥砂浆且全部拔除套管后，将全套管全回转钻机移位。

（2）拔除的套管冲洗干净，并集中堆放（图 6.2-68）。对水泥浆回填孔铺设钢筋网和设置防护围栏，以防发生掉落。

图 6.2-67　逐节起拔套管

图 6.2-68　套管拔出后集中堆放

6.2.7　机械设备配套

本工艺现场施工所涉及的主要机械设备见表 6.2-1。

主要机械设备配置表　　　　　　　　　　　　表 6.2-1

名称	型号	备注
履带式全套管全回转钻机	JAR-210H	回转钻进
低趴短臂履带起重机	郑宇重工 YTQU100HD	吊放器具

续表

名称	型号	备注
微型冲抓斗	直径1.2m,长度2m	低净空冲抓取土
微型钢套管	直径1500mm,底节长4m,标准节2m	切削土层、隔离旧桩
微型十字冲锤	直径1.2m,长度2m	低净空冲击破桩
微型楔形钎锤	圆弧直径1.38m,长度2m	配合钻机扭断旧桩
提水桶	直径1.2m,长度2m	入孔打水
全站仪	NIROPTS	桩位测量放线
挖掘机	VOLVO	平整场地,开挖土方
3PN泥浆泵	功率75kW	输送泥浆
风炮机	TOMATSU	破碎旧桩

6.2.8 质量控制

1. 高架桥下桥基范围加固防护

（1）桥墩设置固定监测点，保持高频率变形监控，发现变形超限立即报告，及时处理后再行施工。

（2）桥基场地采用MJS成排钻孔注浆加固防护，MJS桩径1.5m、桩距1.3m，各桩相互咬合。

（3）制作浆液时，水灰比按设计严格控制，压力表进行标定后使用，保证注浆效果。

（4）MJS在引孔过程中，保持钻机水平状态及钻杆垂直，引孔垂直偏差满足1/200以内。

（5）现场加固处理完成，并经检验合格后，再进行拔桩清障施工。

2. 全套管全回转钻机驱动套管钻进

（1）钻机行驶至桩位后，检查钻机机身水平度，并调整钻机回转机构中心与桩位中心对中。

（2）钢套管使用前，检查钢套管外观顺直度、圆度、直径，合格后使用。

（3）钢套管直径为旧桩直径的1.5倍左右，避免因套管过大，孔内土体过多，旧桩难以与土体分离。

（4）首节钢套管安装至钻机时，调整钢套管使其中心与桩位中心三者在同一直线。

（5）钻机开孔压入首节套管前，利用两个方向的垂直线，配合全站仪校核套管垂直度，并通过调整钻机支腿油缸使套管垂直度满足设计要求。

（6）当旧桩扩径过大时，采用套管底部合金刀齿慢慢切削，切削穿过扩径段；如果底部套管遇到旧桩钢筋，切削钻进下沉困难时，则采用冲击锤破碎处理。

3. 低净空分段拔桩

（1）微型楔形钎锤吊入前，考虑到旧桩钢筋笼每12m存在搭接薄弱处，确认套管深度超过旧桩头深度12m以上时进行旧桩扭断作业。

（2）对扭断分段的旧桩起拔时，在保持旧桩上提时，通过钻机反复上提、下压套管配合松动土体，以确保分段旧桩顺利拔除。

（3）每段旧桩拔出孔外后，通过卷尺测量并记录该段旧桩长度，以便掌握孔内旧桩残留深度。

（4）微型冲抓斗取土过程中，取土深度始终低于钢套管超前钻进深度，防止对桥基造成过大扰动。

（5）微型十字冲锤和冲抓斗彻底清除余下残余旧桩时，其深度不可超过套管护壁深度。冲抓前，往套管内输送泥浆，尽可能减少冲抓孔底对周边土体的扰动。

4. 孔内回填水泥砂浆及起拔套管

（1）导管初次使用前，进行压力试验，检查其密封性；连接时，加密封圈并连接紧固。

（2）考虑到低净空作业、灌注和套管起拔等导致时间过长，使用缓凝时间为18h的超缓凝水泥砂浆对拔除旧桩的孔内进行回填，确保套管顺利起拔。

（3）水泥砂浆回填保持不间断连续灌注，孔内水泥砂浆回填量达到要求后，分段顶拔套管。

（4）起拔钢套管时，孔内套管底部始终保持超出水泥砂浆面不小于2m，确保孔壁稳定。

6.2.9 安全措施

1. 高架桥下桥基场地加固防护

（1）钻孔注浆前，检查各机械器具，确保正常工作。

（2）高压泥浆泵、高压清水泵指定专人操作，管路连接可靠，防止连接处松脱。

（3）注浆过程中，作业人员穿戴防护用具，吊、放喷射管路时，严禁管下站人。

2. 全套管全回转钻机驱动套管钻进

（1）履带式全套管全回转钻机工作前，检查各部件状况，确保机械装置正常运行。

（2）施工作业区域，钻机作业半径外围设置警戒隔离防护措施，施工过程中不得随意撤除和破坏。

（3）起吊钢套管时，设专人指挥和旁站，防止起吊作业碰撞桥身和桥柱。

（4）钢套管接长时，钻机作业平台设立安全护栏和爬梯，站立在钻机平台上的作业人员系好安全带，谨防高处坠落。

3. 低净空分段拔桩

（1）夜间施工作业时，在现场配置足够的照明设施，确保夜间施工光线充足。

（2）吊放微型冲抓斗、十字冲锤、楔形钎锤至孔内时，严禁任何无关人员在起吊范围内。

（3）作业人员入孔捆绑系桩前，采用气体检测仪对孔内有毒、有害、可燃气体进行检测；操作人员入孔作业时，佩戴五点式安全带；随身携带对讲机，保持与起重机司机或地面指挥人员的畅通联系，以便及时应对突发情况；同时，保持孔内通风设备正常使用。

（4）低趴短臂履带起重机起吊拔桩前，复核起拔重量并估算起拔时最大摩阻力，严禁超负荷吊装作业。

（5）当从套管内拔出的断桩长度超出净空高度时，采用挖掘机在孔口破碎断桩，起重机配合分段将断桩取出。

（6）短臂履带起重机将旧桩拔出孔口旋转移动时，平衡操作，不得紧急制动，不在没有停稳前作反向旋转。

4. 孔内回填水泥砂浆

（1）泵车停放位置设置警戒区域，禁止无关人员进入，安排专职安全员及专监旁站。

（2）砂浆灌注前，对臂架泵灌注管进行检查，防止堵管。

6.3 旧桩拔除及新桩原位复建成套施工技术

6.3.1 引言

为满足城市建设发展用地逐渐减少的需求，城市更新是城市现代化建设的趋势。但由于城市更新存在大量拆旧建新，项目场地内施工势必存在一些原有建（构）筑物的旧基础桩，出现新建设项目桩基与旧桩重叠或部分重叠的现象。一般情况下，对于城市更新项目旧桩基的处理通常采用冲击破碎法，通过冲击锤将旧桩自上而下破碎，桩渣通过泥浆循环出孔，对于原桩内的钢筋笼冲断为短节，为便于后续新桩的顺利成孔，需要更换电磁铁吸附孔内旧桩残留的钢筋，工序操作繁琐，施工速度慢，处理时间长。此外，旧桩废除后施工新桩时，旧桩孔中的回填土极易产生塌孔现象，使新桩基的施工质量难以得到有效保证。

深圳南山区泰然工业区某厂房旧改项目，旧桩桩径为 1000mm、桩长 23m，新建桩直径 1400mm、桩长 28m。为此，项目组对"旧桩拔除及新桩原位复建成套施工技术"进行了研究，采用全套管全回转钻机将旧桩拔除，对旧桩孔段采用水泥搅拌土密实回填，新基础桩采用深长护筒护壁、旋挖成孔等综合施工工艺，大大提高了旧桩处理效率，同时也提高了新桩的成桩质量，形成了一套旧桩拆除及新桩原位复建成套施工技术。

6.3.2 工艺特点

1. 拔桩工效提高

本工艺采用全套管全回转钻机围绕旧桩周钻进，并直接将废桩拔出，处理旧桩耗时短。以直径 1m、桩长 23m 的旧桩为例，采用本工艺只需 1 天时间，施工效率大大提高。

2. 拔桩施工安全

本工艺拔除旧桩时，旧桩被钢套管完全套住，拔桩过程对周边影响小；之后在拆除套管的同时，采用水泥搅拌土进行旧桩孔段回填，有效保证了空桩段的稳定，施工安全可靠。

3. 成桩质量可靠

本工艺新桩钻进采用深长护筒护壁，再辅以护筒内泥浆护壁，加上下部旧桩孔段水泥搅拌土回填，有效避免了新桩成孔时塌孔，有效地确保了新桩成桩质量。

4. 绿色文明环保

本工艺采用全套管全回转钻机整体拔除旧桩，整个拔桩施工过程中未使用泥浆，有利于施工场地的文明施工，符合绿色环保要求。

6.3.3 工艺原理

本工艺对旧桩拔除及新桩原位复建成套施工技术进行研究，其关键技术主要包括以下三方面：一是旧桩整体拔除技术；二是空孔段回填技术；三是深长双护筒安放定位技术。

1. 旧桩全套管全回转钻机拔除技术

利用全套管全回转钻机拔除旧桩，其主要原理利用全套管全回转钻机产生的下压力和扭矩，将比旧桩直径大的钢套管以旧桩为中心回转切削并下沉，利用钢套管内壁和桩体之间的摩擦力把桩体扭断，断后的桩体用冲抓斗或者捆扎吊出，再依次下沉钢套管，直至整个桩体被清除。钢套管回转切削是利用钻机的套管将桩身与桩身周围的土体分离以减少桩身与周围土体的摩擦力，在拔除旧桩时只需考虑桩体的自重，而不必考虑桩体与周围土体的摩擦力，从而大大降低桩身拔除的难度。

2. 空孔段回填技术

旧桩拔除后，空孔段采用水泥与土搅拌后回填，经过水泥搅拌之后的混合土体形成一种独特的水泥土结构，搅拌越充分，土块被粉碎得越小，水泥分布到土中越均匀，则水泥土结构强度的离散性越小，其整体强度也较高。因此，水泥土回填能够起到加固空孔段的作用，并为后续在空孔段周边施工新桩提供有利的施工条件。

3. 深长护筒埋设技术

考虑到空孔段回填后对新桩成孔钻进的影响，新桩钻孔采用深长护筒护壁，护筒长度根据场地地层情况确定，现场采用旋挖引孔、振动锤下入工艺，确保孔壁稳定。

6.3.4　适用范围

适用于城市更新项目场地内旧桩拔除、新桩原位复建灌注桩工程施工。

6.3.5　施工工艺流程

旧桩拔除及新桩原位复建成套施工工艺流程见图 6.3-1。

6.3.6　工艺操作要点

1. 场地平整

（1）对旧桩周围的场地进行平整，在旧桩基周边铺设路基箱板。

（2）施工前，根据旧桩图纸测放出旧桩位置，并设置 4 个护桩。

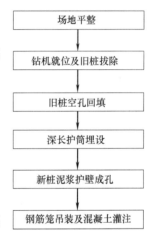

图 6.3-1　旧桩拔除及新桩原位复建成套施工工艺流程

2. 钻机就位及旧桩拔除

（1）本项目旧桩为直径 1000mm 灌注桩，采用 DTR2106H 全套管全回转钻机进场，采用"套管回转切削"的方法拔除旧桩。

（2）钻机定位前，先吊设定位基板，再在基板上吊放钻机，就位时调整钻机水平，并使钻机回转机构中心点与已定位的旧桩中心保持一致，并将直径 1600mm 钢套管吊放钻机回转机构内。全套管全回转钻机套管就位见图 6.3-2。

（3）由全套管全回转钻机驱动钢套筒旋转切削旧桩周边的土体，将旧桩与桩周边的土体分离，减少桩身侧摩擦力。

（4）在钢套管旋转切削桩周边土体的同时，钢套管沉入到预定深度。在钢套管逐步下压的同时，用冲抓斗在套管内取土，并使旧桩顶的钢筋裸露。

（5）将旧桩的钢筋与预先准备的钢板捆绑焊接牢固，使用吊装能力满足要求的履带起重机在全套管全回转钻机的配合下，将旧桩基从钢套管内分段拔除，具体见图 6.3-3。

图 6.3-2　全套管全回转钻机套管就位

图 6.3-3　履带起重机分段吊出旧桩

3. 旧桩空孔回填

（1）旧桩清除后，对旧桩空孔进行回填，回填材料选用水泥搅拌土，水泥掺量不少于7％，水泥土现场搅拌见图 6.3-4。

（2）回填水泥搅拌土在旧桩拔除后的钢套管内进行。

（3）水泥搅拌土回填速度和拔除钢套管速度保持协调，确保钢套管在水泥土中的埋深在 3m 左右，防止周边土体塌孔。

（4）回填至孔口、套管拔出后，将全套管全回转钻机移位。

4. 深长护筒埋设

（1）全套管全回转钻机移位后，对旧桩孔场地进行平整压实，测量工程师对新建桩位进行放样定位。

（2）对桩中心采用"十字线"设置 4 个护桩，以便于孔口护筒埋设。

（3）孔口采用直径 1600mm、长 6m 的护筒护壁，护筒壁厚 30mm，采用液压振动锤夹持护筒，并引出四个护桩中的 3 个点进行定位，再缓慢振动沉入，见图 6.3-5。

图 6.3-4　挖掘机现场拌合水泥回填土

图 6.3-5　振动锤下沉孔口护筒

5. 新桩泥浆护壁成孔

（1）新桩采用 BG30 旋挖钻机钻进，土层采用钻斗取土钻进，入岩采用旋挖钻筒环切、取芯钻进，孔内采用优质泥浆护壁。新桩旋挖钻进见图 6.3-6。

（2）成孔深度达到设计要求后，采用捞渣钻斗清孔。

6. 钢筋笼吊装及混凝土灌注

（1）钢筋笼采用起重机吊放，吊装时对准孔位，吊直扶稳，缓慢下放。笼体下放到设计位置后，在孔口采用笼体限位装置固定，防止钢筋笼在灌注混凝土时出现上浮下窜。

（2）安放灌注导管前，对每节导管进行检查，第一次使用时现场进行密封水压试验；导管连接部位加密封圈及涂抹黄油，确保密封可靠；导管接长安装至距孔底 300～500mm，并调接搭配好导管长度。

（3）在灌注前，测量孔底沉渣厚度，沉渣厚度超标则采用气举反循环二次清孔；沉渣厚度满足要求后，及时灌注混凝土。

（4）在孔口导管口吊装初灌料斗，安放球胆作为隔水塞，盖好料斗底口密封盖板。在充分湿润料斗后，将罐车内混凝土直接卸入料斗，当料斗即将装满时，采用副卷扬将盖板提出，并同步加大混凝土卸料速度，完成桩身混凝土初灌，见图 6.3-7。

图 6.3-6 新桩泥浆护壁成孔

图 6.3-7 新桩混凝土初灌

（5）混凝土灌注正常过程中，定期用测绳检测孔内混凝土面上升高度，适时拆卸导管，始终保持导管埋深控制在 2～4m。

（6）考虑桩顶有一定的浮浆，桩顶混凝土超灌高度 80～100cm，以保证桩顶混凝土强度，同时又要避免超灌太多而造成浪费。

6.3.7 主要机械设备

本工艺现场施工所涉及的主要机械设备见表 6.3-1。

主要机械设备配置表　　　　　　　　　　　　　　　　表 6.3-1

名称	型号	备注
全套管全回转钻机	DTR2106H	拔桩设备
液压动力站	200kW	拔桩设备配套
履带起重机	100t	套管安拆、拔桩及吊装
钢套管	直径 1600mm	回转切削拔桩
电焊机	DX1-250A-400A	焊接、制作钢筋笼
路基箱板	2000mm×6000mm	拔桩设备钢平台
旋挖钻机	宝峨 BG30	钻进
护筒	长 6m	深长护筒护壁
泥浆泵	3PN	泥浆循环

6.3.8　质量控制

1. 旧桩拔除

（1）全套管全回转钻定位时，调整钻机的水平和垂直度，使钢套管中心与已定位的旧桩中心基本保持一致。

（2）钢套管回转切削下沉时，使钢套管底部完全套住旧桩。

（3）在钢套管逐步下压的同时，用冲抓斗抓出套管内的渣土，使旧桩的钢筋裸露。

（4）将旧桩桩头钢筋与起吊钢板捆绑、焊接牢固，在全套管全回转钻机配合下将旧桩拔出。

（5）拔桩使用吊装能力满足要求的履带起重机作业，整体或分段将旧桩拔出。

（6）拔桩尽可能将孔底的桩身混凝土残留清除干净。

2. 新桩复建

（1）旋挖钻机就位时，钻机履带下铺设路基板，防止钻进过程中钻机发生不均匀下陷。

（2）安放孔口深长护筒时，可先采用旋挖钻机上部先引孔，再用振动锤吊入护筒，护筒扶正后振动下沉到位。

（3）新桩成孔过程中，始终采用优质泥浆护壁，防止发生塌孔。

（4）钻进终孔后，进行孔底捞渣清孔。

（5）混凝土使用商品混凝土，进场时对每罐车混凝土进行坍落度检测，满足要求后灌注。

（6）初灌时，保持导管埋管深度不小于 1.0m；灌注过程中，始终保持导管埋深控制在 2~4m。

6.3.9　安全措施

1. 旧桩拔除

（1）全套管全回转钻机作业平台上设置安全护栏，无关人员不得登高作业。

（2）全套管全回转钻机与液压动力站之间的油管连接牢靠，防止渗漏。

（3）全套管全回转钻机回转切削套管钻进时，始终保持套管底低于抓斗取土面。

（4）当旧桩桩头钢筋露出，人员入孔捆绑桩头时，切实做好抽水、通风等各项安全防护工作。

（5）吊机配备司索工指挥，起吊出的旧桩按指定位置堆放。

2. 旧桩复建

（1）旧桩拔除后，及时用水泥土回填，确保孔位处密实，防止出现沉陷。

（2）孔口下入深长护筒护壁，保证孔口地面的安全稳定。

（3）吊放深长护筒、钢筋笼入孔时，由司索工指挥，安全员全程旁站监督，并严格按吊装要求实施作业。

（4）灌注成桩后，由于在地面施工存在较深的空孔，做到及时回填，并做好标识，防止钻机或起重机行进时发生倾倒。

第7章　全套管全回转钢管结构柱后插定位新技术

7.1　逆作后插法钢管柱旋挖与全套管全回转组合"三线一角"综合定位技术

7.1.1　引言

当地下结构采用逆作法施工时，常规采用工程桩插入格构柱或钢管结构柱等形成顶撑结构，后期利用所插入的格构柱或钢管结构柱与主体结构结合形成永久性结构，随着我国科技水平及建筑技术的不断发展，越来越多的建筑项目采用逆作法组织施工，其中基础工程桩与钢管结构柱结合，形成永久性结构为常见形式之一。钢管结构柱施工时，其中心线、垂直线、水平线、方位角的准确定位具有较大的难度，是逆作法钢管结构柱施工中的关键技术控制指标。

2020年6月，深圳罗湖区翠竹街道木头龙小区更新单元项目基础工程开工。本工程拟建13栋高层、超高层塔楼，采用顺作法与逆作法结合施工。基础设计采用大直径旋挖机灌注桩，最大设计直径为2800mm，上部永久性结构柱采用钢管结构柱形式，并在裙楼负一层、核心筒第一层及主塔楼外围巨柱结构第六层分别转换成钢筋混凝土结构。该工程钢管结构柱设计采用后插法施工工艺，钢管结构柱最大直径为1900mm、最大长度为26.85m。该工程逆作区设计对钢管结构柱安装的平面位置、标高、垂直度、方位角的偏差控制要求极高，整体施工难度大。

目前，对于逆作法施工中钢管结构柱后插法施工工艺，常采用定位环板法进行施工，其主要方法是以孔口安放的深长钢护筒为参照，在安放的钢管结构柱上分段设置的多层定位钢结构环板实施定位。采用该方法定位时，预先按设计精度要求埋设预定直径的护筒，并在钢管结构柱柱体上根据设计精度要求焊接安装预定直径的定位环板，钢管结构柱安装由定位环板与护筒内壁控制钢管结构柱的垂直度及平面位置偏差，并逐步下压至设计柱顶标高，定位环板安放见图7.1-1。常规理解只要带有定位环板的钢管结构柱能下入至设计位置，就表明钢管结构柱的安装满足设计精度要求，但由于受护筒安放过程的偏差影响，往往超长的钢护筒会出现一定程度的垂直度偏差，使钢管结构柱出现一定程度的偏差，严重情况可能出现定位环板被卡位而无法安放到位，对施工进度及结构实体质量造成较大的影响。

图7.1-1　钢管结构柱定位环板安放

针对上述情况，项目组提出逆作法大直径钢管结构柱全回转"三线一角"综合定位技术，确保钢管结构柱安插中心线、垂直线、水平线及方位角的精确定位施工；该方法在灌注桩成桩后，通过对孔口护筒和定位平衡板分别设置十字交叉线，根据"双层双向定位"原理对定位平衡板进行定位，进而保证全套管全回转钻机就位精度；在全回转抱插钢管结构柱下放过程中，利用全站仪、激光铅垂线、测斜仪全方位实时监控钢柱垂直度；在钢管结构柱下放过程持续加水，利用全套管全回转钻机抱住工具节抱箍向下的下压力、钢管结构柱自重及注水重力，克服大直径钢管结构柱下插时泥浆及混凝土对钢管结构柱的上浮阻力，确保钢管结构柱安放至指定标高，保证水平线位置准确；在工具柱顶部设置方位角定位标线，对齐钢管结构柱梁柱节点腹板，并根据钢结构深化设计图纸、构造模型等设置方位角控制点，在钢管结构柱中心与控制点之间设置校核点，使中心点、定位点、校核点、控制点形成四点一线，从而保证钢管柱方位角与设计一致，确保后续钢管结构柱间结构钢梁的精准安装。

7.1.2 工程实例

1. 工程概况

深圳罗湖区翠竹街道木头龙小区更新单元项目占地面积 5.69 万 m^2，项目同期建设 13 栋 80～200m 的塔楼，包含住宅、公寓、保障房、商业、音乐厅等；7～12 号楼为回迁房，业主合同要求需要在 38 个月内交付，工期非常紧。经过与业主和设计单位反复研讨，为满足工期和成本要求，项目最终采用中顺边逆法（中心岛区域顺作施工，周边逆作施工）进行地下室施工。

项目基础地下室部分逆作区面积约 3.25 万 m^2，地下 4 层，基坑开挖深度约 19.75～26.60m。基础设计为"灌注桩＋钢管结构柱"形式，基坑底以下为大直径旋挖灌注桩，地下室及上部结构转换层以下部分采用钢管结构柱形式，该工程逆作区地下室采用钢结构结合楼层板施工，并利用钢管结构柱与地下室结构梁板、地下连续墙结合形成环形内支撑结构体系。

2. 地层情况

本项目场地自上而下主要地层包括：

(1) 素填土：厚度 0.30～5.10m，平均厚度 2.00m；主要由黏性土及砂质成分组成，含少量建筑垃圾，局部为 10～30cm 厚混凝土层，顶部夹填石、块石，直径达 30～40cm，含量占 20%～40%。

(2) 杂填土：厚度 0.50～6.50m，平均厚度 2.37m；主要由混凝土块、砖渣组成。

(3) 泥炭质黏土：厚度 0.3～5.0m，平均厚度 1.45m；主要由泥炭及炭化木组成，底层含砂。

(4) 含砂黏土：厚度 0.60～8.70m，平均厚度 2.82m，局部夹有少量粉细砂。

(5) 粉砂：厚度 0.30～7.50m，平均厚度 2.69m，局部夹有少量有机质或中砂团块。

(6) 含黏性土中粗砂：厚度 0.50～6.00m，平均厚度 2.66m，局部夹有少量石英质卵石或砾砂。

(7) 砂质黏性土：厚度 0.70～27.10m，平均厚度 7.06m。

(8) 全风化混合岩：褐黄、灰褐色，厚度 0.40～16.60m，平均厚度 5.60m。

（9）强风化混合岩（土状）：厚度 3.50～23.90m，平均厚度 10.18m。

（10）强风化混合岩（块状）：厚度 0.10～35.40m，平均厚度 5.11m。

（11）中风化混合岩：厚度 0.20～13.27m，平均厚度 7.17m。

（12）微风化混合岩：揭露平均厚度 3.07m。

根据钻探资料和剖面图分析，由于灌注桩为大直径、超深孔钻进，为防止上部填土、含砂黏土、粉砂、中粗砂、砾砂的垮孔，确定灌注桩成孔时孔口下入 11.5m 钢护筒护壁。

3. 设计要求

本项目基坑开挖逆作区设计工程桩 632 根，最大桩径 2800mm、最大孔深 73.5m，桩端进入微风化岩 500mm。钢管结构柱设计采用后插法工艺，插入灌注桩顶以下 $4D$（D 为钢管结构柱直径或最大边长）；钢管结构柱直径最大 1900mm、最长 26.85m、最大质量 61.78t。钢管结构柱平面位置偏差≤5mm，安装标高控制偏差≤5mm，垂直度控制偏差≤1/1000，方位角控制偏差≤5°。

4. 施工方案选择

本项目进场后，对结构柱定位施工方案进行了多方多次认证，并多次召开专家会研讨，经反复对各种方案的可靠性进行了讨论，最终采用如下施工方案：

（1）孔口安放深长护筒护壁。

（2）采用大扭矩旋挖钻机成孔，气举反循环二次清孔。

（3）钢管结构柱采用全套管全回转钻机定位。

5. 施工情况

（1）施工概况

本项目于 2020 年 6 月开工，采用宝峨 BG46 和 SR485、SR445 大扭矩旋挖钻机施工，使用泥浆净化器处理泥浆；孔口护筒采用单夹持振动沉入，或采用多功能钻机回转安放；钻孔终孔后，采用空压机气举反循环二次清孔；钢管柱采用厂家订制、现场专业拼接，定位采用 JAR260 型全套管全回转钻机；施工过程中，采用旋挖硬岩分级扩孔、钢筋笼与声测管同步定位安装、钢管结构柱内灌水增加自重定位、钢管结构柱内装配式平台灌注混凝土等多项专利技术，有效实施对钢管结构桩的"三线一角"（中心线、垂直线、水平线、方位角）的控制。

项目施工现场旋挖成孔见图 7.1-2，全套管全回转钻机安放钢管结构柱见图 7.1-3，施工现场见图 7.1-4。

图 7.1-2　旋挖成孔

图 7.1-3　全套管全回转钻机安放钢管结构柱

图 7.1-4　灌注桩及全套管全回转钻机钢管结构柱定位施工现场

（2）工程验收

本项目桩基工程于 2021 年 3 月完工，经界面抽芯、声测及开挖验证，各项指标满足设计和规范要求，达到良好效果。钢管结构柱开挖后现场见图 7.1-5～图 7.1-7。

图 7.1-5　基坑开挖后钢管结构柱

图 7.1-6　基坑逆作法开挖后的钢管结构柱

图 7.1-7　基坑中顺边逆开挖

7.1.3　工艺特点

1. 定位精度高

本工艺根据"三线一角"定位原理，在钢管结构柱施工过程中，制订对中心线、垂直线、水平线以及方位角进行全方位综合定位措施，采用大扭矩旋挖机钻进成孔、全套管全回转钻机高精度下插定位，并采取全站仪、激光铅垂仪、测斜仪综合监控，使钢管结构柱施工完全满足高精度要求，保证了钢管结构柱的施工质量。

2. 综合效率高

本工艺钢管结构柱与工具柱在工厂内预制加工并提前运至现场，由具有钢结构资质的专业单位采用专用对接平台进行对接，提升了作业效率；桩孔采用大扭矩旋挖机钻进，对深长孔的施工效率提升显著；采用全套管全回转钻机后插法定位，多技术手段监控，精度调节精准、快捷，综合施工效率高。

3. 绿色环保

本工艺旋挖机成孔产生的渣土放置在专用的储渣箱内，施工过程中泥头车配合及时清运，有效避免了渣土堆放影响安全文明施工形象；现场使用的泥浆采用大容量环保型泥浆箱储存、调制、循环泥浆，并采用泥浆净化器对进入泥浆循环系统的灌注桩二次清孔泥浆进行净化，提高泥浆利用率，减少泥浆排放量，实现现场绿色环保施工。

7.1.4　适用范围

适用于基坑逆作法钢管结构柱直径不大于 1.9m 后插法定位施工。

7.1.5　工艺原理

本工艺针对逆作法大直径钢管结构柱施工定位技术进行研究，通过对"三线一角"（中心线、垂直线、水平线、方位角）综合定位技术，使钢管结构柱施工精准定位，安插精度满足设计要求。

1. 中心线定位原理

中心线即中心点，其定位贯穿钢管结构柱安插施工的全过程，包括钻孔前桩中心点放样、旋挖钻机钻孔中心定位、孔口护筒中心定位、全套管全回转钻机中心点和钢管结构柱下插就位后的中心点定位。

（1）桩中心点定位

桩位测量定位由专业测量工程师负责，利用全站仪进行测量，桩位中心点处用红漆做出三角标志，并用十字交叉法设置 4 个护桩。

（2）旋挖钻机钻孔中心线定位

旋挖机根据桩定位中心点标识进行定位施工，根据"十字交叉法"原理，钻孔前从桩中心位置引出 4 个等距离的定点位，并用钢筋支架做好标记；旋挖机钻头就位后用卷尺测量旋挖机钻头外侧 4 个方向点位的距离，使 $d_1 = d_2 = d_3 = d_4$（图 7.1-8、图 7.1-9），保证钻头就位的准确性；确认无误后，旋挖机下钻先行引孔，以便后继下入孔口护筒。

（3）孔口护筒安放

孔口护筒定位采用旋挖钻孔至一定深度后，使用振动锤下护筒；振动锤沉入护筒中心

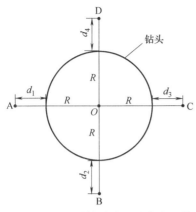

图 7.1-8 旋挖钻孔定位十字交叉线

图 7.1-9 旋挖钻孔中心线定位

定位,同样根据"十字交叉法"原理,利用旋挖钻头定位时留下的桩外侧至桩中心点 4 个等距离点位;在振动锤下护筒时,采用两个互为垂直方向吊垂线控制护筒垂直度,并用卷尺实时测量 4 个点位至护筒外壁的距离,使护筒中心线与桩中心线保持重合。当护筒下至指定高度后,复测护筒标高以及中心线位置。护筒中心线定位见图 7.1-10。

（4）全套管全回转钻机中心定位

在安插钢管结构柱前,对全套管全回转钻机中心线进行精确定位,以保证钢管结构柱中心线的施工精度。

定位基板作为全套管全回转钻机配套的支撑定位平台,根据全套管全回转钻机 4 个油缸支腿的位置和尺寸,设置 4 个相应位置和尺寸

图 7.1-10 护筒中心线定位

的限位圆弧,当全套管全回转钻机在定位基板上就位后,两者即可满足同心状态,全套管全回转钻机油缸支腿和定位基板限位圆弧对应就位见图 7.1-11。

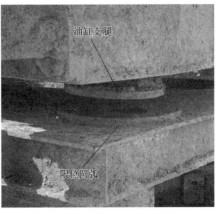

图 7.1-11 全套管全回转钻机油缸支腿和定位基板限位圆弧对应就位

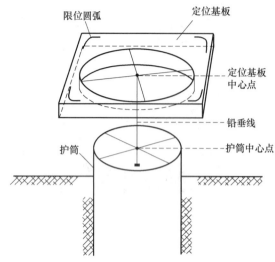

限位圆弧　　　　　定位基板

定位基板中心点

铅垂线

护筒　　　　　　　护筒中心点

图 7.1-12　双层双向中心定位原理示意图

本工艺采用"双层双向定位"技术，进行全套管全回转钻机相关组件的定位偏差控制，即：孔口护筒设置"十字交叉线"引出桩位中心点，定位基板上再设置一层"十字交叉线"引出基板中心点，并在基板中心点引出一条铅垂线，定位基板吊放至护筒后，将定位基板中心点引出的铅垂线对齐护筒中心点，使定位基板的中心线与桩中心线重合。

定位基板定位后，将全套管全回转钻机吊运至定位平衡板，微调全套管全回转钻机油缸支腿进行调平就位后，即可保证全套管全回转钻机中心线精度。双层双向中心定位原理和现场见图 7.1-12、图 7.1-13。

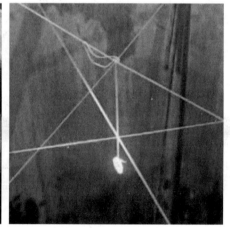

图 7.1-13　双层双向中心定位现场

2. 垂直线定位原理

垂直线定位是指钢管结构柱的垂直度，其定位精度控制包括以下两方面：

（1）钢管结构柱与工具柱对接垂直度控制

钢管结构柱之间、钢管结构柱与工具柱对接的垂直度控制，是保证钢管结构柱安插施工垂直度精度的前提。本钢管结构柱和工具柱委托具备钢结构制作资质的专业单位承担制作，运至施工现场后，由具备钢结构施工资质的单位在专用对接平台上进行现场对接，以保证柱间对接后的中心线重合，以使整体垂直度满足要求。

（2）钢管结构柱安插施工垂直度控制

钢管结构柱安插垂直度是基坑逆作法钢管结构柱施工的一个重要指标，在全套管全回转钻机夹紧装置抱插钢管结构柱下放过程中，利用全站仪、激光铅垂仪、铅垂线以及测倾仪等多种方法，全过程、全方位实时监控钢管结构柱垂直度指标。全站仪和铅垂线分别架设在与钢管结构柱相互垂直的两侧，对工具柱进行双向垂直度监控；测倾仪的传感器设置在工具柱顶部，能够实时监测钢管结构柱垂直度。当钢管结构柱下插过程中产生垂直度偏差时，可对全套管全回转钻机 4 个独立的油缸支腿高度进行调节，从而校正钢管结构柱的垂直度偏差。全站仪监控柱身垂直度原理图见图 7.1-14。

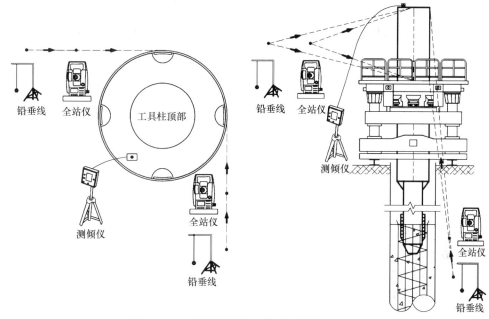

图 7.1-14　钢管结构柱下放垂直度监测原理图

3. 水平线定位原理

水平线即指钢管结构柱定位后的设计标高控制，由于钢管结构柱直径大，其下插过程受到灌注桩顶混凝土的阻力和柱内泥浆的浮力，其稳定控制必须满足下插力与上浮阻力的平衡。

（1）钢管结构柱边注水边下插标高控制

钢管结构柱安装起重吊装前，首先进行钢管结构柱浮力计算，确定是否需要注水增加柱体的重量，用以抵抗泥浆流体上浮力，以及混凝土对钢柱下插产生的贯入阻力。本工艺所安装的钢管结构柱直径为 1900mm，属于大直径钢管结构柱，结构上其底部为密闭设计，其下插时浮力大。经过模拟下插模型的浮力计算分析，安插钢管结构柱时需要在柱内加注清水，配合钢管结构柱、工具柱自重以及全套管全回转钻机夹紧装置下插力，以克服钢管结构柱下插时所产生的浮力，将钢管结构柱下插到设计水平线标高。

（2）钢管结构柱水平线复测

钢管结构柱定位后的水平线位置，通过实测工具柱顶标高确定。钢管结构柱下插到位后，现场对其顶标高进行测控。在工具柱顶部平面端选取 A、B、C、D 四个对称点位并分别架设棱镜，通过施工现场高程控制网的两个校核点，采用全站仪对其进行标高测设并相互校核，水平线标高误差控制在±5mm 以内。水平线定位原理见图 7.1-15。

4. 方位角定位原理

（1）钢管结构桩方位角定位重要性

基坑逆作法施工中，先行施工的地下连续墙以及中间支承钢管结构柱，与自上而下逐层浇筑的地下室梁板结构通过一定的连接构成一个整体，共同承担结构自重和各种施工荷载。在钢管结构柱安装时，需要预先对钢管结构柱腹板方向进行定位，即方位角或设计轴线位置定位，使基坑开挖后地下室底板钢梁可以精准对接。因此，方位角的准确定位对于钢管结构柱施工极其重要一环。地下室底板柱间腹板节点钢梁连接见图 7.1-16。

图 7.1-15　水平线定位原理

图 7.1-16　地下室底板柱间腹板节点与钢梁对接

（2）方位角定位线设置

钢管结构柱和工具柱对接完成后，在工具柱上端设置方位角定位线，使其对准钢管结构柱腹板。方位角定位线与钢管结构柱腹板对齐见图 7.1-17。

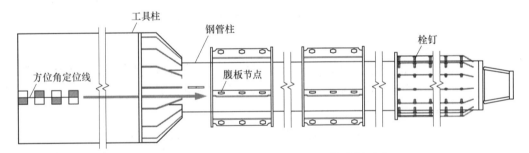

图 7.1-17　方位角定位线与钢管结构柱腹板对齐

（3）方位角定位操作

本工艺根据"四点一线"原理对方位角进行定位。

A 点为工具柱中心点，即钢管结构柱中心点，用棱镜标记；B 点为方位角标示线位置，其标注于工具柱上；C 点和 D 点位于设计图纸上两桩中点连线，即钢梁安装位置线上，D 点设全站仪用于定位方位角，C 点设棱镜用于校核。

当钢管结构柱安插至设计标高后，方位角会存在一定的偏差。此时，首先将 D 点处全站仪对准校核点 C 处的棱镜，定出钢梁安装位置线。其次，将全站仪目镜上移至工具柱中心点 A 处棱镜，校核钢管结构柱中心点位置，确保 A、C、D 三点处于同一直线上。再次，将全站仪目镜调至工具柱顶部，通过全套管全回转钻机夹紧装置旋转工具柱，使得 A、B、C、D 四点共线，即方位角定位线位于钢梁安装位置线上。最后，再利用全站仪复核 A 点和 C 点，完成钢管结构柱方位角定位。钢管结构柱方位角定位见图 7.1-18。

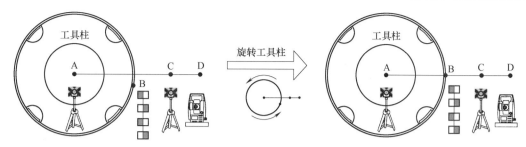

图 7.1-18 钢管结构柱方位角定位

7.1.6 施工工艺流程

逆作法大直径钢管结构柱旋挖与全套管全回转组合"三线一角"综合定位施工工艺流程见图 7.1-19。

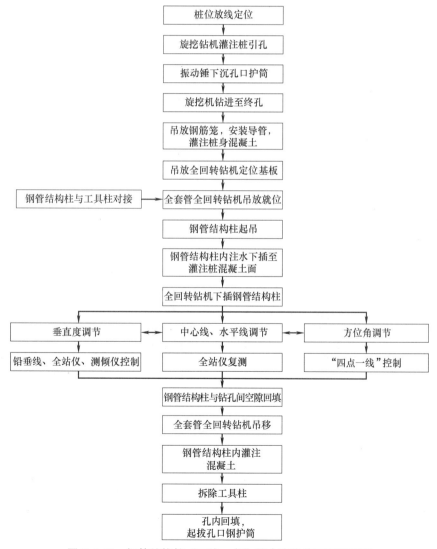

图 7.1-19 钢筋结构柱"三线一角"综合定位施工工艺流程

7.1.7　工序操作要点

以深圳罗湖区翠竹街道木头龙小区更新单元项目基础工程最大桩径 2800mm、最大孔深 73.5m，钢管结构柱直径最大 1900mm、最长 26.85m 为例。

1. 桩位放线定位

（1）旋挖机、全套管全回转设备等均为大型机械设备，对场地要求高，钻机进场前首先对场地进行平整、硬地化处理；合理布置施工现场，清理场地内影响施工的障碍物，保证钻机有足够的操作空间。

（2）利用全站仪定位桩中心点位，确保桩位准确。

（3）以"十字交叉法"将护桩引到四周，用钢筋支架做好护桩，桩位中心点处用红漆做出三角标志，见图 7.1-20。

图 7.1-20　现场桩位放线定位

2. 旋挖钻机灌注桩引孔

（1）由于灌注桩钻进孔口安放深长护筒，为便于护筒顺利下入，先采用旋挖钻机引孔钻进，孔深以不发生孔口垮塌为前提。

（2）根据场地勘察孔资料，上层分布混凝土块和填石，旋挖开孔遇混凝土硬块时，则采用牙轮钻筒钻穿硬块；进入土层则改换旋挖钻斗取土，以加快钻进速度；开孔时，根据引出的孔位十字交叉线，准确量测旋挖机钻头外侧 4 个方向点位的距离，保证钻头就位的准确性。旋挖钻头开孔前测量孔位见图 7.1-21，土层旋挖钻斗取土钻进见图 7.1-22，旋挖钻机现场开孔钻进见图 7.1-23。

图 7.1-21　旋挖钻头开孔前测量孔位

图 7.1-22　土层旋挖钻斗取土钻进

图 7.1-23　旋挖钻机现场开孔钻进

（3）旋挖钻进时采用泥浆护壁，在钻孔前先制备护壁泥浆。泥浆现场配制采用大容量泥浆箱储存、调制，并采用泥浆净化器对进入泥浆循环系统的泥浆进行净化。泥浆净化器见图 7.1-24，泥浆存储箱见图 7.1-25。

图 7.1-24　泥浆净化器

图 7.1-25　泥浆存储箱

3. 振动锤下沉孔口护筒

（1）本项目选用直径 2.8m、长度 11.5m、壁厚 50mm 的钢护筒，护筒由专业钢构厂加工制作，现场使用的钢护筒见图 7.1-26。采用 DZ-500 型单夹持振动锤，激振力为 500kN，单夹持振动锤见图 7.1-27。

图 7.1-26　现场使用的钢护筒

图 7.1-27　DZ-500 型单夹持振动锤

（2）旋挖钻机引孔钻进至 9～10m 后，采用起重机将钢护筒吊放入引孔内并扶正，再采用振动锤下沉护筒，在振动锤的激振力与护筒重力作用下将护筒沉入，直至护筒口高出地面 30～50cm。钢护筒吊放入孔见图 7.1-28，振动锤沉放钢护筒过程见图 7.1-29。

图 7.1-28　钢护筒吊放入孔

图 7.1-29　振动锤沉放钢护筒过程

图 7.1-30　钻机辅助振动锤沉放钢护筒

（3）钢护筒沉放过程中，如出现沉放不均匀时，可采用旋挖钻机钻杆辅助振动锤下沉安放，具体见图 7.1-30。

（4）钢护筒沉放过程中，实时监控护筒垂直度和平面位置，位置偏差不得大于 20mm，具体见图 7.1-31；钢护筒安放到位后，采用测量仪复核护筒中心点位置，确保安放满足要求，具体见图 7.1-32。

4. 旋挖机钻进至终孔

（1）护筒安放复核确认后，将旋挖钻机就位开始钻进。

（2）采用宝峨 BG46 旋挖机进行钻进成孔，钻进过程配合泥浆护壁，具体见图 7.1-33、图 7.1-34。

图 7.1-31　护筒沉放时平面位置量测

图 7.1-32　护筒中心点复核

图 7.1-33　旋挖钻斗钻进

图 7.1-34　旋挖钻进成孔

（3）对于桩端入中、微风化岩，则采用旋挖钻筒分级扩孔、钻斗捞渣工艺进行钻进。

（4）在钻进至设计深度时，采用捞渣钻头进行一次清孔。

（5）清孔完成后，对钻孔进行终孔验收，验收指标包括孔径、孔深、垂直度、持力层等。

5. 吊放钢筋笼，安装导管，灌注桩身混凝土

（1）钢筋笼按设计图纸在现场加工场内制作，主筋采用丝扣连接，箍筋采用滚笼机进行加工，箍筋与主筋间采用人工点焊，钢筋笼制作完成后进行隐蔽验收，钢筋笼现场制作及验收见图 7.1-35。钢筋笼采用起重机吊放，吊装时对准孔位，吊直扶稳，缓慢下放。鉴于基坑开挖较深，灌注桩设置有 4 根声测管，为便于空孔段声测管安装，现场采用专门设置的笼架吊装定位技术，一次性将声测管进行吊装和连接，具体见图 7.1-36。

图 7.1-35 钢筋笼现场制作及验收

（2）本项目为大直径桩，采用直径 300mm 导管灌注桩身混凝土；导管安放完毕后，进行二次清孔；清孔采用气举反循环工艺，循环泥浆经净化器分离处理。灌注导管安装见图 7.1-37，二次清孔见图 7.1-38。

（3）二次清孔完成后，在 30min 内灌注桩身混凝土；初灌采用 6.0m³ 灌注斗，在料斗盖板下安放隔水球胆，在混凝土即将装满料斗时提拉盖板，料斗内混凝土灌入孔内，此时混凝土罐车及时向料斗内补充混凝土；灌注时，定期测量孔内混凝土面高度，并及时拆卸导管，确保导管埋管深度 2～4m；灌注时，桩顶超灌高度 0.8m。由于灌注桩身混凝土后，需进行钢管结构柱安插，为此桩身混凝土采用 24h 超缓凝设计，以保证钢管结构柱在安插时有足够的时间进行柱位调节。现场单桩混凝土灌注时间控制在 4～6h，桩身混凝土灌注见图 7.1-39。

图 7.1-36 钢筋笼及声测管笼架吊装下放

6. 吊放全套管全回转钻机定位基板

（1）混凝土灌注完成后，立即吊放定位全套管全回转钻机基板。

（2）吊放基板前，根据十字交叉法原理，引出桩位中心点，并进行复测；同时，引出定位基板中心点，并在定位基板中心点引出铅垂线。具体见图 7.1-40～图 7.1-42。

图 7.1-37　灌注导管安装

图 7.1-38　二次清孔

图 7.1-39　桩身混凝土灌注

图 7.1-40　十字交叉法引出桩位中点

图 7.1-41　护筒中心点复测

（3）将定位基板吊放至护筒上方后，根据双层双向定位原理，调节定位基板位置，使基板中心点引出的铅垂线与护筒引出的桩位中心点重合，此时即可保证定位基板和桩中心点位重合，并用全站仪对基板中心点位进行复核，具体见图 7.1-43～图 7.1-45。

图 7.1-42 引出定位基板中心点及铅垂线

图 7.1-43 定位基板中心点位调节

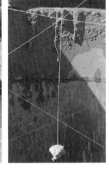

图 7.1-44 定位基板、孔口护筒双层双向中心点定位

图 7.1-45 全站仪复核定位基板中心点

7. 全套管全回转钻机吊放就位

（1）定位基板就位后，起重机起吊全套管钻机至基板上，具体见图 7.1-46。

（2）全套管全回转钻机落位时，钻机 4 个油缸支腿对准基板上的限位圆弧，确保全套管全回转钻机准确就位，具体见图 7.1-47、图 7.1-48。全套管全回转钻机就位后，利用四角油缸支腿调平，并对钻机中心点进行复核，确保钻机中心位置与桩位中心线重合。

8. 钢管结构柱与工具柱对接

（1）钢管结构柱和工具柱由具备钢结构制作资质的专业单位承担制作，运至施工现场后，由具备钢结构施工资质的单位在专用对接平台上进行对接，以保证两柱对接后的中心线重合，整体垂直度满足要求。钢管结构柱和工具柱运抵现场情况见图 7.1-49，柱体拼接见图 7.1-50。

图 7.1-46 全套管全回转钻机吊放就位

273

图 7.1-47　油缸支腿对准定位基板限位圆弧　　　　图 7.1-48　全套管全回转钻机就位

图 7.1-49　钢管结构柱和工具柱运抵现场　　　　　　图 7.1-50　柱体拼接

（2）钢管结构柱和工具柱之间对接施工在设置的加工场进行，加工场浇筑混凝土硬化。对接操作在专门搭设的平台上进行，平台由双层工字钢焊接而成，见图 7.1-51。

图 7.1-51　对接场地及对接操作平台

（3）钢管结构柱对接安装前，在螺栓连接部位涂注内层密封胶，涂刷连续、不漏涂，以达到完整的密封效果，涂注内层密封胶见图 7.1-52。

（4）工具柱与钢管结构柱对接时，由于工具柱长且重，因此，采用起重机两点起吊，起吊过程缓慢靠拢平台上的钢管结构柱，同时由专门人员操控引导工具柱移动方向，直至工具柱与钢管结构柱接近，现场对接见图 7.1-53、图 7.1-54。

（5）工具柱与钢管结构柱对接逐步接近靠拢时，在对接处设专门人员对讲机与起重机进行实时联络；同时，对接操作人员手握与螺栓直径一致的短钢筋，插入柱间的对接螺栓孔内引导起吊方向；当多根钢筋完成对接孔插入后，即初步对接完成，具体见图 7.1-55。

图 7.1-52　涂注内层密封胶

图 7.1-53　工具柱双点起吊、专人指挥吊装

图 7.1-54　工具柱与钢管结构柱对接

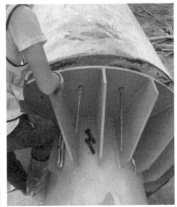

图 7.1-55　短钢筋插入螺栓孔引导对接

275

（6）工具柱与钢管结构柱对接监测无误后，及时从钢管结构柱端插入柱间对接螺栓，同时安排人员在工具柱内将螺母拧紧；为确保螺栓连接紧密，在钢管结构柱处采用焊接方式将螺栓与钢管结构柱固定。如图 7.1-56～图 7.1-58 所示。

图 7.1-56　插入对接螺栓　　　图 7.1-57　工具柱内拧紧对接螺栓　　　图 7.1-58　对接螺栓焊接固定

（7）工具柱与钢管结构柱对接完成后，安排人员在对接处涂抹外层密封胶，防止安装过程中发生渗漏，具体外层密封胶涂抹见图 7.1-59。

（8）钢管结构柱和工具柱对接完成后，需在工具柱上确定其方位角。方位角定位分三步实施：一是对钢管结构柱轴线腹板进行测量，确定腹板轴线；二是将腹板轴线引至工具柱上；三是在工具柱上确定腹板轴线位置。具体见图 7.1-60～图 7.1-62。

图 7.1-59　对接完成后　　　　　　　　图 7.1-60　钢管结构柱腹板轴线测量
　　　　　涂抹外层密封胶

图 7.1-61　将钢管结构柱腹板轴线引至工具柱上

图 7.1-62　工具柱上端设置方位角定位线

9. 钢管结构柱起吊

（1）钢管结构柱起吊前，在工具柱顶部的水平板上安置倾角传感器并固定。倾角传感器通过缆线连接倾斜显示仪，监测钢管结构柱下插过程的垂直度，其监控精度达 $0.01°$（$1/6000$），倾角传感器和倾斜显示仪见图 7.1-63。

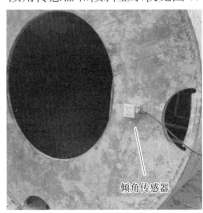

图 7.1-63　倾角传感器和倾斜显示仪

（2）钢管结构柱起吊前，在工具柱顶安装往柱内注水管路，以便能够将清水注入钢管结构柱内，克服泥浆流体及混凝土引起的上浮阻力；管路安装采用消防水带和接头，其注水量大，大大缩短柱内的注水时间，提高工效且耐用，工具柱顶注水管路安装见图 7.1-64。

（3）钢管结构柱起吊采用多点起吊法，采用 1 台 260t（QUY260CR）履带起重机作为主吊，1 台 160t（QUY160）履带起重机作为副吊，一次性整体抬吊，再将主吊抬起至垂直。主吊绳扣安装见图 7.1-65，钢管结构柱整体起吊见图 7.1-66。

10. 钢管结构柱内注水下插至灌注桩混凝土面

（1）将钢管结构柱插入全套管全回转钻机，当钢管结构柱柱底与桩孔内泥浆顶面齐平时，开始向钢管结构柱内注水，以增加钢管结构柱的整体重量。由于注水量大，现场配备大容量水箱，见图 7.1-67、图 7.1-68。连续注水并下插钢管结构柱，将钢管结构柱缓慢吊放至桩身混凝土顶面位置。

图 7.1-64　工具柱顶注水管路安装

图 7.1-65　钢管结构柱主吊
绳扣安装

图 7.1-66　钢管结构柱整体起吊

图 7.1-67　钢管结构柱内注水大容量水箱设置

（2）在钢管结构柱插入孔内过程中，由于钢管结构柱底部密封，其下插过程将置换出等体积孔内泥浆，为防止孔口溢浆，始终同步采用泥浆泵将孔内泥浆抽至泥浆箱内，孔内泥浆泵抽出泥浆见图 7.1-69。

11. 全回转钻机下插钢管结构柱

（1）待钢管结构柱柱底到达桩身混凝土顶面时，人工粗调钢管结构柱平面位置、方

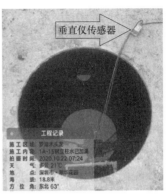

图 7.1-68　钢管结构柱内注水

图 7.1-69　钢管结构柱下插过程中泥浆泵同步抽出泥浆

向。然后，全套管全回转钻机上辅助夹紧装置抱紧工具柱，并精调钢管结构柱平面位置、方向，并同步连接倾角传感器与倾斜显示仪。通过全套管全回转上辅助夹紧装置抱住工具柱开始下插，至行程限位后，改为下辅助夹紧装置抱住工具柱，上辅助夹紧装置松开并上移至原位。

（2）如此循环操作，逐步将钢立柱往下插入，直至将钢管结构柱插入至设计标高，具体见图 7.1-70。

图 7.1-70　全套管全回转钻机上、下夹具液压循环插入钢管结构柱

12. 钢管结构柱下插垂直度调节

钢管结构柱下插过程中，同时采用三种方法对钢管垂直度进行独立监控，并相互校核。一是从两个垂直方向吊铅垂线（夜间采用激光铅垂仪）观测；二是采用两台全站仪在不同方向测量钢管结构柱垂直情况；三是在工具柱顶部设置倾角传感器，精确监控钢管结构柱下插全过程的垂直度数据。

（1）铅垂线监控

在钢管结构柱下插平面位置相互垂直的两侧，设置铅垂线人工监控点。钢管结构柱下插时，利用铅垂线在重力作用下垂直指向地心的原理，将铅垂线对齐工具柱外壁，实时监控钢管结构柱下插垂直度（图 7.1-71）。当垂直度出现偏差时，及时通过全套管全回转钻机进行调整。

（2）全站仪监控

在钢管结构柱下插平面位置相互垂直的两侧，设置全站仪人工监控点。钢管结构柱下插时，将全站仪目镜内十字丝与工具柱外壁对齐，实时监控钢管结构柱下插垂直度（图 7.1-72）。当垂直度出现偏差时，及时通过全套管全回转钻机进行调整。

图 7.1-71 铅垂线实时监控钢管柱下插垂直度

（3）测斜仪监控

钢管结构柱插入灌注桩混凝土前，连接倾斜显示仪和工具柱顶部的倾角传感器，对其进行下插过程的全方位垂直度监控（图 7.1-73）。钢管结构柱垂直度数据通过显示仪直接读取，如钢管结构柱垂直度出现偏差，则利用全套管全回转钻机液压系统进行精确微调，垂直度误差控制在 $\pm 0.06°$（1/1000）内。

图 7.1-72 全站仪实时监控钢管结构柱下插垂直度

13. 钢管结构柱下插中心线、水平线调节

（1）中心线调节

钢管结构柱下插完成后，利用全站仪对工具柱中心线（即钢管结构柱中心线）进行复测

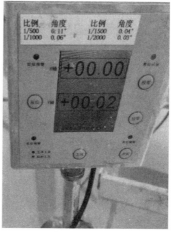

图 7.1-73　测斜仪实时监控钢管结构柱下插垂直度

图 7.1-74　钢管结构柱中心线测量复核

（图 7.1-74），如出现偏差，则通过全套管全回转钻机精调，使其误差控制在±5mm 内。

（2）水平线调节

钢管结构柱下插完成后，利用全站仪对工具柱水平线标高（即钢管结构柱水平线标高）进行复测（图 7.1-75），如出现偏差，则通过全套管全回转钻机精调，使其误差控制在±5mm 内。

图 7.1-75　钢管结构柱水平线标高测量复核

14. 钢管结构柱下插方位角调节

（1）根据方位角定位原理，在钢管结构柱下插至设计标高后，利用全套管全回转钻机回转机构旋转工具柱，使其方位角定位线对准全站仪目镜十字丝的竖线，再将全站仪目镜移至桩中心点和校核点复核，完成方位角定位，具体过程见图 7.1-76。

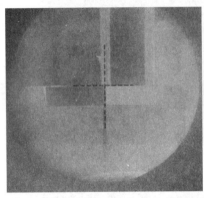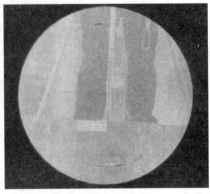

图 7.1-76　全站仪目镜十字丝定位方位角

（2）夜间施工时，可采用激光铅垂仪代替全站仪定位；当激光铅垂线同时与桩中心点棱镜、方位角定位线、校核点棱镜重合时，即表示钢管结构柱方位角完成定位，具体见图 7.1-77。

图 7.1-77　激光铅垂线夜间方位角定位

15. 钢管结构柱与钻孔间空隙回填

（1）钢管结构柱后插并定位后，为确保钢管结构柱的稳固，在钢管结构柱与钻孔间的空隙内进行回填。

（2）回填料采用 2～5cm 的级配率后，回填高度 5～8m。

（3）回填时，采用对称回填，确保钢管结构柱稳定。

16. 全套管全回转钻机吊移

（1）钢管结构柱完成定位后，待桩身混凝土初凝后，松开抱紧钢管结构柱的全套管全回转钻机夹具，逐一吊移全套管全回转钻机及定位基板，见图7.1-78。

（2）为了避免钢管结构柱下沉，移除全套管全回转钻机前，在工具柱与孔口护筒之间焊接4个对称的连接钢块，对工具柱进行固定，具体见图7.1-79。

17. 钢管结构柱内灌注混凝土

（1）为便于混凝土灌注作业，制作专门的钢管结构桩顶口装配式灌注混凝土作业平台，并使用起重机吊放，见图7.1-80。起重机将平台吊放至工具柱顶面，置于工具柱孔口，中心点与工具柱孔口中心重合，见图7.1-81。检查平台安放符合要求后，采用螺栓将平台竖向角撑固定于工具柱上，见图7.1-82。

图7.1-78　全套管全回转钻机移位

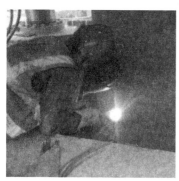

图7.1-79　工具柱与孔口护筒钢块焊接固定

图7.1-80　柱顶吊放灌注平台　　　图7.1-81　灌注平台置于柱中心　　　图7.1-82　螺栓固定灌注平台

（2）将高压潜水泵吊入钢管结构柱内，放置于钢管结构柱底部，抽出柱内清水或泥浆，具体见图7.1-83、图7.1-84。

（3）将钢管结构柱水抽干，采用灌注导管灌注柱内混凝土。在装配式灌注平台上安装直径250mm灌注导管，并灌注钢管结构柱内混凝土至柱顶标高，灌注过程具体见图7.1-85。

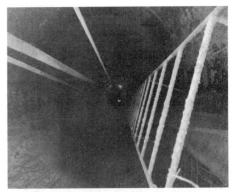

图 7.1-83　潜孔泵下入钢管结构柱底抽水　　　　图 7.1-84　钢管结构柱内水被抽干

图 7.1-85　装配式平台上安装导管、灌注钢管结构柱内混凝土

18. 拆除工具柱

（1）钢管结构柱内混凝土灌注完成后，施工人员下入工具柱内，将超灌混凝土凿除，松开工具柱与钢管结构柱连接螺栓，见图 7.1-86。

图 7.1-86　施工人员下入结构柱内拆除工具柱与结构柱之间的连接螺栓

（2）工具柱与钢管结构柱连接螺栓拆除后，用乙炔现场割除工具柱与孔口钢护筒的临时四块固定钢块，具体见图 7.1-87。

（3）松开工具柱的连接螺栓和固定钢块后，采用起重机将工具柱起吊并移开，具体见图 7.1-88。

图 7.1-87 乙炔现场割除工具柱护筒四块固定钢块

19. 孔内回填、起拔孔口钢护筒

（1）对于钢管结构柱与孔壁之间的间隙，以及钢管结构柱顶至地面的空孔段，采用细石回填（图 7.1-89），以防止孔口护筒拆除后发生塌孔，并满足大型机械安全行走要求。

图 7.1-88 起重机吊移工具柱

图 7.1-89 钢管结构柱与孔壁间细石回填

（2）碎石回填至地面标高后，采用振动锤配合双向吊绳起拔护筒（图 7.1-90）。振动锤采用单夹持振动锤，当单夹持起拔较困难时，则采用 2 套单夹持振动锤同时起拔。拔出

图 7.1-90 起拔护筒

后，松开振动锤，采用吊绳将护筒移至指定位置。

（3）钢护筒拔出后，孔内的细石会下沉，此时采用挖掘机将细石回填至地面，具体见图 7.1-91。

图 7.1-91　孔内回填细石

7.1.8　机械设备配置

本工艺现场施工所涉及的主要机械设备见表 7.1-1。

主要机械设备配置表　　　　　　　　　　表 7.1-1

名称	型号	备注
旋挖机	BG46	灌注桩钻进成孔
全套管全回转钻机	JAR260	安插钢管结构柱，"三线一角"定位调节
定位基板	—	全套管全回转钻机支撑定位平台
履带起重机	QUY260CR	现场主吊
履带起重机	QUY160	现场副吊
振动锤	DZ-500	下沉、起拔钢护筒
泥浆净化器	ZX-200	净化现场泥浆
电焊机	ZX7-400T	钢筋焊接
灌注导管	$\phi300mm$	灌注混凝土
全站仪	WILD-TC16W	"三线一角"定位
测斜仪	—	垂直线、水平线定位

7.1.9　质量控制

1. 钢管结构柱中心线

（1）现场测量定位桩中心点后，采用十字交叉法引出 4 个护桩，并做好护桩保护。

（2）旋挖钻机埋设孔口护筒引孔时，钻进前对准桩位，钻进时轻压慢转，控制钻孔垂直度。

（3）定位基板放置前，保证场地平整、坚实，并采用双层双中心线就位。

2. 钢管结构柱垂直线

（1）钢管结构柱下插时，在垂直方向设置两台全站仪，全过程实时观察工具柱柱身垂直度，出现误差及时调整，以避免调整不及时造成钢管结构柱下放精度偏差超标。

（2）在全站仪监测的同时，另设置铅垂线，校核钢管结构柱的垂直度。

（3）工具柱顶部安装的倾角传感器在钢管结构柱下插过程中，通过显示屏上的数据监控钢管结构柱的垂直度具体数值，如有误差及时调整。

（4）全站仪、测斜仪等设备由专业人员操作，避免误操作和误判数据。

3. 钢管结构柱水平线

（1）钢管结构柱下放到位后，在工具柱顶选 4 个点对标高进行复测，误差均控制在 2mm 范围以内。

（2）混凝土初凝时间控制为 24h 缓凝设计，以避免钢管结构柱下插到位前桩身混凝土初凝，使得钢管结构柱无法下插至桩身混凝土内。

（3）钢管结构柱下插过程中，向钢管结构柱内持续注水增加钢管结构柱自重，从而克服混凝土产生的上浮力，保证钢管结构柱到位。

4. 钢管结构柱方位角

（1）将工具柱顶方位角定位线与腹板位置对齐，工具柱侧的定位线标记清晰、准确。

（2）夜间采用激光仪放线，确定桩位中心点、方位角定位点、已知测设点、校核点四点位于同一直线上，确保钢管结构柱下放方向正确。

7.1.10 安全措施

1. 灌注桩成桩

（1）施工场地进行平整或硬化处理，确保旋挖钻机施工时不发生沉降位移。

（2）灌注桩施工时，孔口设置安全护栏，严禁非操作人员靠近。

（3）吊放钢筋笼时，控制单节长度，严禁超长超限作业。

2. 钢管结构柱内混凝土灌注

（1）工具柱顶装配式灌注平台在吊装前，检查整体完整性、牢靠性；吊放到位后，采用螺栓固定。

（2）在灌注平台上作业时，控制作业人数不超过 4 人，所有辅助机具严禁堆放在平台上。

（3）人员登高作业时，安设人行爬梯，平台四周设安全护栏。

（4）灌注时，采用料斗吊运混凝土至平台灌注，起吊时由专人指挥，控制好吊放高度，严禁碰撞平台。

3. 现场测量监控

（1）钢管结构柱下插作业时，同步进行三线一角的多点测量监控，测量点设置于安全区域内。

（2）在全套管全回转钻机上测量时，听从现场人员指挥，做好高处安全防护措施。

7.2 逆作法"旋挖＋全套管全回转"钢管柱后插定位施工技术

7.2.1 引言

为了缓解交通压力，近年来城市的地铁建设在飞速发展。受周边环境制约以及地质条件等因素影响，在地铁车站工程中多采用盖挖逆作法施工，其地铁车站结构中的钢管结构柱成为永久结构的一部分。规范和设计要求钢管结构柱的施工精度高，钢管结构柱的垂直度偏差规范要求为其长度的 1/1000 且不大于 15mm，对于超深、超长钢管结构柱桩，采用钢管结构柱和孔底钢筋笼在孔口对接、分两次浇筑的传统的施工工艺难以满足规范的精度要求。

　　针对上述问题，项目组研究形成了逆作法钢管结构柱后插法定位施工技术，并在深圳市城市轨道交通 13 号线深圳湾口岸站项目应用，通过全套管全回转设备结合万能平台，采用后插法工艺进行钢管结构柱的安放，同时在安放过程中利用倾角传感器对钢管结构柱的垂直度进行实时的动态监控，并利用全套管全回转设备进行微调，最终达到定位精度可靠、缩短工期、节约成本的效果。

7.2.2　项目应用

1. 工程概况

　　深圳湾口岸站是深圳市城市轨道交通 13 号线工程的起点站，车站设置于深圳湾口岸内，沿东南、西北方向斜穿整个深圳湾口岸深方部分。车站总长约 330.65m（左线）、337m（右线），标准段总宽 35.2m，主体结构为地下二层结构，车站底板埋深约 19.5m。本项目地下基坑范围内左线长 330.65m，右线长 337m，深约 19.5m，标准段 35.2m，配线段宽 22.3～23.8m。

2. 逆作法设计

　　深圳湾口岸基础结构采用盖挖逆作法施工，盖挖逆作围护结构采用 ϕ1800@1450mm 全荤套管咬合桩，竖向支撑构件为钢立柱，钢立柱下设置永久桩基础。钻孔灌注桩直径 1.8m，桩底持力层为中风化花岗岩，最大钻孔深度 105m，平均孔深 85m。钢管柱为直径 800mm（壁厚 30mm），钢管长度 17.93～21.63m，钢管内混凝土强度等级 C60，钢管外混凝土强度等级为 C50。逆作法钢管结构柱剖面示意见图 7.2-1。

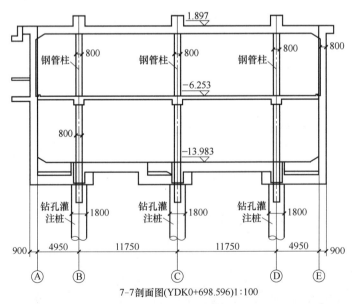

图 7.2-1　逆作法钢管结构柱剖面示意

3. 钢管结构柱吊装质量要求

钢管结构柱吊装允许偏差：

（1）立柱中心线和基础中心线允许偏差±5mm；

（2）立柱顶面标高和设计标高＋0.000mm，中间层±20mm，立柱顶面平整度5mm；

（3）各立柱垂直度：不大于1/1000，且不大于15mm；

（4）各柱之间的距离：间距的±1/1000；

（5）各立柱上下两平面相应对角线差：长度的1/1000，且不大于20mm。

4. 逆作法施工及检测

该项目逆作法施工采用全回转钻机下入深长护筒，确保了护筒的垂直度；利用大扭矩旋挖钻机钻进超深钻孔，实现快速钻进和入岩。综合使用万能平台和全套管全回转钻机组成的作业平台，实施钢管结构柱后插精准定位，达到了便捷高效、安全可靠的效果。施工完工照片见图7.2-2。

图7.2-2　逆作法钢管结构柱完工

5. 逆作法结构开挖

逆作法基础结构施工于2021年1月顺利完工，现场声测管、抽芯检测满足设计要求，基坑开挖效果见图7.2-3、图7.2-4。

图7.2-3　逆作法开挖

图7.2-4　逆作法开挖后钢管结构柱

7.2.3　工艺特点

1. 综合效率高

（1）钢管结构柱在工厂内预制加工并提前与工具柱进行试拼装，大大提升了现场作业的效率。

（2）立柱成孔采用大功率的德国进口宝峨 BG55 旋挖机，设备性能稳定、施工效率高，桩底入岩采用分级扩孔工艺，尤其对长桩的施工效率提升显著。

（3）后插法工艺无需钢管结构柱和钢筋笼孔口对接环节，节省了大量施工时间。万能平台替代全套管全回转设备对钢管结构柱进行夹持固定，避免了设备占用，提高了全套管全回转设备的周转利用率。

2. 施工控制精度高

（1）本工艺利用全套管全回转设备垂直度控制精度高的特点，精确安放 15m 长孔口护壁钢护筒，在保证孔口地层稳定的同时，护筒的辅助导向功能为桩身垂直度施工控制提供可靠的保证。

（2）钻进成孔采用德国宝峨旋挖机，设备自带孔深和垂直度监测控制系统，在成孔过程中如发现偏差可随时进行纠偏调整；成孔完成后采用"DM-604R 超声波测壁仪"对灌注桩的孔深、孔径、垂直度等控制指标进行检测，保证施工质量满足设计要求。

（3）钢管结构柱垂直度利用倾角传感器进行实时动态监控，其控制精度高达 0.01°，确保了钢管结构柱的垂直度。

（4）桩身混凝土采用超缓凝混凝土，有利于钢管结构柱的插放和定位。

3. 安全绿色环保

（1）旋挖钻机成孔钻渣放置在专用的储渣箱内，施工过程中泥头车配合及时外运，有效避免了渣土堆放影响安全文明施工形象。

（2）施工过程中的泥浆通过泥砂分离系统进行渣土分离，提高泥浆循环利用率，减少了泥浆排放量。同时，系统分离出来的泥砂渣土装编织袋，可综合利用作为砂包堆放在桩孔四周，可避免溢出的泥浆随意外流，满足绿色、环保施工要求。

7.2.4　适用范围

适用于深基坑支撑体系中的超长钢管结构柱定位施工和逆作法钢管结构柱后插法定位施工。

7.2.5　工艺原理

本工艺采用后插法定位技术进行施工，通过分别控制下部灌注桩和上部钢管结构柱的定位及垂直度的方法及原理进行定位，其关键技术包括钢管结构柱下部灌注桩施工和钢管结构柱后插法定位两部分。

1. 钢管结构柱下部灌注桩施工

利用全套管全回转钻机安放 15m 长的钢套管，作为钢管结构柱底部灌注桩成孔时的护壁长护筒，为桩孔垂直度控制提供导向定位，具体见图 7.2-5。钻进采用德国进口的大

功率宝峨 BG46 旋挖钻机钻进成孔，其
设备稳定性好，且自身内置先进的定位
和垂直度监控及纠偏系统。成孔后采用
DM-604R 超声波测壁仪对成孔质量进行
检测，确保桩身成孔质量满足设计要求；
最后安放钢筋笼，灌注桩身混凝土，完
成钢管结构柱下部的灌注桩施工。

2. 钢管结构柱后插法定位施工

后插法综合定位施工技术主要根据
两点定位的工作原理，通过全套管全回
转钻机自身的两套液压定位装置和垂直
液压系统，结合万能平台将底端封闭的
钢管结构柱垂直插入至初凝前的下部灌
注桩混凝土中（混凝土缓凝时间约 36h）。

图 7.2-5　全套管全回转钻机安放长护筒

（1）施工时，先将万能平台和全套管全回转设备调至指定位置，调水平、校准中心
位置。

（2）在专用操作平台上连接工具柱与钢管结构柱，并在工具柱的顶板上安装倾角传感
器。利用全套管全回转设备和万能平台的液压控制系统夹持抱紧钢管结构柱的工具柱，依
据"两点一线"原理，调整倾角传感器显示仪上的读数，作为钢管结构柱垂直的初始
状态。

（3）松开万能平台夹片，由全套管全回转设备抱紧插入钢立柱插入一个行程，随后万
能平台抱紧工具柱，全套管全回转钻机松开夹紧装置并上升一个行程，然后夹紧工具柱；
循环重复以上操作，直至钢管结构柱插入至设计标高。在钢管结构柱下插过程中，通过倾
角传感器配套的显示仪实时监控钢管结构柱的垂直状态，如发现偏差则利用全套管全回转
钻机进行精确微调。

（4）安放桩顶插筋、浇筑钢管结构柱内混凝土后，全套管全回转设备和万能平台始终
保持夹持抱紧工具柱的状态，直至钢管结构柱下部灌注混凝土达到一定的强度。

（5）拆除工具柱后，移除全套管全回转钻机和万能平台，向孔内均匀回填碎石。通过
过程中一系列的操作和控制措施，完全保证钢管结构柱的定位和垂直度满足设计的精度
要求。

7.2.6　施工工艺流程

逆作法钢管结构柱后插法施工工艺流程见图 7.2-6。

7.2.7　工序操作要点

1. 场地平整，桩位放线定位

（1）由于旋挖机、全套管全回转设备等均为大型机械设备，对场地要求较高，施工前
对场地进行专门的规划处理。

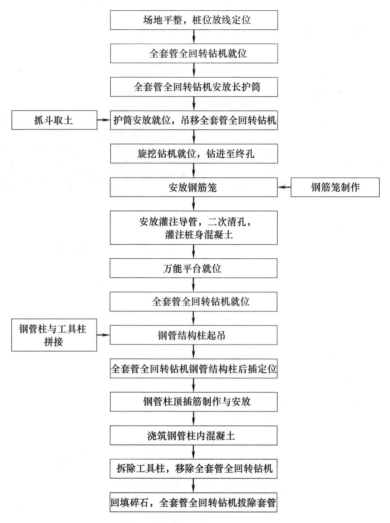

图 7.2-6　逆作法钢管结构柱后插法施工工艺流程

（2）为了保证机械作业安全，对机械行走路线和作业面进行硬化处理。

（3）用全站仪测量放线确定桩位坐标点，以十字交叉法引出 4 个护桩，护桩用短钢筋做好标识。

2. 全套管全回转钻机就位

（1）全套管全回转钻机就位前，先安放定位基板，用十字交叉法进行定位，定位基板安放见图 7.2-7。

（2）定位基板安放到位后，吊放全套管全回转设备；吊装时，安排司索工现场指挥；起吊后，缓缓提升，移动位置时安排多人控制方向；定位基板四个角位置设有定位圆弧，钻机相应的固定角置于定位基板卡槽内，确保设备定位的准确度。全套管全回转钻机吊装见图 7.2-8，钻机就位见图 7.2-9。

（3）全套管全回转设备就位后，吊放液压动力柜（图 7.2-10），起吊安全范围内无关人员撤场。动力柜按规划位置就位后，安装动力柜液压系统（图 7.2-11）。

图 7.2-7　吊放定位基板

图 7.2-8　全套管全回转钻机吊装

图 7.2-9　全套管全回转钻机就位

图 7.2-10　吊放液压动力柜

图 7.2-11　安装动力柜液压系统

（4）钢管结构柱底部灌注桩设计直径 1.8m，全套管全回转钻机选用 1.8m 的钢套管作为护筒，安装 1.8m 的定位块（图 7.2-12），并安装全套管全回转钻机反力叉（图 7.2-13）。

3. 全套管全回转钻机安放长护筒

（1）选用直径 1.8m 的钢套管作为长护筒，套管使用前，首先检查和校正单节套管的垂直度，垂直度偏差小于 $D/500$（D 为桩径），然后检查按要求配置的全长套管的垂直度，并对各节套管编号，做好标记。

（2）套管检查校正完毕后，采用起重机将套管起吊安放至全套管全回转钻机回转机构内就位，在钻机平台按中心点就位，地面派人吊双垂线控制护筒安放垂直度，具体见图 7.2-14。

图 7.2-12 全回转钻机安装 1.8m 定位块

图 7.2-13 全套管全回转钻机安装反力叉

图 7.2-14 长护筒套管起吊

4. 抓斗取土

（1）套管就位后，采用冲抓斗套管内配合取土，具体见图 7.2-15。

图 7.2-15 冲抓斗套管内取土作业

（2）冲抓斗取土过程中，全套管全回转设备回转驱动套管并下压套管，实现套管快速下沉进入上部填土层中；钻进过程中，根据地层特性保持一定的套管超前支护，并接长套管，直至将套管安放至指定的标高位置，具体见图 7.2-16。

5. 护筒安放就位，吊移全套管全回转钻机

（1）套管就位后，采用起重机将全套管全回转钻机、定位基板吊移，见图 7.2-17。

（2）全套管全回转钻机吊离孔位后，对孔口进行安全防护，见图 7.2-18。

图 7.2-16 全套管全回转钻机液压下压套管

图 7.2-17 全套管全回转钻机吊移孔位

6. 旋挖钻机就位、钻进至终孔

（1）由于灌注桩设计直径大、桩孔平均深 85m，采用宝峨 BG46 旋挖钻机成孔。钻机就位前，在钻机履带下铺设钢板。现场钻机孔口就位见图 7.2-19。

图 7.2-18 全套管全回转钻机吊离后孔口防护

图 7.2-19 旋挖钻机孔口就位

（2）钻进前，对护筒四周用砂袋砌筑，防止泥浆外溢。同时，向孔口泵入泥浆，保持孔内泥浆液面高度，维持孔壁稳定，具体见图 7.2-20。

图 7.2-20 护筒内泥浆管输入泥浆

（3）采用旋挖钻斗取土钻进，钻斗钻渣直接倒入孔口附近的泥渣箱内，具体见图 7.2-21、图 7.2-22。

图 7.2-21　旋挖钻斗入孔钻进

图 7.2-22　旋挖钻斗钻渣箱出渣

（4）宝峨旋挖机自带孔深和垂直度监测系统，钻孔作业过程中实时监测钻孔深度和垂直度，如发现偏差，及时进行调整纠偏。

（5）桩底入岩采用直径 $\phi1500mm$、$\phi1800mm$ 分级扩孔工艺钻进，达到设计桩长后采用专用的捞渣钻头进行清孔，终孔后采用"DM-604R 超声波测壁仪"对成孔质量进行检测，打印检测结果，并进行终孔验收，具体见图 7.2-23、图 7.2-24。

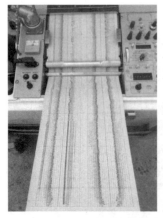

图 7.2-23　孔壁垂直度检测结果打印　　　　图 7.2-24　钻孔终孔验收

7. 安放钢筋笼

（1）清孔到位后，及时安放钢筋笼；钢筋安放前，会同监理工程师进行隐蔽验收（图7.2-25）。

（2）由于桩身较长，钢筋笼采用分段吊装、孔口对接的工艺进行安放。钢筋笼采用双点起吊（图7.2-26），起吊点按吊装方案设置，吊装作业前对作业人员进行安全技术交底。

图 7.2-25　现场钢筋笼隐蔽验收　　　　　　图 7.2-26　钢筋笼双吊点起吊

（3）钢筋笼缓慢起吊，至垂直后松开副吊点，移动至孔口并下放，见图7.2-27。下放笼顶至孔口位置，插双杠临时固定在孔口，见图7.2-28；随即起吊另一节钢筋笼，并在孔口对接，见图7.2-29。

图 7.2-27　钢筋笼起吊、入孔

（4）鉴于钢筋笼顶距地面较深，为控制好桩顶混凝土灌注标高，采用"灌无忧"装置配合作业，通过在笼顶埋设压力传感器，灌注过程中传感器采集周围介质的电学特性和压力值变化，转化为电信号通过电缆传送给主机板。当灌注混凝土上至传感器位置并被接收后，主机板指示灯发亮做出警示。灌无忧安装具体见图7.2-30。

图 7.2-28 钢筋笼孔口固定

图 7.2-29 钢筋笼孔口对接

图 7.2-30 钢筋笼顶混凝土标高控制传感器及灌无忧主机

8. 安放灌注导管、二次清孔及灌注桩身混凝土

（1）钢筋笼安放到位后，及时下放导管，导管选用直径 300mm、壁厚 10mm 的无缝钢管。导管位于桩孔中心安放，连接封闭严密。导管底部距孔底 30～50cm，灌注导管见图 7.2-31。

（2）导管安放完毕后，检测孔底沉渣厚度，如沉渣厚度超标则采用气举反循环工艺进行二次清孔。二次清孔达到设计要求后，及时灌注桩身混凝土；初灌采用 $3m^3$ 灌注大斗，灌注前用清水湿润。灌注料斗吊运至孔口，与灌注导管在孔口安放稳固。

（3）采用球胆作为隔水塞，初灌前将隔水塞放入导管内，压上灌注斗底部导管口盖板，然后输入混凝土。初灌时，混凝土罐车出料口对准灌注斗，待灌注斗内混凝土满足初灌量时，提升导管口盖板，此时混凝土即压住球胆灌入孔底，同时罐车混凝土快速卸料进入料斗完成初灌，桩身混凝土初灌见图 7.2-32。

（4）正常灌注时，为便于拔管操作，更换为小料斗灌注，备好足够的预拌混凝土连续进行。灌注过程中定期测量混凝土上升面位置，及时进行拔管、拆管，导管埋深控制在 2～4m，桩顶按设计要求超灌足够的长度。桩身混凝土正常灌注见图 7.2-33。

图 7.2-31　桩身混凝土灌注导管

图 7.2-32　桩身混凝土初灌

9. 万能平台就位

（1）钢管结构柱底部灌注桩混凝土灌注完成后，及时清理场地，重新校核、定位钢管结构柱中心点位，具体见图 7.2-34。

图 7.2-33　桩身混凝土正常灌注

图 7.2-34　定位钢管结构柱中心点

（2）万能平台吊装前，同样拉线定位平台中心线，具体见图 7.2-35。吊装万能平台时，平台中心线与钢管结构柱双层中心线重合，具体见图 7.2-36。

图 7.2-35　吊装前设置万能平台中心线

图 7.2-36　吊装时双层中心线重合就位

10. 全套管全回转钻机就位

（1）由于工具柱直径为 1.5m，更换直径为 1.5m 全套管全回转钻机回转机构夹片，夹片现场更换见图 7.2-37。

（2）吊运全套管全回转钻机至万能平台，万能平台四个角设有圆弧定位卡槽，用以辅助定位，确保全套管全回转设备精准定位，全套管全回转钻机就位于万能平台见图7.2-38。全套管全回转钻机就位后，调整钻机水平，并吊中心垂线复核中心，确保全套管全回转钻机的中心点与钢管结构柱中心保持一致。

图7.2-37　更换1.5m定位块夹片

图7.2-38　全套管全回转钻机就位

图7.2-39　钢管柱与工具柱拼接硬地化场地

11. 钢管柱与工具柱拼接

（1）为了保证钢管结构柱的垂直度，钢管结构柱和工具柱按照设计长度在钢构加工厂一次性加工成型，并在现场厂内与工具柱拼接，现场拼接场地硬地化、找平处理，见图7.2-39。

（2）拼接时，设置专用操作平台，平台由工字钢焊接而成，由4根工字钢竖向架组成。平台竖向工字钢柱底设钢板，并通过混凝土硬地预埋的螺栓固定。竖向柱设置八字斜支撑，确保架体的稳定，拼接平台竖向工字钢架见图7.2-40；平台钢管柱和工具柱各设置2个平台，按钢管柱与工具柱直径不同，预先进行标高设置，实现同轴对接设计，便于柱间对接，钢管结构柱与工具柱平台同轴设置见图7.2-41。

图7.2-40　平台竖向工字钢架

图7.2-41　钢管柱与工具柱平台同轴设置

（3）拼接时，将钢管柱与工具柱吊至平台上，由于竖向上预先处于同轴，对接时仅需进行中心线调节，至同心同轴后将对接法兰用螺栓固定，并设置三角木楔固定，钢管柱与工具柱对接与固定见图7.2-42。

图7.2-42 钢管柱与工具柱对接及固定

12. 钢管结构柱起吊

（1）钢管柱与工具柱对接后，在工具柱顶部安放倾角传感器，用于监测控制钢管结构柱的垂直度，其控制精度0.01°，工具柱顶倾角传感器安设见图7.2-43。

（2）钢管结构柱采用双机同步抬吊，逐步将钢管结构柱由水平状态缓慢转变为垂直状态，然后由主吊转运至桩孔位置，钢管结构柱吊装见图7.2-44。

13. 全套管全回转钻机钢管结构柱后插定位

（1）采用后插法工艺安放钢管结构柱，钢管结构柱底部设计为封闭的圆锥体。为提升柱底的锚固力，在柱底插入灌注桩顶部并设置了锚固钢钉。为防止钢管结构柱底部的栓钉刮碰到钢筋笼，影响钢管柱的顺

图7.2-43 倾角传感器安设

利安放，沿竖向在每排栓钉的外侧加焊一根φ10mm的光圆钢筋，具体见图7.2-45。

图7.2-44 钢管结构柱吊装

（2）利用200t的主吊将钢管结构柱缓慢插入桩孔内，对孔口溢出的泥浆采用泥浆泵抽至泥浆箱内。

图 7.2-45　钢管结构柱底部栓钉竖向焊筋处理

（3）待工具柱至全套管全回转钻机工作平台一定位置时，调整钢管结构柱的姿态，然后用全套管全回转设备和万能平台的夹紧装置同时抱紧工具柱，此时连接钢管柱顶的倾角传感器与倾斜显示仪，校准调整显示仪读数作为钢管结构柱的初始垂直姿态现场连接倾斜显示仪见图 7.2-46，倾斜显示仪面板见图 7.2-47。

（4）松开万能平台夹片，由全套管全回转钻机的夹紧装置抱住工具柱，下压一个行程安放钢管结构柱，然后由万能平台的夹紧装置抱紧工具柱，松开全套管全回转钻机夹紧装置并上升一个行程然后再同时抱紧工具柱，循环重复上述动作直至将钢管结构柱插入至设计标高。

图 7.2-46　连接倾斜显示仪

图 7.2-47　倾斜显示仪面板

（5）在钢管结构柱下插过程中，通过倾角传感器配套的显示仪实时监控钢管结构柱的垂直状态（图 7.2-48）。同时，从不同方向采用全站仪同步监测钢管结构柱的垂直度，如有偏差，实时利用全套管全回转钻机进行调节并固定，确保垂直度满足设计要求。

图 7.2-48　钢管结构柱安插及垂直度监测

14. 钢管柱顶插筋制作与安放

（1）为了使钢管结构柱与顶板更好地锚固连接，在其顶部按设计要求安放插筋，见图 7.2-49。

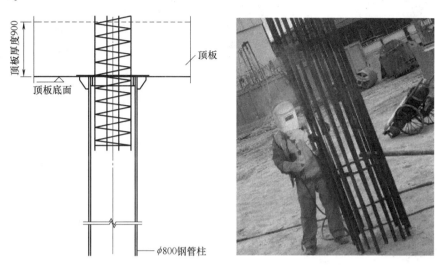

图 7.2-49　柱顶短节钢筋笼

（2）将短节钢筋笼吊放至钢管柱顶，焊接人员从工具柱爬梯下入，采用焊接将钢筋笼与钢管柱固定，见图 7.2-50。

图 7.2-50　钢管结构柱顶插筋焊接

15. 浇筑钢管柱内混凝土

（1）采用导管浇筑钢管结构柱内混凝土，混凝土采用 C50 的补偿收缩混凝土，并加入少量的微膨胀剂。

（2）浇筑混凝土时，采用起重机和臂架泵配合，并及时拆卸导管，现场浇筑见图 7.2-51，浇筑完成后柱顶钢筋笼见图 7.2-52。

16. 拆除工具柱、移除全套管全回转钻机

（1）钢管结构柱内混凝土浇筑完成后，保持全套管全回转钻机、万能平台夹紧装置稳固工具柱，稳定状态保持不少于 24h，以便钢管结构柱的稳固，见图 7.2-53。

图 7.2-51　全套管全回转钻机平台浇筑钢管柱内混凝土浇筑混凝土

图 7.2-52　柱顶钢筋笼

（2）为了避免钢管结构柱下沉，需等待下部灌注桩混凝土初凝，并达到一定的强度后拆除工具柱，一般至少等待 24h 后拆除工具柱，然后移除全套管全回转钻机和万能平台。

17. 回填碎石，全套管全回转钻机拔除套管

（1）为了避免钢管结构柱受力不均发生偏斜，对钢管结构柱与桩孔间隙回填碎石，回填采用机械配合人工沿四周均匀回填，见图 7.2-54。

（2）最后，将全套管全回转钻机吊至孔位处拔除钢套管护筒。

7.2.8　机械设备配置

本工艺现场施工所涉及的主要机械设备见表 7.2-1。

图 7.2-53　全套管全回转钻机、万能平台 　　　　图 7.2-54　孔口回填碎石
　　　　稳固工具柱

主要机械设备配置表

表 7.2-1

名称	型号	数量	备注
全套管全回转钻机	JAR260H	1台	配2套万能平台
旋挖钻机	BG46	1台	钻进成孔
履带起重机	200t、80t	2台	吊装
灌注斗	3m³	1个	灌注桩身混凝土
灌注导管	直径300mm	100m	灌注水下混凝土
泥浆泵	3PN	2台	泵入泥浆
超声波钻孔侧壁检测仪	DM-604R	1台	成孔质量检测

7.2.9　质量控制

1. 制度管控措施

（1）钢管结构柱工程施工实行"三检制"（即班组自检、值班技术员复检和专职人员核检），按照项目施工质量管理体系进行管理。

（2）为了确保现场钢立柱定位质量，制定工序流程及操作要点，并制订工序质量验收制度，落实专人现场控制。

2. 钢管结构柱加工

（1）为了保证焊接质量和加工精度要求，钢管结构柱按设计尺寸在工厂内进行加工定制。

（2）钢管结构柱加工完成后，出厂前在工厂内与现场同规格型号的工具柱进行试拼装，确保垂直度满足设计要求。

（3）钢结构的焊缝检验标准为Ⅱ级，对每一道焊缝进行100%的超声波无损探伤检测，超声波无法对缺陷进行探测时则采用100%的射线探伤。

（4）构件在高强度螺栓连接范围内的接触表面采用喷砂或抛丸处理。

（5）钢管结构柱进场后，监理对钢管结构柱进行验收，确保钢管壁厚及构件上的钢钉、加劲肋板的长度、宽度、厚度等符合设计要求。

3. 钢筋笼及钢管结构柱安装

（1）钢筋笼制作采用自动滚笼机加工工艺，分段起吊长度不超过30m，确保吊装时笼体不发生变形。

（2）钢筋笼及钢管结构柱吊装前，进行隐蔽工程验收，合格后进行吊装作业。

（3）为了保证拼接质量，钢管结构柱与工具柱在专用的加工操作平台上对接。

（4）钢筋笼和钢管结构柱吊装时，配备信号司索工进行指挥，采用双机抬吊方法起吊。

（5）钢管结构柱后插定位时，以工具柱顶安装的倾角传感器及显示仪上的偏差数值控制，同时采用全站仪同步监控，确保结构柱垂直度满足要求。

4. 混凝土浇筑及回填

（1）混凝土灌注时，导管安放到位，采用大体积灌注斗初灌，以保证初灌时的埋管深度满足要求。

（2）混凝土灌注过程中，始终保证导管的埋管深度在 2～4m。

（3）由于桩顶标高处于地面以下较深位置，灌注桩身混凝土时，通过"灌无忧"设备进行桩顶灌注混凝土标高控制。

（4）钢管结构柱四周间隙及时进行回填，采用碎石以机械配合人工沿四周均匀、对称的方式回填。

7.2.10　安全措施

1. 灌注桩成孔

（1）对旋挖桩场地进行硬地化处理，旋挖钻机履带下铺设钢板作业。

（2）灌注桩成孔完成后，在后续工序未进行时，及时做好孔口安全防护。

（3）旋挖作业区设置临时防护，无关人员严禁进入，防止出现意外。

（4）对泥浆池进行封闭围挡，孔口溢出的泥浆及时处理，废浆渣集中外运。

（5）钻机移位时，施工作业面保持平整，由专人现场统一指挥，空桩孔回填密实，无关人员撤离作业现场，避免发生钻机倾倒事故。

2. 钢管结构柱与工具柱对接

（1）对接采用搭设工字钢竖向架组成的平台，对接场地浇筑混凝土硬地，工字钢架与混凝土硬地螺栓固定，确保对接平台的安全、稳固。

（2）钢管柱与工具柱吊装对接时，配备专业的司索工指挥，专职安全员旁站监督。

（3）吊装就位时，钢管柱和工具柱平衡安放，并采用三角木楔临时固定，防止柱滚动。

（4）钢管柱与工具柱对中后，及时采用螺栓固定。

3. 钢管结构柱后插定位

（1）钢管结构柱采用双机抬吊，吊点按照吊装方案的计算位置设置，作业时起重机回转半径内人员全部撤离至安全范围。

（2）在全套管全回转钻机平台上插柱，高空施工过程中做好安全防护，听从指挥操作。

（3）夜间施工设置足够照明。

7.3　基坑钢管结构柱定位环板后插定位施工技术

7.3.1　引言

逆作法是一种既能减少基坑变形，又能节省费用，缩短施工工期的施工方法。在深基坑逆作法施工工艺中，中间立柱桩由混凝土桩与钢立柱组成，其中，一部分中间立柱桩的钢立柱是替代工程结构柱的临时结构柱，其主要用于支撑上部完成的主体结构体系的自重和施工荷载；另一部分中间立柱桩的钢立柱为永久结构，在地下结构施工竣工后，钢立柱一般外包混凝土成为地下室结构柱。作为永久结构的钢立柱的定位和垂直度必须严格控制精度，以便满足结构设计要求；否则会增加钢立柱的附加弯矩，造成结构的受力偏差，存在一定的结构安全隐患。

广州市轨道交通 11 号线工程上涌公园站车站主体结构中柱采用钢管结构柱形式，施工基坑支护时将中间钢管立柱桩作为永久结构施工，钢管结构柱基础为 ϕ1500mm 钻孔灌注桩，钢管结构柱插入灌注桩内 4.0m，钢管结构柱外径 800mm，钢管材质 Q345B 钢。该工程对钢管立柱桩安装的平面位置、标高、垂直度、方位角的偏差控制要求极高，整体施工难度大。

目前，常用的施工方法有直接插入法、HPE（液压垂直插入机插钢管结构柱）工法、人工挖孔焊接法等，其中，直接插入法施工范围窄、施工精度差，HPE 法需特定机械设备进行下插作业，人工挖孔焊接法安全隐患大且对深度有限制。鉴于此，项目组综合项目实际条件及施工特点，开展"全套管全回转钢管混凝土灌注桩精准定位施工技术"研究，经过反复论证，确定基坑立柱桩施工采用全套管全回转钻机＋旋挖机配合施工，采用定位环板调整钢管立柱的中心线和垂直度，通过钢立柱的自重和角板控制钢立柱标高和方位角，达到了定位精准、操作简单、成桩质量好的效果。

7.3.2 工程实例

1. 工程概况

广州市轨道交通 11 号线工程上涌公园站位于广州市珠海区广州大道与新滘路交叉口西北侧上涌公园内，大致呈东西走向，西接逸景站，东连大塘站，场地东侧与广州大道相隔杨湾涌，现状场平标高为 7.000m。该站点采用单一墙装配式结构，地下连续墙兼作永久结构侧墙，钢立柱为永久结构柱，混凝土支撑兼作永久结构横梁，负三层端头墙采用叠合墙结构。

2. 地层分布

项目勘察资料显示，本场地从上至下分布主要地层为耕植土、淤泥、粉砂、粉质黏土、全风化泥质粉砂岩、中风化泥质粉砂岩、微风化泥质粉砂岩等，微风化泥质粉砂层为基础灌注桩持力层。根据钻孔揭示，基坑开挖深度范围主要不良地层为约 4m 厚的流塑状淤泥和约 2m 厚的粉砂层。

3. 设计要求

车站为地下三层岛式站台车站，全长为 221.7m，标准段宽 22.3m，基坑开挖深度 24.48～25.27m。车站主体结构中柱采用钢管结构柱形式，钢管结构柱外径 800mm，钢管材质 Q345B 钢，设计壁厚 30mm 和 24mm 两种，其中 30mm 柱共 10 根、24mm 柱共 14 根，共计 24 根。钢管结构柱基础为 ϕ1500 钻孔灌注桩，钢管结构柱插入基础内 4.0m，钢管结构柱内填充 C50 微膨胀混凝土。钢管立柱桩平面布置图见图 7.3-1，钢管立柱桩身剖面图见图 7.3-2。

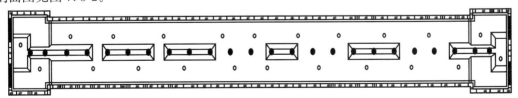

图 7.3-1 钢管立柱桩平面布置图

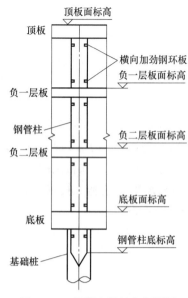

图 7.3-2　钢管立柱桩身剖面图

图中标注：顶板面标高、顶板、横向加劲钢环板、负一层板面标高、负一层板、钢管柱、负二层板面标高、负二层板、底板面标高、底板、钢管柱底标高、基础桩

4. 定位精度要求

钢管结构柱与柱下基础桩施工允许误差满足以下要求：

（1）立柱中心线与基础中心线偏差：不大于 5mm。

（2）立柱顶面标高和设计标高偏差：不大于 10mm。

（3）立柱顶面平整度：不大于 3mm。

（4）立柱垂直度偏差：不大于长度的 1/1000，且不大于 15mm。

5. 施工情况

本项目前期对钢管混凝土桩施工工艺做了充分的市场调研和技术论证，最终选择采用旋挖和全套管全回转钻进成孔，深长护筒＋定位环板精确控制的工艺施工。本项目钢管混凝土灌注桩施工采取的工艺技术措施主要包括：

（1）全套管全回转钻机埋设 15m 长护筒，全套管全回转钻机高精度埋设护筒，护筒作为钢管结构柱平面位置定位、垂直度控制的基准。

（2）采用全站仪、超声波测壁仪对护筒埋设平面定位、垂直度进行检验。

（3）采用旋挖机进行钻进成孔，旋挖机钻进成孔进度快，垂直度控制精确，确保工期及施工质量。

（4）采用超声波测壁仪对成孔垂直度进行检验，符合要求后进行第一次清孔。

（5）灌注桩底混凝土时，采用灌无忧控制桩顶混凝土灌注标高。

（6）设置工具柱、定位环板、调角耳板等措施构件，以定位环板与护筒控制钢管结构柱垂直度，以调角耳板控制钢柱角度、高程。

（7）使用履带起重机、单夹振动锤插入钢管结构柱并精准定位。

（8）待桩底混凝土强度达到 25%（约 24h）后，浇筑钢管内混凝土。

（9）钢管结构柱完成灌注、钢管底混凝土强度达 50% 后进行空桩回填。

本工程于 2019 年 4 月 11 日开始施工，于 2019 年 6 月 15 日完工，比合同工期提前 15d。现场全套管全回转钻机就位见图 7.3-3，钢管柱起吊见图 7.3-4。

6. 钢管结构柱检验情况

基坑开挖后，采用超声波和抽芯对钢管混凝土灌注桩质量进行现场检测，结果表明，桩身完整性、孔底沉渣、混凝土强度等全部满足设计要求；通过对现场钢管结构柱垂直度、平面中心位置进行测量检验，结果均满足设计要求。基坑开挖后钢管混凝土灌桩柱见图 7.3-5。

7.3.3　工艺特点

1. 施工工效高

钢管结构柱与工具柱在工厂内预制加工并提前运至施工现场，由具有钢结构资质的专

图 7.3-3 全套管全回转钻机就位

图 7.3-4 钢管柱起吊

图 7.3-5 基坑开挖后钢管混凝土灌注桩

业队伍进行对接，大大提升了现场作业的效率。采用全套管全回转钻机安放深长护筒，速度快，孔壁稳定性高。同时，采用旋挖钻机配合全回转钻机取土钻进，成孔效率高。

2. 定位效果好

本工艺采用全套管全回转钻机安放深长护筒，全套管全回转钻机的液压系统准确将护筒沉入，确保护筒高精准的基准垂直度。同时，利用钢管结构柱的定位环板与护筒间的微小间隙，有效约束钢管结构柱的垂直度偏差。另外，利用钢管结构柱加设的定位调校构件控制钢管结构柱的角度和标高，最大程度保证了钢管桩的垂直度、方位角和中心点位置。

3. 降低施工成本

采用本工艺进行施工，灌注桩成孔、成桩及钢管结构柱定位所使用的设备和配套机具少，各设备施工工艺成熟，可操作性强，施工工期短，总体施工综合成本低。

7.3.4　适用范围

适用于对钢管结构柱垂直度、高程、角度等精度要求高的永久钢管混凝土灌注桩，定位精度不小于 1/500。

7.3.5　工艺原理

钢管混凝土柱施工分为基础灌注桩和钢管结构柱安装、定位两部分，本工艺主要利用桩基础护筒的高精度定位及钢管结构柱设置的定位环板进行钢管结构柱的垂直度约束，以及对平面、标高位置的有效调节，使钢管结构柱施工精确定位，安插精度满足设计要求。

1. 中心线定位原理

中心线即中心点，其定位贯穿钢管结构柱安装施工的全过程，包括钻孔前桩中心放样、孔口护筒中心定位、全套管全回转钻机中心点和钢管结构柱下插就位后的中心点定位。

（1）桩中心点定位

桩位中心点定位的精准度是控制各个技术指标的前提条件，桩位测量由专业测量工程师负责，利用全站仪进行测量，桩位中心点处用红漆做出三角标志并做好保护。

（2）旋挖机钻孔中心线定位

旋挖钻机根据桩定位中心点标识根据"十字交叉法"原理进行定位施工，具体内容见第 7.1.5 节。

（3）孔口护筒安放定位

孔口护筒定位采用旋挖机钻孔至一定深度后，使用全套管全回转钻机就位下沉护筒，同样根据"十字交叉法"原理，利用旋挖机钻头定位时设置的桩外侧至桩中心点 4 个等距离点位，利用全套管全回转配套的支撑定位平台先行定位，再用全套管全回转钻机 4 个油缸支腿的位置和尺寸，通过平台上 4 个相应位置和尺寸的限位圆弧就位；当全套管全回转钻机在定位基板上就位后，两者即可满足同心状态。全套管全回转钻机就位后，微调油缸支腿进行调平，即可保证全套管全回转钻机中心线精度。随后吊放护筒，利用全套管全回转钻机液压功能下放深长护筒。全套管全回转钻机就位见图 7.3-6。

(a) 铺设基板　　　　　　　　　　(b) 全套管全回转钻机基板圆弧就位

图 7.3-6　全套管全回转钻机就位

（4）定位环板

钢管结构柱后插施工前，通过在钢管结构柱上加焊两个定位钢环板（图 7.3-7），利用钢管结构柱的定位环板与护筒间的间隙，通过"两点一线"有效约束钢管结构柱的垂直度偏差，使钢管结构柱中心点与设计桩位偏差在设计要求范围内，原理见图 7.3-8。

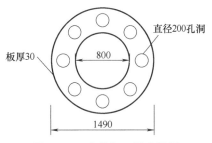

图 7.3-7 定位钢环板大样图

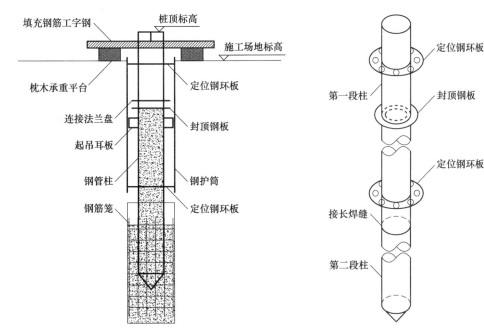

图 7.3-8 定位控制原理图

2. 水平线定位原理

钢管结构柱定位后的水平线位置通过测设工具柱顶标高确定，钢管结构柱下插到位后，现场对其标高进行测控。

3. 方位角定位原理

（1）钢管结构柱方位角定位

基坑逆作法施工中，先行施工的地下连续墙以及中间支承钢管结构柱，与自上而下逐层浇筑的地下室梁板结构通过一定的连接构成一个整体，共同承担结构自重和各种施工荷载。在钢管结构柱安装时，需要预先对钢管结构柱腹板方向进行定位，即方位角或设计轴线位置定位，使基坑开挖后地下室底板钢梁精准对接。

（2）方位角定位线设置

钢管结构柱和工具柱对接完成后，在工具柱上端设置方位角定位线，使其对准钢管结构柱腹板。通过调节钢管上预设的调角耳板和起吊耳板转动钢管结构柱，在下放钢管结构柱过程中进行多次调节，调整中对调角耳板或起吊耳板立面轴线进行测量放线，最终使得其牛腿方向、角度与设计牛腿角度完全吻合后，固定钢管结构柱。方位角定位原理见图 7.3-9～图 7.3-12。

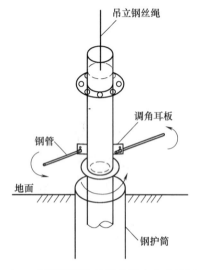

图 7.3-9 粗调钢管结构柱牛腿方向立面示意图

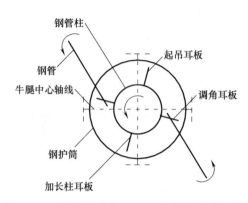

图 7.3-10 粗调钢管结构柱牛腿方向平面示意图

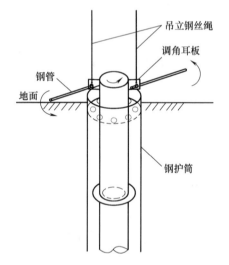

图 7.3-11 精调钢管柱牛腿方向立面示意图

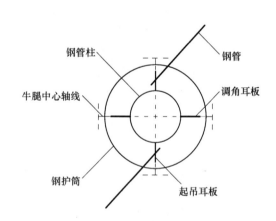

图 7.3-12 精调钢管柱牛腿方向平面示意图

7.3.6 施工工艺流程

钢管结构柱混凝土灌注桩施工工艺流程见图 7.3-13。

7.3.7 工序操作要点

1. 桩位放线定位

（1）旋挖钻机、全套管全回钻钻机等均为大型机械设备，对场地要求高，钻机进场前首先对场地进行平整，硬地化处理。

（2）采用全站仪定位桩中心点，确保桩位准确。

（3）以"十字交叉法"将桩位中心引至四周，并用钢筋做好标记，具体见图 7.3-14。

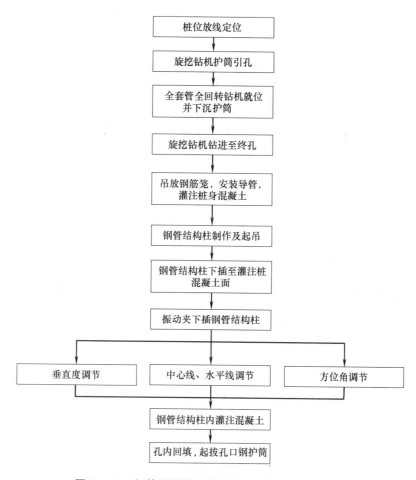

图 7.3-13 钢管结构柱混凝土灌注桩施工工艺流程图

2. 旋挖钻机护筒引孔

（1）灌注桩钻进孔口安放深长护筒，为便于顺利下入护筒，先采用旋挖机引孔钻进。

（2）旋挖钻机开孔遇混凝土块，采用牙轮的筒钻钻穿硬块。

（3）开孔时，根据引出的孔位十字交叉线，准确量测旋挖机钻头外侧 4 个方向点位的距离，保证钻头就位的准确性。旋挖钻机定位开孔见图 7.3-15。

图 7.3-14 桩位放线定位

图 7.3-15 旋挖钻机定位开孔

3. 全套管全回转钻机就位并下沉护筒

（1）旋挖钻机引孔至2～3m后，吊放全套管全回转钻机定位基板；吊装时，将其中心交叉线与钻孔中心"十字交叉线"双层双中心重合进行安放，基板定位见图7.3-16。

（2）全套管全回转钻机选用DTR2005H，其最大钻孔直径可达2000mm，完全满足本项目成孔要求。全套管全回转钻机定位基板固定后，吊放全套管全回转钻机，将全套管全回转钻机4个油缸支腿的位置和尺寸，对准定位平台上设置的4个相应位置和尺寸的限位圆弧，确保全套管全回转钻机准确就位，全套管全回转钻机就位见图7.3-17。

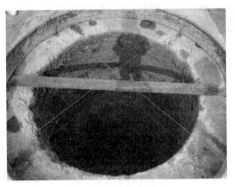

图7.3-16　全套管全回转钻机定位基板双中心定位

图7.3-17　全套管全回转钻机吊装就位

（3）全套管全回钻钻机就位后，吊放护筒至孔口平台，并利用全套管全回转液压回转机构下插钢护筒。护筒采用直径（外径）1.59m、厚45mm、长15m的钢护筒，护筒分节进行吊装、下压，具体见图7.3-18。

（4）护筒由全套管全回转钻机下压就位后，为加快取土进度，采用旋挖钻机护筒内配合取土钻进，具体见图7.3-19。

图7.3-18　全套管全回转钻机安放护筒

图7.3-19　旋挖钻机护筒内取土

4. 旋挖钻机钻进至终孔

（1）长护筒安放完成后，吊移全套管全回转钻机，旋挖钻机按指定位置就位（图7.3-20），并调整桅杆及钻杆的角度。钻头对孔位时，缓慢入孔。

（2）旋挖钻机采用SANY365R，为确保成孔垂直度，成孔分四步进行，第一步使用直径1000mm捞砂斗取土钻至桩底；第二步使用直径1480mm、高2500mm直筒筒钻修孔、钻进；第三步使用直径1480mm、高1800mm直筒捞砂斗捞渣、跟进至桩底；第四步使用超声波测壁仪检验成孔垂直度。

图7.3-20　旋挖钻就位

（3）钻进过程中，定期检查钻杆垂直度及桩位偏差，每钻进2m测量一次钻杆四面与护筒边的距离是否一致；若偏差大于5mm则及时调整纠偏。旋挖钻机钻进检测见图7.3-21，孔壁超声波检测结果见图7.3-22。

图7.3-21　旋挖钻机钻进检测

图7.3-22　孔壁超声波检测结果

5. 吊放钢筋笼，安装导管，灌注桩身混凝土

（1）一次清孔、终孔验收后，及时吊放钢筋笼，安放灌注导管。

（2）钢筋笼按照设计图纸在现场加工场内制作，主筋采用套筒连接，箍筋与主筋间采用人工点焊，本项目钢筋笼长14m，一次性制作完成；钢筋笼制作验收完成后采用起重机吊放；吊装钢筋笼时对准孔位，吊直扶稳，缓慢下放。

（3）本项目桩径较大，采用直径288mm灌注导管。下导管前，对每一节导管进行详细检查，第一次使用时进行水压试验。

（4）本项目采用C35水下混凝土，在灌注前、气举反循环二次清孔结束后，安装容

图 7.3-23　桩身混凝土灌注

量 2m³ 的初灌料斗，盖好密封盖板，混凝土装满初罐料斗后提拉料斗下盖板，料斗内混凝土灌入孔内，同步混凝土罐车及时向料斗内补充混凝土，保证混凝土初灌埋管深度在 0.8m 以上。桩身混凝土初灌见图 7.3-23。

（5）在混凝土灌注过程中，定期用测绳检测混凝土上升高度，适时提升拆卸导管，导管埋深控制在 2～4m，严禁将导管底端提出混凝土面。混凝土灌注保持连续进行，以免发生堵管，造成灌注事故。

（6）考虑桩顶有一定的浮浆，采用"灌无忧"设备控制混凝土灌注至桩顶以上 1.0m 位置，以保证桩顶混凝土强度；同时，避免超灌太多而造成浪费和增加大钢管结构柱安装浮力。

（7）采用初凝时间为 10h 的混凝土进行灌注，避免钢管结构柱安装过程中混凝土出现初凝而无法进行安装，确保钢管结构柱的安装、定位、固定在混凝土初凝前完成，确保施工质量。

6. 钢管结构柱制作及起吊

（1）钢管结构柱和工具柱均由钢结构制作资质的专业队伍承担制作，具体见图 7.3-24。

（2）钢管结构柱起吊采用多点起吊法，采用 1 台 130t 履带起重机作为主吊，1 台 75t 履带起重机作为副吊，一次性整体抬吊，再利用主吊抬起至垂直。钢管结构柱整体起吊见图 7.3-25。

图 7.3-24　钢管、定位环板加工安装

图 7.3-25　钢管结构柱整体起吊

7. 钢管结构柱下插至灌注桩混凝土面

（1）在混凝土灌注完成后，随即进行钢管结构柱下插，尽可能缩短停待时间。

（2）采用起重机起吊安放钢管结构柱，利用钢管结构柱的自重进行下插，下插过程中对准孔位缓慢下放，钢管结构柱吊放入孔见图7.3-26。

（3）钢管结构柱下放至定位环板时，注意调节下放位置，控制钢管柱下放时的垂直度，保证定位环板顺利下放（图7.3-27）。下放至混凝土面后，由于混凝土阻力、钢管柱的浮力增加，钢管结构柱的下放逐步放缓直至钢管结构柱基本稳定不下沉。

图7.3-26　钢管结构柱起吊入孔

图7.3-27　钢管结构柱定位环板起吊入孔

8. 振动夹下插钢管结构柱

（1）钢管结构柱下插至稳定不下沉状态后，采用单夹持振动夹辅助振动下插（图7.3-28）。

（2）振动夹夹住钢管结构柱，利用振动夹的液压力继续施压下沉，把钢管结构柱逐步下压至调角耳板距离护筒顶50cm附近，停止施压，进行方位角、标高等调节。

9. 钢管结构柱下插调节

（1）钢管结构柱的上部及下部安装定位钢环板，钢管结构柱的中心点定位采用设置的定位钢环板定位，确保钢管结构柱与护筒的中心点定位、垂直度保持一致。

图7.3-28　单夹持振动夹辅助振动下插

（2）钢管结构柱牛腿方向控制具体操作需按两步进行：

第一步，将钢管结构柱吊立至孔口，基本对中后，开始缓慢下放，当调角耳板底部离护筒顶50cm时停止下放，使用两根钢管分别穿入耳板调角孔洞，人力（辅助挖机）撬动钢管转动钢管结构柱，对耳板立面轴线进行测量放线，使其牛腿方向、角度与设计牛腿角度基本吻合后，继续下放钢管结构柱。

第二步，粗调角度后，继续缓慢下放，当起吊耳板底部离护筒顶50cm时停止下放，使用两根钢管分别穿入起吊耳板调角孔洞，撬动钢管转动钢管结构柱，对起吊耳板立面轴线进

图 7.3-29　钢管结构柱下插调节

行测量放线，使其牛腿方向、角度与设计牛腿角度完全吻合后，下放钢管结构柱，并穿杠固定钢管结构柱，以此控制钢管结构柱的牛腿角度。

钢管结构柱下插调节见图 7.3-29。

（3）钢管结构柱标高定位

因钢管结构柱上的工具柱顶高出地面，故可直接测量柱顶标高，以此计算出各预埋件位置是否处于设计标高。若有偏差，则调整孔口枕木承重平台标高，误差不大于 5mm。钢管结构柱标高定位见图 7.3-30，钢管结构柱标高复测见图 7.3-31。

10. 钢管结构柱内灌注混凝土

（1）为防止灌注钢管结构柱内混凝土时触碰到钢管结构柱，造成钢管结构柱的偏位，以及灌注混凝土造成钢管结构柱下沉，影响钢管最终定位的准确性，钢管结构柱完成安装后，待钢管结构柱桩混凝土终凝达到 25%（约 24h）后，再对钢管结构柱内的混凝土进行灌注。同时，安装完成后，对桩孔周边 5m 范围内进行防护，防止各大型设备作业、行走时产生的振动影响钢管结构柱的精度。

图 7.3-30　钢管结构柱标高定位

图 7.3-31　钢管柱标高复测

（2）钢管结构柱内混凝土灌注采用 ϕ180mm 导管、ϕ50cm 小料斗进行灌注。混凝土一次性灌注至设计标高位置。

11. 孔内回填、起拔孔口钢护筒

（1）空桩回填在钢管结构柱完成灌注后、钢管底混凝土强度达 50% 后进行，采用挖机、铲车回填中砂进行第一次回填。

（2）第一次回填完成后，使用全套管全回转钻机拔出护筒；护筒拔设完成后，再进行第二次回填。

7.3.8 机械设备配置

本工艺现场施工所涉及的主要机械设备见表 7.3-1。

主要机械设备配置表 　　　　　　　　　　　　　　　　表 7.3-1

名称	型号	备注
旋挖钻机	SANY365R	成孔、切除混凝土地面
履带起重机	130t	立柱钢管和钢筋笼安装
全套管全回转钻机	DTR2005H	护筒回转安放
履带起重机	75t	吊运
泥浆泵	BW-150	泥浆抽排、循环
空气压缩机	VF9-12m³	气举反循环清孔
电焊机	BX1-330	焊接、加工
混凝土灌注导管	$\phi288mm$	立柱混凝土灌注
混凝土灌注导管	$\phi180mm$	钢管结构柱混凝土灌注
装载机	徐工300F	场内倒运渣土
挖机	PC200	挖土
单夹振动锤	Cat2045Ⅱ	钢管结构柱安装
全站仪	WILD-TC16W	测量定位
水准仪	DS3	测量定位
超声波测壁仪	DM-604R	测量护筒及孔壁垂直度
灌无忧	CSZiot	桩顶混凝土灌注标高控制

7.3.9 质量控制

1. 钢管结构柱中心线

(1) 现场测量定位出桩位中心点后，采用十字交叉法引出桩中心点 4 个护桩，并做好防护，以利于恢复桩位时使用。

(2) 旋挖钻机埋设孔口护筒时，钻进前对准桩位，慢速钻进，严格控制垂直度。

(3) 全套管全回转钻机定位平台放置前，保证场地平整压实。

(4) 定位环板制作完成后，经复核无误后方可使用。

2. 钢管结构柱水平线

(1) 钢管结构柱下放到位后，在工具柱顶选 4 个点对标高进行复测，误差不大于 2mm。

(2) 混凝土初凝时间按 10h 缓凝设计，以避免钢管结构柱下插到位前桩身混凝土初凝，使得钢管结构柱无法下插至桩身混凝土内预定位置。

(3) 钢管结构柱下放过程中，如浮力过大，可向钢管结构柱内持续注水增加钢管结构柱自重，从而克服混凝土产生的巨大上浮力，保证钢管结构柱下放到位。

3. 钢管结构柱方位角

(1) 工具柱顶方位角定位线与腹板位置对齐，工具柱侧的定位线标记清晰、准确。

（2）夜间采用激光仪放线，确定桩位中心点、方位角定位点、已知测设点和校核点四点位于同一直线上，确保钢管结构柱下放方向正确。

7.3.10　安全措施

1. 全套管全回转、旋挖机作业

（1）旋挖机、全套管全回转钻机由持证专业人员操作。

（2）旋挖机、全套管全回转钻机施工时，严禁无关人员在履带起重机作业半径内。

（3）套管接长和钢筋笼吊装操作时，指派专人现场指挥。

（4）在全套管全回转钻机上设置安全护栏，确保平台上作业人员的安全。

（5）每天班前对设备的钢丝绳、液压系统进行检查，对不合格钢丝绳及时进行更换，保持油压系统通畅。

2. 吊装作业

（1）严格按照"十不吊"原则进行吊装作业。

（2）吊装作业前，将施工现场起吊范围内的无关人员撤出，起重臂下及作业影响范围内严禁站人。

（3）钢管结构柱吊装时，由司索工指挥吊装作业，控制好吊放高度，避免发生碰撞。

第 8 章　全套管全回转钢管结构柱先插定位新技术

8.1　逆作法钢管柱先插法工具柱定位、泄压、拆卸施工技术

8.1.1　引言

深惠城际轨道交通龙城车站主体结构设计采用盖挖逆作法施工，竖向支撑构件为钢管柱，钢管柱下方为灌注桩基础。灌注桩基础设计直径 2.0m、平均长度 28.0m，桩身混凝土等级为 C35。钢管柱设计直径 1.0m、平均长度 21.5m，底部嵌固在桩基础中，嵌固段长度 4.0m，柱内混凝土等级为 C50。本工程钢管柱施工采用先插法工艺，采用全套管全回转钻机进行钢管柱定位。由于钢管柱顶设计标高位于地面以下 5.5m 位置处，为了便于孔口定位，在钢管柱上方安装长 6.5m、直径 1.5m 的工具柱用以辅助定位。

先插法施工是在混凝土灌注之前，将钢管柱插入灌注桩顶部的一种方法。施工时，在灌注桩钻孔完成后，先在地面将工具柱与钢管柱连接，再用全套管全回转钻机下插钢管柱至设计标高；钢管柱完成中心点、标高、方位角、垂直度定位后，用全套管全回转钻机固定工具柱，再开始灌注桩身混凝土和柱内混凝土，最后再将工具柱拆除。

本项目在采用先插法施工过程中，遇到较多的技术问题，给现场施工带来困扰。一是工具柱和钢管柱对接时，需要保证其对接精度，通常使用专门设计的精准定位平台，如自调式滚轮架对接平台（图 8.1-1），但这种对接平台需要新增机械设备，并且机械安装过程较复杂；二是通常采用全套管全回转钻机下插钢管柱（图 8.1-2），但钻机体积和重量大，配套设备多，施工操作工序复杂，施工使用成本高；三是拆卸工具柱前，先将工具柱内部泥浆抽干，工人进入工具柱底部拆卸连接螺栓过程中，由于柱外泥浆液面比工具柱内泥浆液面高，在水头压力作用下，工具柱外的泥浆以及部分地下水沿着工具柱与钢管柱松开后的间隙快速进入工具柱内，导致泥浆喷涌，严重威胁柱内人员的安全，见图 8.1-3。

图 8.1-1　自调式滚轮架对接平台

图 8.1-2　全套管全回转钻机钢管柱定位

四是拆卸工具柱连接螺栓时，钢管柱内超灌混凝土将钢管柱与工具柱的连接螺栓覆盖，混凝土初凝后导致拆卸螺栓时破除混凝土费时、费力，见图 8.1-4。

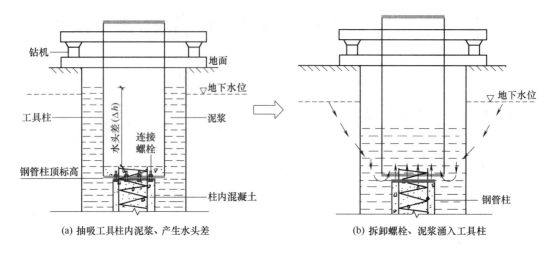

(a) 抽吸工具柱内泥浆、产生水头差　　　　　(b) 拆卸螺栓、泥浆涌入工具柱

图 8.1-3　拆卸工具柱时泥浆喷涌入工具柱内

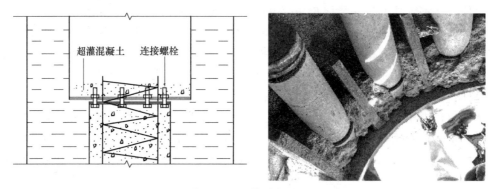

图 8.1-4　柱间连接螺栓被超灌混凝土覆盖

针对上述问题，综合项目施工条件及特点，项目组对钢管柱先插法施工工艺展开研究，经过现场试验、优化改进，形成了"逆作法钢管柱先插法工具柱定位、泄压、拆卸综合施工技术"，顺利解决了施工过程中遇到的上述四个问题。施工过程中，当钢管柱底部嵌固段插入孔内后，先在孔口将钢管柱调节至垂直，此时记录安装在工具柱顶的倾斜传感器读数，随后当钢管柱完全进入钻孔后，在孔口通过调节工具柱位置，使倾斜角恢复之前垂直状态的读数，保持钢管柱垂直度满足要求。在万能平台上增设了一套定位结构，加装了三根定位螺杆对钢管柱进行垂直度调节和固定，定位螺杆和万能平台的液压定位块使得万能平台能够代替全套管全回转钻机对工具柱进行定位，节省了全套管全回转钻机的使用成本。在工具柱底部预先开设两个泄压孔，在抽吸工具柱内泥浆时，同步降低工具柱外泥浆液面以及钻孔周边的地下水位，有效消除了工具柱内、外的水头差，避免拆卸工具柱时泥浆喷涌，消除了施工安全隐患。在钢管柱与工具柱对接后，对每个连接螺栓均安装保护套筒，有效避免了钢管柱内混凝土灌注时螺栓被超灌混凝土覆盖，实现便捷拆卸螺栓。本

技术经项目实践，形成了完整的工艺流程、技术标准、操作规程，达到了定位精准、施工便捷、操作安全、成本经济的效果，取得了显著的社会效益和经济效益。

8.1.2　工艺特点

1. 定位精准

本工艺通过万能平台定位块伸缩以调节工具柱中心点位置，并用全站仪实时测量以控制误差。预先在工具柱上标记定位辅助线，保证工具柱的标高、方位角定位精准。下插钢管柱时，先将其调整至垂直，并记录工具柱倾斜角，在钢管柱完全插入孔内后，通过保持之前记录的工具柱倾斜角不变化，以达到保证钢管柱垂直度的目的，消除了对接误差对于垂直度定位的影响。

2. 施工便捷

本工艺采用轻便的万能平台定位，在万能平台上方加装一套螺杆定位结构，三根定位螺杆用以辅助定位，使万能平台能够代替全套管全回转钻机进行定位，万能平台体积小、操作方便快捷。在拆卸工具柱时，通过在工具柱内设置螺栓保护套筒，有效防止了工具柱与钢管柱的连接螺栓被浮浆或超灌混凝土埋入，实现螺栓快捷拆卸。

3. 操作安全

本工艺在孔口采用万能平台替代全套管全回转钻机定位工具柱，平台高度低，无需登高作业，避免了全套管全回转钻机作业时的高空坠落风险。同时，在工具柱底部开设了泄压孔，抽吸工具柱内泥浆的同时，有效降低钻孔内泥浆水头，使得工具柱内外泥浆压力平衡，避免拆卸工具柱时泥浆喷涌，消除了施工安全隐患。

4. 成本经济

本工艺在钢管柱与工具柱对接时，采用由槽钢焊制而成的普通对接平台即可，无需采用专门设计的精准对接平台，节省了设备购置成本。同时，现场采用万能平台定位，不需要使用大型全套管全回转钻机，节省了机械使用成本。另外，万能平台移动方便、操作便捷、施工速度快，整体综合成本低。

8.1.3　适用范围

适用于柱顶标高在地面以下的钢管柱先插法施工，尤其适合地下水位较高、柱顶标高较低的钢管柱先插法施工，适用于直径不大于 1.0m、长度不超过 25m 的钢管柱定位施工。

8.1.4　工艺原理

本工艺针对逆作法钢管柱先插法施工采用工具柱定位、泄压、拆卸综合施工技术，其关键技术主要包括四个部分：一是工具柱倾斜角归位式监测定位技术，二是万能平台工具柱孔口定位技术，三是工具柱孔内泄压技术，四是工具柱连接螺栓套筒保护技术。

1. 工具柱倾斜角归位式监测定位技术

本工艺在钢管柱插入前，预先在工具柱顶安装倾斜传感器，用以测量工具柱倾斜角，当钢管柱底部嵌固段插入孔内后，先在孔口将钢管柱调节至垂直，此时自动化监测系统记录工具柱顶传感器 X、Y 轴方向的倾斜角读数 θ_1、θ_2；当钢管柱完全插入孔内后，再在孔口调节工具柱倾斜角，使得传感器读数归位至之前记录的数值 θ_1、θ_2，从而使钢管柱的垂直度满足要求。

（1）钢管柱倾斜自动化监测系统

钢管柱倾斜自动化监测系统由定点式倾斜传感器和配套的数据终端组成。传感器安装在工具柱顶，用于测量工具柱 X、Y 轴方向的倾斜角，倾斜传感器安装见图 8.1-5 （a）。传感器通过传输线与数据终端连接，数据终端可实时显示倾斜角读数，现场数据终端见图 8.1-5 （b）。相比于普通测斜仪，该监测系统的精度和分辨率均大幅提高，最小分辨率达到 $0.001°$。

(a) 定点式倾斜传感器　　　　　　　　　　(b) 数据终端

图 8.1-5　钢管柱倾斜自动化监测系统

（2）工具柱倾斜角归位原理

钢管柱插入前，在普通对接平台上将钢管柱与工具柱连接牢固，同时在工具柱顶预先安装倾斜传感器；下插钢管柱时，当钢管柱底部嵌固段完全进入孔内后，停止下放，此时开始用全站仪监测钢管柱垂直度，同时传感器开始测量工具柱倾斜角，并利用万能平台上安装的定位螺杆调节钢管柱垂直度。定位螺杆安装在万能平台上方，螺杆支撑在基座上，定位螺杆实物见图 8.1-6。调节时，根据全站仪测量的垂直度偏差数值，用电动扳手交替转动三根定位螺杆，螺杆可以旋转顶进或后退，通过控制三根定位螺杆的顶进距离调节钢管柱垂直度，定位螺杆调节钢管柱垂直度示意见图 8.1-7。定位螺杆调节过程中，全站仪实时监测钢管柱垂直度，当监测到钢管柱垂直度满足设计要求后，记录此时工具柱 X、Y 轴方向的倾斜角读数 θ_1、θ_2，钢管柱垂直时记录工具柱倾斜角工况见图 8.1-8。随后使定

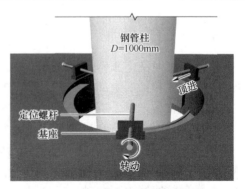

图 8.1-6　定位螺杆实物　　　　　　**图 8.1-7　定位螺杆调节钢管柱垂直度**

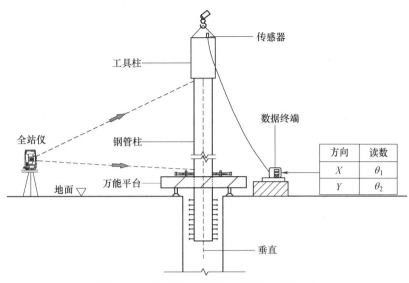

图 8.1-8 钢管柱垂直时记录工具柱倾斜角

位螺杆全部后退,解除固定钢管柱,再继续下放钢管柱。下放就位后,在孔口调节工具柱的倾斜角,使其恢复至原来测得的 θ_1、θ_2,以使钢管柱垂直度满足定位要求。

2. 万能平台工具柱孔口定位技术

本工艺直接借助万能平台在孔口对工具柱的中心点、标高、方位角、垂直度等进行定位。本工程使用的万能平台长 4.0m、宽 3.0m、高 0.8m,主要由平台面、定位块、支腿等结构组成,万能平台结构见图 8.1-9。

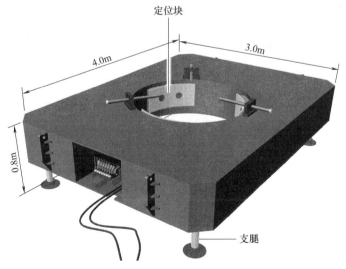

图 8.1-9 万能平台结构

(1) 中心点定位

中心点定位时,先用十字架找到工具柱中心点,并测量中心点坐标,再测出设计桩位坐标,中心点定位见图 8.1-10(a)、图 8.1-10(b)。若二者的误差超过规定值,则使用万能平台定位块的收缩、伸出功能进行位置调节,三个定位块通过液压系统控制,可以独立进行伸缩，通过调节其伸缩长度对工具柱的中心点调节，直至中心点与桩位坐标误差满足要求，中心点调节见图8.1-10（c）。

(a) 十字架找中心点　　　　　　　(b) 测设桩位坐标　　　　　　(c) 调节平台定位块伸缩长度

图8.1-10　中心点定位原理

（2）标高定位

标高定位由工具柱上标记的定位线辅助完成。在钢管柱起吊前，根据钢管柱设计标高、工具柱长度、护筒顶标高等数据进行计算，预先在工具柱上标记出护筒顶的相对位置，即标高定位线（图8.1-11）。下放钢管柱时，当标高定位线到达护筒顶时，即表示钢管柱已经到达设计标高，此时停止下放。复核时，在工具柱顶选取多个测点测量标高，保证工具柱顶标高与设计标高误差不超过规定值。

  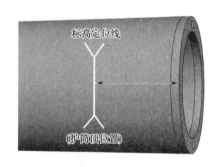

(a) 定位线实物　　　　　　　　(b) 定位线大样　　　　　　　(c) 定位线位置

图8.1-11　标高定位线

图8.1-12　轴线方位

（3）方位角定位

方位角定位前，预先测设钢管柱与钢梁连接节点处的牛腿方向，即轴线方位，并将轴线方位引导至工具柱顶，工具柱上标识轴线见图8.1-12。定位时，先沿着工具柱中心点（O点）测设出设计轴线方向（OA方向）。再测量轴线在工具柱顶的投影点（B点）坐标，确定OB方向。随后工人转动工具柱，使OB方向与OA方向重合，定位完成后复核方位角误差，方位角定位过程示意见图8.1-13。

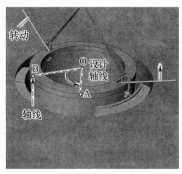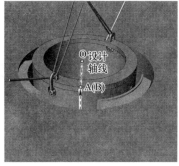

图 8.1-13 方位角定位过程

（4）垂直度定位

垂直度定位时，由于钢管柱已完全插入孔内，此时采用调节工具柱倾斜角的方式对钢管柱进行垂直度定位。定位过程中，实时监测工具柱倾斜角读数，微调万能平台定位块的伸缩长度，反复调节工具柱倾斜角，直至工具柱顶在 X、Y 方向倾斜角读数恢复为之前测得的 θ_1、θ_2，此时底部的钢管柱的垂直度即满足设计要求，工具柱倾斜角归位见图 8.1-14。

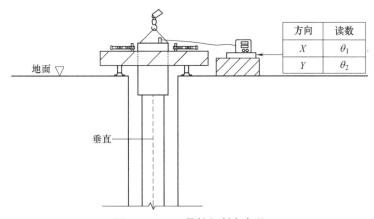

图 8.1-14 工具柱倾斜角归位

（5）工具柱固定

在工具柱孔口定位过程中，全站仪测量工程师、工具柱顶测量员、倾斜角监测工程师、工具柱调节工人等多方协同操作，最终使中心点、标高、方位角、垂直度全部满足定位精度要求后，将万能平台的定位块全部伸出，使其夹紧固定工具柱，见图 8.1-15。由于钢管柱和工具柱总重量较大，后续还将在工具柱顶进行混凝土灌注作业，为确保工具柱稳固，在工具柱顶部与万能平台间对称焊接 2 块 3cm 厚钢板，将工具柱和钢管柱的重力传递至万能平台，具体见图 8.1-16。

3. 工具柱孔内泄压技术

本工艺在钢管柱内混凝土灌注完成后，进行工具柱拆卸回收。拆卸工具柱时，先将工具柱内泥浆抽出，为了消除工具柱内外的水头差，避免拆卸工具柱时柱外的泥浆喷涌，在工具柱端部法兰盘处对称开设 2 个直径约 12cm 圆形泄压孔，使得工具柱内外连通，泄压

图 8.1-15　多方协同合作示意图

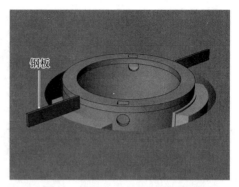

图 8.1-16　柱顶与平台间焊接钢板固定

图 8.1-17　泄压孔结构

孔结构见图 8.1-17。当泥浆泵抽吸工具柱内泥浆时，工具柱内泥浆液面降低，由于柱内外连通，工具柱外的泥浆通过泄压孔进入柱内，见图 8.1-18（a）。部分地下水也会进入钻孔中被抽出，使得钻孔周边地下水位降低，见图 8.1-18（b）。最终孔内泥浆液面和地下水位下降至泄压孔所在高度，消除了工具柱内外侧的水头差，在拆卸连接螺栓时不会造成工具柱内泥浆喷涌，见图 8.1-18（c）。

4. 工具柱连接螺栓套筒保护技术

在灌注钢管柱内混凝土时，为防止连接螺栓被超灌混凝土埋入，在钢管柱与工具柱对接完成后，预先对工具柱底部栓孔设置螺栓保护套筒，螺栓保护套筒安装在法兰盘螺栓孔的上方，与连接螺栓孔位置一一对应，螺栓保护套筒位置见图 8.1-19。螺栓保护套筒由底座、套筒、密封盖等三部分组成，其直径约 12cm、高约 48cm，足以避免被超灌混凝土埋入，螺栓保护套筒结构见图 8.1-20。螺栓保护套筒的底座焊接固定在法兰盘上，设置在连接螺栓周围，高度 8cm；底座顶部与套筒通过丝扣连接，套筒作用是隔绝超灌混凝土；密封盖通过丝扣连接安装在套筒上口，其作用是避免混凝土从上口进入套筒内，具体安装步骤见图 8.1-21。当需要拆卸连接螺栓时，先用泥浆泵将工具柱内泥浆抽出，随后工人进入工具柱底部法兰盘处，逐个拆下密封盖和套筒，随后用电动扳手拆卸连接螺栓。

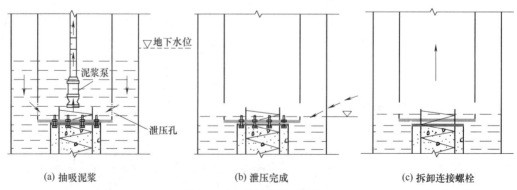

(a) 抽吸泥浆　　　　　　　　(b) 泄压完成　　　　　　　　(c) 拆卸连接螺栓

图 8.1-18　工具柱泄压原理图

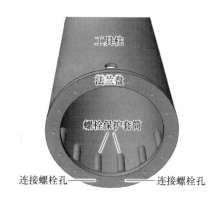

图 8.1-19　螺栓保护套筒位置

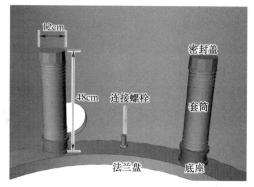

图 8.1-20　螺栓保护套筒结构

(a) 安装连接螺栓

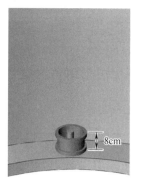

(b) 安装底座

(c) 安装套筒

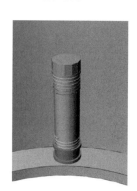

(d) 安装密封盖

图 8.1-21　安装螺栓保护套筒步骤

8.1.5　施工工艺流程

以深惠城际轨道交通龙城车站主体结构工程为例，本工程灌注桩直径 2.0m，成孔深 50.0m，入微风化灰岩 10.0m，灌注桩长 28.0m；钢管柱直径 1.0m、长 21.5m。工具柱直径 1.5m、长 6.5m。逆作法钢管柱先插法工具柱定位、泄压、拆卸综合施工工艺流程见图 8.1-22。

8.1.6　工序操作要点

1. 桩位放线定位

（1）由于旋挖机、万能平台对场地要求较高，钻进前先对场地进行平整、硬化处理。

（2）利用全站仪测设桩中心坐标，在四周用钢筋护桩拉十字线定位，并且用红漆标记中心点。

2. 旋挖机钻进至终孔

（1）本工程灌注桩直径 2.0m，配置宝峨 BG46 型大扭矩旋挖钻机钻进成孔。钻机就位前，在钻机下铺设钢板。

（2）在孔口埋设护筒，护筒直径 2.2m、长 6.0m。土层段采用截齿捞砂斗钻进，钻进时采用泥浆护壁，泥浆液面保持在地面以下 50cm。开孔时慢速钻进，并注意轻稳放斗、提斗，钻进时及时将捞砂斗提出孔外排渣，旋挖机钻进见图 8.1-23。

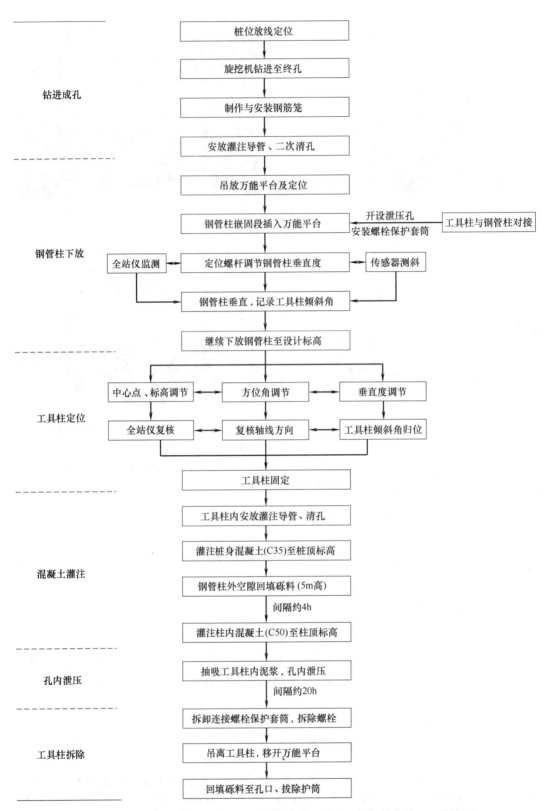

图8.1-22 逆作法钢管柱先插法工具柱定位、泄压、拆卸综合施工工艺流程

（3）当钻至岩面后，由于桩端入微风化灰岩，采用分级扩孔钻进工艺。先用直径1.4m截齿筒钻对硬岩进行环切钻进，每次钻进深度约1.8m，随后用取芯筒钻将岩芯扭断取出，再用捞砂斗清理孔内岩渣，循环上述过程直至钻至设计标高，旋挖取出的岩芯见图8.1-24。随后，再采用直径2.0m筒钻扩大钻孔直径，最终钻至设计标高。

图 8.1-23 旋挖机钻进

图 8.1-24 取出的岩芯

3. 制作与安装钢筋笼

（1）钻进至终孔后，旋挖钻机移机。

（2）钢筋笼根据设计图纸和孔深制作，并按照设计要求安装声测管，钢筋笼制作见图8.1-25。

（3）钢筋笼制作完成后，进行隐蔽工程验收；验收合格后，将钢筋笼吊至孔口，穿杠将钢筋笼临时固定，再在孔口接长主筋和声测管，随后继续下放钢筋笼至设计标高，现场钢筋笼安放见图8.1-26。

图 8.1-25 制作钢筋笼

图 8.1-26 安放钢筋笼

图 8.1-27　气举反循环二次清孔

4. 安放灌注导管、二次清孔

（1）将灌注导管下入孔内，导管下放直至其底部距孔底 0.3～0.5m。

（2）清孔采用气举反循环方式进行，导管上口通过液压胶管连接泥浆净化器，排出的泥浆经净化器处理后分离出泥渣，泥浆随后再通过出浆管直接回流至桩孔内循环，气举反循环二次清孔见图 8.1-27。

5. 吊放万能平台及定位

（1）二次清孔至孔底沉渣满足要求后，将灌注导管分节拆卸并吊出。导管拆卸完成后，采用田字架四吊点起吊万能平台并进行定位，采用"双层双中心"定位技术（图 8.1-28），即在孔口护筒上拉十字线定出护筒中心，再在万能平台上同样拉十字线定出平台中心，随后将万能平台中心点引出的铅垂线对齐护筒中心点。

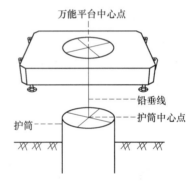

图 8.1-28　万能平台"双层双中心"定位

（2）万能平台中心点对位完成后，通过调节四个支腿的高度使万能平台水平。调节时，操作万能平台控制室内的操纵杆以控制支腿升降，同时观察控制室内水平仪的气泡位置，直至气泡居中，万能平台水平调控见图 8.1-29。

(a) 摇动操纵杆调节万能平台水平　　　　　　(b) 水平仪

图 8.1-29　万能平台水平调控系统

6. 工具柱与钢管柱对接

（1）工具柱与钢管柱对接前，在工具柱底部用乙炔切割法开设泄压孔（图8.1-30），泄压孔对称开设，直径约12cm。

图8.1-30　工具柱开设泄压孔

（2）工具柱与钢管柱对接采用常用的工字钢平台（图8.1-31），对接时将钢管柱和工具柱分别起吊后放在平台上，安放时将钢管柱与工具柱的连接螺栓孔对齐。

（3）对齐后，将螺栓插入螺栓孔，螺栓采用钢结构螺栓连接副（10.9S级），并且安排人员在工具柱内用电动扳手将螺母拧紧；为确保螺栓连接紧密，将钢管柱与螺帽焊接固定。

（4）在工具柱上用粉笔做标记，列式计算护筒顶在工具柱上的相对位置，并且画线标记该位置（图8.1-32）。下放钢管柱时，当标高定位线到达护筒顶时，即代表钢管柱已经到达设计标高。

图8.1-31　工字钢对接平台

29.716+6.5=36.216
36.216-35.066=1.15

29.716表示钢管柱顶设计标高(m)；6.5表示工具柱长度(m)；36.216表示工具柱顶标高(m)；35.066表示护筒顶标高(m)；1.15表示护筒顶与工具柱顶的距离(m)

标高定位线
1.15m

图8.1-32　标高定位线

（5）测设钢管柱与钢梁连接节点处的牛腿方向，并将其引至工具柱顶，随后在工具柱上用弹线标记牛腿方向线，即轴线方位。

（6）在工具柱底部法兰盘位置，按螺栓孔位置逐个安装螺栓保护套筒（图8.1-33）。

图 8.1-33 螺栓保护套筒

（7）在工具柱顶法兰盘上设置支架，在支架上安装倾斜传感器（图 8.1-34）。

图 8.1-34 安装倾斜传感器

7. 钢管柱嵌固段插入万能平台

（1）由于工具柱和钢管柱总长度较大，采用双机抬吊的方式起吊钢管柱，主吊额定起重量 150t，副吊额定起重量 75t，钢管柱起吊全程由司索工指挥，见图 8.1-35。

图 8.1-35 起吊钢管柱

（2）将钢管柱吊至万能平台上方，随后将钢管柱底部嵌固段插入万能平台，插入时使钢管柱中心点接近万能平台中心点，见图 8.1-36。

图 8.1-36　钢管柱嵌固段插入万能平台

8. 定位螺杆调节钢管柱垂直度，全站仪监测，传感器测斜

（1）当钢管柱底部嵌固段完全插入孔内后，停止下放，随后工人用电动扳手转动三根架设在万能平台上的定位螺杆端部的螺母，将定位螺杆顶进至钢管柱边缘，对钢管柱进行初步定位。

（2）测量工程师用全站仪监测钢管柱垂直度（图 8.1-37），若监测显示钢管柱倾斜，工人依据测量结果用电动扳手调节三根定位螺杆，使其顶进或后退以调节钢管柱垂直度（图 8.1-38）。

图 8.1-37　全站仪监测钢管柱垂直度

（3）倾斜角监测由监测工程师负责，在工人调节钢管柱垂直度的同时，实时观察数据终端显示屏上的倾斜角读数，见图 8.1-39。

图 8.1-38　定位螺杆调节钢管柱垂直度　　　　**图 8.1-39　监测工程师观察倾斜角读数**

9. 钢管柱垂直，记录工具柱倾斜角

（1）测量工程师用全站仪监测到钢管柱垂直度满足要求后，工人将三组定位螺杆顶紧钢管柱，同时报告倾斜角监测工程师，监测工程师记录此时传感器 X、Y 方向读数为 θ_1、θ_2。

（2）监测工程师记录倾斜角读数后，工人用电动扳手分别转动三根定位螺杆使其后退解除固定。

10. 继续下放钢管柱至设计标高

（1）继续缓慢下放钢管柱，下放过程中，避免钢管柱产生较大的晃动。

（2）当工具柱接近孔口时（图 8.1-40），降低下放速度，密切注意标高定位线的位置，当工具柱上的标高定位线到达护筒顶时，立即停止下放。

图 8.1-40　工具柱下放至孔口

图 8.1-41　工具柱中心点测量定位

11. 中心点、标高调节

（1）中心点定位时，测量员在工具柱顶安放十字架，确定工具柱中心点位置，并在中心点处架设棱镜，测量工程师用全站仪测量中心点坐标，再与桩位坐标进行对比。若测量工程师发现中心点与桩位偏差过大，工具柱调节工人借助万能平台控制室内的操纵杆控制定位块伸缩以调节工具柱中心点位置，使桩位误差不超过 5mm。工具柱中心点测量定位见图 8.1-41。

（2）标高定位时，测量员在工具柱顶选取 4 个测点，在测点上分别架设棱镜，测量工程师用全站仪测量标高，见图 8.1-42。若发现测点标高与设计标高误差过大，通过缓慢提升或下降吊钩以调节工具柱标高，直至标高测量值与设计值误差不超过 5mm。

12. 方位角调节

（1）测量工程师用全站仪瞄准工具柱中心点，根据设计图纸，测设出设计轴线方向。

（2）测量员在钢管柱轴线方位处架设棱镜，全站仪瞄准该点，观察其与设计轴线的位置偏差，测量工具柱轴线位置见图 8.1-43。

图 8.1-42　工具柱顶标高测量定位

（3）若测量工程师发现钢管柱轴线方向与设计轴线方向不重合，工具柱调节工人利用撬棍插入工具柱吊孔中，转动短钢筋使得工具柱旋转，直至二者方向一致，见图 8.1-44。

图 8.1-43　测量工具柱轴线位置　　　　　图 8.1-44　工具柱方位角调节

13. 垂直度调节

（1）工具柱在孔口定位时，倾斜角监测工程师实时观察数据终端读数，若工具柱 X、Y 方向倾斜角读数不为 θ_1、θ_2，工具柱调节工人控制万能平台定位块伸缩，对工具柱倾斜角进行微调。

（2）当监测工程师观察到工具柱 X、Y 倾斜角读数与 θ_1、θ_2 误差不超过 0.005° 时，确定钢管柱已经垂直。若此时中心点、标高、方位角精度也满足要求，即可完成定位。

14. 工具柱固定

（1）工具柱在孔口定位、复核完成后，操作万能平台控制室内的操纵杆，将全部定位块伸出并抱紧工具柱，随后在工具柱顶对称焊接 2 块长 50cm、高 12cm、厚 3cm 的钢板，见图 8.1-45。

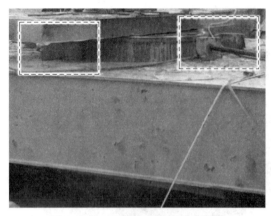

图 8.1-45　工具柱顶焊接固定钢板

（2）钢板焊接完成后，松开吊钩，移开履带起重机，拆除工具柱顶的传感器。

15. 工具柱内安放灌注导管、清孔

（1）工具柱固定完成后，在工具柱顶安放灌注架，随后将导管逐节吊入工具柱中，直至导管底部距离孔底 0.3～0.5m，见图 8.1-46。

（2）将风管放入灌注导管中，随后在导管顶上安装风管接头。启动空压机，向风管内输送高压空气，采用气举反循环方式进行清孔。

16. 灌注桩身混凝土（C35）至桩顶标高

（1）清孔直至孔底沉渣满足要求后，拆除风管接头，在导管顶部安装灌注斗，在灌注斗底部安装盖板，采用混凝土臂架泵向灌注斗内灌入 C35 混凝土，见图 8.1-47。

图 8.1-46　安放灌注导管

图 8.1-47　桩身混凝土输送至料斗

（2）初灌采用 2.5m³ 灌注大斗，保证初次灌注能将灌注导管埋入 1m 以上。当灌注斗即将装满混凝土时，提拉盖板，混凝土冲入孔底完成初灌；灌注时，根据混凝土面上升高度，及时拆卸导管，保持导管埋管深度 2～4m，当灌注至桩顶超灌标高后停止灌注。

17. 钢管柱外空隙回填砾料（5m 高）

（1）为了使后序灌注柱内混凝土时钢管柱稳定，灌注至桩顶标高后，在钢管柱与钻孔之间的空隙内回填砾料，起到固定钢管柱的作用。

（2）砾料回填采用双管料斗，双管料斗主要由料口、料管、支架等组成，见图 8.1-48。两个料管对称设计，间距与工具柱外径相同，上部与料口连通。料口用于添加砾料，料口内设斜钢板以便砾料滑入料管。

（3）用起重机将双管料斗吊放至万能平台上方，安放时，将两个料管对准工具柱与钻孔之间的空隙。回填砾料采用 2～4cm 的级配碎石，砾料采用挖掘机向料口内加入砾料，砾料经双料管进入孔内，均匀填充钢管柱与钻孔间的空隙。当填充高度达到 5m 左右时，

图 8.1-48　双管料斗结构和实物

停止填料。现场双管料斗回填砾料见图 8.1-49。

18. 灌注柱内混凝土（C50）至柱顶标高

（1）砾料回填完成后，将双管料斗吊离。由于钢管柱内混凝土等级与桩基础混凝土等级不同，因此，在桩基础混凝土灌注完成后停待约 4h，当桩身混凝土初凝后，继续用臂架泵向料斗内灌注等级为 C50 的柱内混凝土。

（2）定期测量柱内混凝土面的上升高度，并计算最后一斗的混凝土量，控制混凝土超灌量不超过钢管柱顶标高 40cm 以上，避免螺栓保护套筒被超灌混凝土整体埋入。

19. 抽吸工具柱内泥浆，孔内泄压

（1）柱内混凝土灌注完成后，逐节拆卸灌注导管，导管拆卸完成后将工具柱顶的灌注架移开，见图 8.1-50。

图 8.1-49　双管料斗回填砾料　　　　　图 8.1-50　拆卸灌注导管

（2）将潜水泵吊入工具柱内，抽吸柱内泥浆，由于泄压孔的存在，工具柱外泥浆液面同步降低。当泥浆液面降低至泄压孔位置后，工人顺着爬梯进入工具柱内，用风镐将工具柱内的超灌混凝土凿碎。

20. 拆卸连接螺栓保护套筒，拆除螺栓

（1）柱内混凝土灌注完毕后等待约 24h，开始拆卸工具柱。工人顺爬梯下入工具柱底，拆下螺栓保护套筒的密封盖和套筒，随后再用电动扳手——将螺栓拆除，见图 8.1-51。

（2）用乙炔切割法将工具柱与万能平台之间的 2 块钢板割除。

图8.1-51 拆除连接螺栓

21. 吊离工具柱，移开万能平台

（1）控制万能平台的定位块缩回后，用起重机将工具柱吊离孔口。

（2）采用田字架四吊点起吊法将万能平台吊离孔口，移至下一个待定位的桩孔，见图8.1-52。

22. 回填砾料至孔口，拔除护筒

（1）对于钢管柱与孔壁间的空隙以及上部空孔段，用挖掘机直接向孔内回填砾料，直至砾料回填至孔口。

（2）用振动锤拔除护筒，护筒拔除后，孔内砾料会下沉，继续用挖掘机补充回填少量砾料至孔内，见图8.1-53。

图8.1-52 田字架吊移万能平台

图8.1-53 回填砾料至孔口

8.1.7 机械设备配置

本工艺现场施工所涉及的主要机械设备见表8.1-1。

主要机械设备　　　　　　　　　　　　　　　　　表8.1-1

名称	型号	备注
旋挖钻机	宝峨 BG46	用于立柱桩成孔
履带起重机	主吊150t，副吊75t	起吊钢筋笼、钢管
空压机	WBS-132A	排气压力1.2MPa，容积流量20m³/min
泥浆净化器	ZX-250Z	气举反循环清孔时分离泥浆中的泥渣
万能平台	4m×3m×0.8m（长×宽×高）	固定工具柱，定位操作平台
对接平台	工字钢焊制	钢管柱与工具柱对接
氧乙炔切割枪	RT-6	在工具柱底部切割泄压孔
电动扳手	旗帜 P1B-30C	安拆工具柱连接螺栓，转动定位螺杆
倾斜监测系统	TGCX-2-100B	最小分辨率0.001'，精度0.005°
全站仪	索佳 CX-102	工具柱孔口定位，钢管柱垂直度校核
反射棱镜	拓普康 LK	测量定位

名称	型号	备注
混凝土臂架泵	TP63RZ6	灌注桩身混凝土和钢管柱混凝土
双管料斗	自制	向钢管柱与钻孔间的空隙内回填砂石
潜水泵	RT-SMF	用于反循环清孔
风镐	G20	破除工具柱内超灌混凝土

8.1.8 质量控制

1. 传感器安装

（1）传感器与工具柱顶部法兰盘连接牢固，进场前经过专业机构检定，确保其精度满足要求。

（2）在工具柱顶部安装传感器时，预留足够长的传输线，保证钢管柱起吊后传感器顺利与地面的数据终端连接。

（3）在传输线与工具柱接触的位置包裹防护套，避免传输线移动时被工具柱磨损。

2. 钢管柱定位

（1）调节钢管柱垂直度时，工人在测量工程师的指挥下，用电动扳手慢速转动定位螺杆。

（2）钢管柱下插时，安排专人牵引数据线，防止下插过程中数据线被拉扯导致断裂。

（3）调节工具柱方位角时，两个工人在相对的两侧同时用钢筋作为撬棍转动工具柱。

（4）工具柱孔口定位过程中，中心点、标高、方位角、垂直度的复核交叉进行，保证四个参数同时满足定位精度要求。

（5）当工具柱最终定位完成后，监理工程师再次复核，保证定位精度满足要求。

（6）若工具柱和钢管柱总重量较大，在工具柱顶焊接 2 块钢板搭接在万能平台上，将工具桩固定。

3. 混凝土灌注

（1）工具柱直径较大时，工具柱内开设泄压孔。

（2）双管料斗的支架采用直径 20mm 螺纹钢筋焊制，确保结构牢固稳定。

（3）挖掘机向双管料斗的料口内加料时，避免碰撞引起双管料斗移位，从而导致砾料不能准确进入钻孔与钢管柱之间的空隙。

8.1.9 安全措施

1. 钻进成孔

（1）旋挖作业设置临时防护，禁止无关人员进入。

（2）成孔完成后，在后序操作进行前，及时在孔口安放钢筋防护网，防止人员不慎坠入。

（3）在钻孔内下放灌注导管进行气举反循环清孔时，在灌注架上方焊接钢筋网，封闭灌注架与钻孔之间的空隙，避免工人不慎坠入。

2. 工具柱定位

（1）工作人员在工具柱顶进行测量、复核作业时，做好安全防护，避免人员和物件坠入工具柱内。

（2）传感器的传输线较长，缠绕整齐后安放在较隐蔽的位置，防止作业人员被传输线绊倒。

（3）夜间进行工具柱定位时，提供良好的照明环境。

3. 孔内泄压

（1）潜水泵放入工具柱内抽吸泥浆之前，检查潜水泵机械性能，防止其内部线圈损坏导致漏电。

（2）工人进入工具柱底部破除超灌混凝土时，做好通风，人员系安全绳进入。

（3）在工具柱底部用风镐破除混凝土时，注意避免被柱内钢筋笼划伤。

4. 工具柱拆卸

（1）将工具柱从万能平台中吊出时，避免碰撞万能平台。

（2）工具柱拆卸后，在钻孔上部空孔段回填砾料之前，在钻孔周边设置护栏，禁止人员进入。

8.2　大直径嵌岩逆作先插钢管支承桩柱全套管全回转与旋挖、RCD 钻机组合成桩定位技术

8.2.1　引言

基坑采用逆作法施工时，通常将钢管柱插入下部灌注桩顶一定深度，形成具有较高竖向承载力，可直接作为结构柱的钢管支承桩柱。因此，实现这种大承载力钢管支承桩柱的高质量施工是逆作法施工的关键技术之一。

穗莞深城际皇岗口岸站车站主体结构设计为地下四层五柱六跨钢筋混凝土箱形结构，设计采用盖挖逆作法施工，基坑长约 242m，宽约 76m，平均开挖深度达 40m，为邻近建（构）筑物、地铁运营范围内的超大型基坑，逆作区设计采用钢管支承桩柱作为竖向支承桩。施工场地地层由上至下分布素填土、淤泥质土、粉质黏土、粉细砂等软弱土层，下伏基岩为全风化、强风化、中风化、微风化花岗岩，中风化岩面埋深约 25m，微风化岩面埋深约 30m。由于中风化岩体风化裂隙较发育，钢管支承桩柱入微风化岩约 17.3m。钢管支承桩柱设计成孔直径 2.2m、孔深达 47.3m，底部灌注桩设计直径 2.2m、桩长 8m。钢管柱设计直径 1.2m、柱长 38.6m，插入灌注桩顶 4.8m，钢管柱施工采用先插法工艺，钢管支承桩柱设计剖面见图 8.2-1。

针对本项目钢管支承桩柱直径大、入深厚硬岩、钢管柱长的情况，大直径钢管支承桩柱底部灌注桩成孔时，通常采用深长护筒隔绝不良地层，并利用旋挖钻机进行土层钻进，当钻至中风化、微风化等硬岩持力层时，再采用分级扩孔的方式钻进取芯，直至扩大钻进至设计桩径。分级扩孔过程中，随着扩孔直径加大，钻头承受的扭矩大幅增加，当桩设计长度较大，入岩较深时，钻进时间较长。同时，中风化硬岩裂隙发育，采用旋挖分级扩孔钻进易造成孔斜，导致桩孔垂直度超标，钻孔纠偏难度大、耗时长，导致钻进效率低、增加施工成本，难以保证成桩和钢管柱定位的质量。而且，旋挖分级扩孔入岩噪声超标，振动锤压拔钢护筒的激振力、旋挖嵌岩振动力对周边环境造成

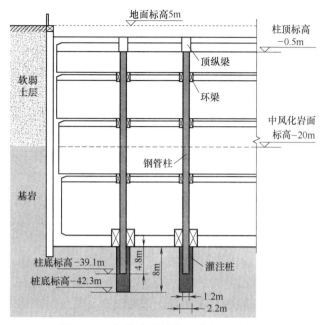

图 8.2-1 钢管支承桩柱设计剖面示意图

较大的不利影响。

为解决本项目大直径嵌岩先插钢管支承桩柱施工中存在的问题，项目组根据场地条件及工程特点，对复杂地质条件下大直径、入岩率高、邻近建（构）筑物和地铁线的基坑逆作区钢管支承桩柱施工技术进行了研究，探索出一种使用全套管全回转钻机、旋挖钻机、全液压反循环回转钻机（RCD 钻机）配套组合施工工艺，即针对上部易塌孔土层钻进，采用全套管全回转钻机下入深长套管护壁，同时旋挖钻机配合取土成孔。针对大直径硬岩钻进，采用 RCD 钻机利用动力头提供的大扭矩及推力带动配重滚刀钻头旋转，配合气举反循环系统排渣技术，全断面高效率钻凿硬岩。针对大直径、深长钢管柱定位，为便于柱顶标高位于地面以下 5.5m 的钢管柱定位，在钢管柱上方安装直径 1.9m、长 9.5m 的工具柱以辅助钢管柱孔口定位，并采用全套管全回转钻机对钢管柱中心点、标高、垂直度、方位角实施精准定位措施；最后，采用全套管全回转钻机平台灌注桩身混凝土，并起拔护壁钢套管。本技术经多个项目实践，形成了完整的工艺流程、技术标准、操作规程，达到了施工高效、定位精准、操作安全、绿色环保的效果，取得了显著的社会效益和经济效益。

8.2.2 工艺特点

1. 施工高效

本工艺采用全套管全回转钻机在上部不良地层中下沉深长套管进行护壁，旋挖钻机配合套管内取土成孔，垂直度满足要求，套管下沉和土层成孔的速度得到提高。RCD 钻机利用动力头提供的大扭矩及推力带动钻杆及配重滚刀钻头旋转，结合气举反循环系统排渣技术，全断面高效率破硬岩，并确保成孔垂直度。全套管全回转钻机的上下两套液压定位装置和垂直液压系统，可便捷地旋转、固定、下插工具柱，定位高效。

2. 定位精准

本工艺在对接平台进行工具柱与钢管柱对接后，利用全站仪调整孔口处工具柱至垂直，并对工具柱顶处无线测斜仪的数据终端零点校正，若下插时测斜仪读数偏差大，则及时调整钢管柱控制读数在允许值内，垂直度调节更精准、便捷。在孔口定位钢管柱过程中，预先在工具柱上标记定位辅助线，采用全套管全回转钻机对钢管柱中心点、标高、垂直度、方位角实施精准定位措施，满足钢管柱的高精度定位要求。

3. 施工安全

本工艺在上部不良土层钻进时，采用全套管全过程跟进，套管下沉至岩面，有效解决了淤泥层、砂层等不良地层塌孔问题。采用全套管全回转钻机、旋挖钻机、RCD钻机配套施工，相比振动锤压拔钢护筒、旋挖分级扩孔入岩钻进产生振动小，对上部软土层扰动减小，可防止周边地层出现变形，减少对邻近建（构）筑物、地铁运营的不利影响，施工安全可靠。

4. 绿色环保

本工艺上部土层段采用深长套管护壁，旋挖钻机配合套管内取土，无需泥浆循环，避免了泥浆处理造成的环境污染问题。在硬岩段采用气举反循环回转钻机滚刀钻进，破岩钻进振动小、噪声小，对周边环境影响小。RCD钻进时，通过自带的气举反循环系统排渣，孔口无泥浆外溢，采用专门的装配式泥浆沉淀箱进行钻渣沉淀及泥浆循环利用，同时配备泥头车及时将泥浆箱内的渣土外运，环保效果显著。

8.2.3 适用范围

适用于地质条件差、桩径大、嵌岩深、桩端入中风化或微风化岩的灌注桩施工，适用于直径大、钢管立柱长的先插法钢管柱定位施工。

8.2.4 工艺原理

本工艺针对大直径嵌岩逆作先插钢管支承桩柱全套管全回转与旋挖、RCD组合成桩定位施工技术进行研究，其施工关键技术包括三部分：一是全套管护壁与旋挖配合取土深长护筒下沉技术；二是RCD钻机全断面滚刀破岩与反循环排渣技术；三是钢管柱全套管全回转钻机定位技术。

1. 全套管护壁与旋挖配合取土深长护筒下沉技术

针对上部深厚软弱土层，采用深长钢套管护壁辅助钻进。为保证深长套管的垂直度，本工艺采用全套管全回转钻机下沉钢套管，钻机通过动力装置对钢套管施加扭矩和垂直荷载，360°回转并下压钢套管。首节钢套管前端安装合金刀齿切削土层钻进，逐节接长套管，直至钢套管下放至基岩面。通过全套管全回转钻机下沉钢套管，钢套管垂直度满足设计要求。由于钢管支承桩柱桩孔直径大、桩深长，为提高深长护筒下沉和成孔效率，本工艺土层钻进时，采用旋挖钻机配合套管内取土钻进，与采用抓斗取土相比，可有效提升套管下沉和钻进效率。全套管护壁、旋挖取土组合钻进工艺示意见图8.2-2。

2. RCD钻机全断面滚刀破岩与气举反循环排渣技术

针对桩孔直径2.2m的大断面深厚硬岩钻进，采用气举反循环钻机（RCD）进行施工，采用气举反循环清渣，工艺原理参见本书第1.2.5节。

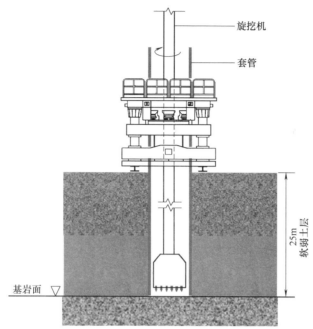

图8.2-2 全套管护壁、旋挖取土组合钻进工艺示意图

项目施工现场RCD钻机钻进及排渣见图8.2-3。

3. 钢管柱全套管全回转钻机定位技术

钢管柱全套管全回转钻机定位技术原理详见第7.1.5节。

图8.2-3 项目施工现场RCD钻机钻进及排渣

8.2.5 施工工艺流程

以穗莞深城际铁路皇岗口岸站主体结构工程为例，本工程钢管支承桩柱的钻孔深度为47.3m，桩基础设计直径2.2m、桩长8.0m，桩身混凝土强度等级C40。钢管柱设计直径1.2m、柱长38.6m，底部嵌固在桩基础中，嵌固端长度4.8m，柱内混凝土强度等

C50。工具柱直径1.9m、长9.5m。

大直径嵌岩逆作先插钢管支承桩柱全套管全回转与旋挖、RCD组合成桩定位施工工艺流程见图8.2-4。

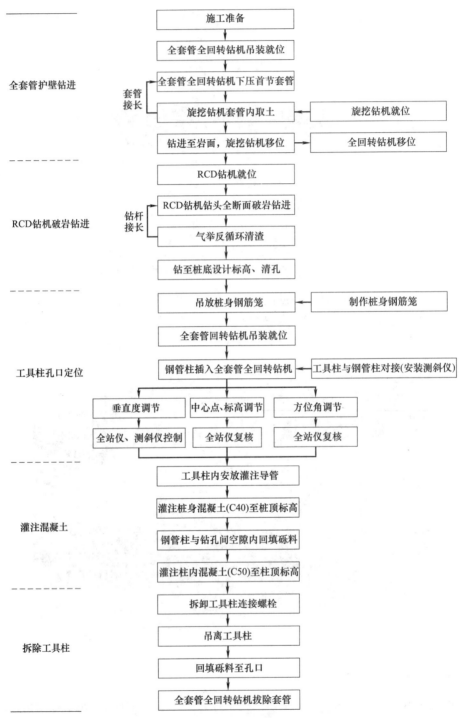

图8.2-4　大直径嵌岩逆作先插钢管支承桩柱全套管全回转与旋挖、RCD组合成桩定位施工工艺流程

8.2.6 施工操作要点

1. 施工准备

（1）平整场地，土质疏松地段换填压实处理，保证施工区域钻机、履带起重机等重型设备行走安全。

（2）桩中心控制点采用全站仪测量放样，打入定位桩，并拉十字交叉线引出护桩，并对桩位进行保护。

2. 全套管全回转钻机就位

（1）灌注桩成孔采用 JAR-320H 全套管全回转钻机，该钻机回转扭矩 10593kN·m，最大套管下沉力 1100kN，最大成孔直径 3.2m，可满足现场施工要求。

（2）全套管全回转钻机就位前，将钻机的定位基板吊放至桩位上方，使基板中心点引出的铅垂线与标记的桩位中心点重合，此时即可保证定位基板中心和桩中心点一致，现场吊放定位基板见图 8.2-5；定位基板吊放就位后，利用全站仪对其中心点进行复核。定位基板的四个角设置限位圆弧，用于全套管全回转钻机就位。

（3）定位基板固定后，将全套管全回转钻机吊放在定位基板上，与全套管全回转钻机四个油缸支腿的位置和尺寸相对应的限位圆弧内（图 8.2-6），使钻机精准对中，同时利用油缸支腿调平。

图 8.2-5　吊放定位基板

图 8.2-6　全套管全回转钻机就位

3. 全套管全回转钻机下压首节钢套管

（1）钢管支承桩柱底部灌注桩设计直径 2.2m，选择直径 2.6m 的钢套管作为护筒。套管内采用 SWDM550 旋挖钻机配合取土，该钻机最大成孔直径 3.5m，最大成孔深度 135m，最大扭矩 550kN·m；全套管全回转钻机就位后，将旋挖钻机移至全回转钻机旁，调平放稳，具体见图 8.2-7。

（2）履带起重机起吊首节带合金刃脚的钢套管（图 8.2-8），对准桩中心放入钻机回转机构定位抱箍内固定钢套管，经检查垂直度合格后，通过全套管全回转钻机左右两侧回转油缸的反复推动使套管转动、加压使套管一边旋转切割土体，一边向下沉入，首节钢套管回转切沉入见图 8.2-9。

图 8.2-7　旋挖钻机就位

图 8.2-8　钢套管合金刃脚

图 8.2-9　下压首节钢套管

（3）套管下沉时，采用全站仪检测套管垂直度，若出现轻微偏斜，则通过调整全套管全回转钻机油缸支腿使套管垂直。当套管倾斜过度，立即停止作业，将套管拔出，进行桩孔回填后重新下沉。

（4）首节套管下压就位后，进行垂直度复测、精调工作，确保套管对位准确、管身垂直。

4. 旋挖钻机套管内取土

（1）首节钢套管下压完成后，采用旋挖钻机进行套管内取土，加快钢套管下沉速度，见图 8.2-10。

（2）完成首节钢套管内土体抓取后，进行钢套管接长，钢套管间采用销轴连接，锁紧上下两节钢套管。

（3）钢套管接长后，复测其垂直度，如发生偏斜，则进行纠偏。钢套管满足垂直度要求后，全套管全回转设备驱动并下压钢套管，旋挖钻机同步取土钻进。

5. 钻进至岩面，旋挖钻机移位

（1）重复以上沉入套管、旋挖钻机取土、套管接长步骤，保持一定的钢套管超前支护，直至将套管下压进入2m左右，整体护壁套需总长约35m。

（2）桩孔中风化岩面以上土层完成钻进后，将旋挖钻机驶离桩孔，采用履带起重机将全套管全回转钻机、定位基板吊离，见图8.2-11。

图8.2-10　旋挖钻机套管内取土钻进

图8.2-11　全套管全回转钻机移位

6. RCD钻机就位

（1）硬岩段钻进采用JRD300气举反循环回转钻机，该钻机最大成孔直径3.0m，最大成孔深度135m，额定功率447kW，动力头扭矩360kN·m。

（2）采用履带起重机将RCD钻机吊运至钢套管顶部（图8.2-12），使钻机机架中心引出的铅垂线与钢套管中心重合（图8.2-13）。钻机吊放后，在透明软管里加水，利用软管两端液面高度一致的原理将钻机调平（图8.2-14）。

（3）钻机对中后，起吊配套的液压动力站在钻机附近就位，并连通液压油管，见图8.2-15。

图8.2-12　RCD钻机吊装

7. RCD钻机钻头全断面破岩钻进

（1）钻机准备工作就绪后，起吊滚刀钻头（图7.2-16）。由于场地内入岩钻进深度大、岩层强度高，钻头底部布置13个滚刀，滚刀按最优的切削破岩受力全断面合理布置，并施加两个配重块，以获得最佳的破岩钻进效果。

349

图 8.2-13　RCD 钻机中心定位

图 8.2-14　RCD 钻机调平

图 8.2-15　RCD 钻机液压动力站起吊就位

图 8.2-16　全断面滚刀钻头

（2）滚刀钻头起吊前，操纵液压系统将钻机机架后倾，让出孔口位置。同时，将孔口作业板打开，以便于钻头入孔，具体见图 8.2-17。

（3）滚刀钻头起吊时，指派司索工现场指挥。吊至孔口时，对准钻机孔口作业平台让出的套管口，缓缓下放入孔（图 8.2-18），操纵液压系统将钻机机架后倾，让出孔口位置。同时，将孔口作业板打开，以便于钻头入孔。

（4）钻头就位后，在孔口接长钻杆，钻杆采用高强螺栓连接，具体见图 8.2-19。

（5）钻杆接长至岩面后，启动空压机，压缩空气经钻机顶部连接接口沿通风管流入孔底。开动钻机电源，钻机利用动力头提供的液压动力带动钻杆和滚刀钻头旋转，钻头底部的球齿合金滚刀与岩石研磨钻进。开始钻进时，轻压慢钻，同时保持钻孔平台水平，以保证凿岩钻进垂直度。

（6）破岩过程中，随着进尺入深需加接钻杆，接长钻杆时先停止钻进，将钻具提离孔底 15～20cm，维持泥浆循环 10min 以上，以完全除净孔底钻渣，并将管道内泥浆携带的岩屑排净，再停机进行钻杆接长操作。

8. 气举反循环清渣

（1）随着钻头的不断旋转压入，碎石被研磨成细粒状岩屑，空压机提供的高风压使泥浆携带破碎岩屑经中空钻杆抽吸，通过胶管输送至装配式泥浆三级沉淀箱，经除渣、净化处理后的泥浆重新流回钻孔，形成气举反循环清渣，具体见图 8.2-20。

（2）当沉淀箱内的钻屑达到一定程度后，采用挖掘机对储渣箱进行清理外运，见图 8.2-21。钻进过程中，观察进尺和排渣情况，通过钻杆长度测算钻孔深度，通过排出的碎屑岩样判断入岩情况。

图 8.2-17　钻机机架后倾、孔口作业板打开

图 8.2-18　滚刀钻头吊放入孔

图 8.2-19　RCD 钻机钻杆接长

图 8.2-20　RCD 钻机反循环清渣

图 8.2-21　现场清理储渣箱

9. 钻至桩底设计标高、清孔

（1）RCD 钻进至桩底设计标高后，利用钻机自身反循环系统在孔内进行反循环排渣清孔，将孔底沉渣以及泥浆携带的碎岩、岩屑排净。

（2）清孔完成后，监理工程师进行终孔验收，采用专用的取浆筒下至孔底捞取泥浆，并进行泥浆含砂率检验、泥浆相对密度测试，泥浆性能测试见图 8.2-22。各终孔检验指标满足设计要求后，松开 RCD 钻机钻杆法兰连接螺栓，分节将钻杆拆除，并采用履带起重机将 RCD 钻机吊离桩位。

(a) 孔底捞取泥浆筒　　　　　　(b) 泥浆含砂率检验　　　　　　(c) 泥浆相对密度测试

图 8.2-22　终孔泥浆性能测试

图 8.2-23　灌注桩钢筋笼吊装入孔

10. 吊放桩身钢筋笼

（1）钢筋笼按设计图纸在现场加工场制作好后，会同监理工程师进行隐蔽验收并做好记录。

（2）采用履带起重机为主、副吊同时起吊钢筋笼，起吊点按吊装方案设置，吊装前对作业人员进行安全技术交底。吊放钢筋笼入孔时，对准孔位，吊直扶稳，缓慢下放，见图 8.2-23。

11. 全套管全回转钻机吊装就位

（1）钢筋笼吊装就位后，将定位基板吊放至钢套管上方，根据"双层双中心定位"原理，使定位基板中心和钢套管中心重合，见图 8.2-24（a）。

（2）定位基板吊放后，将全套管全回转钻机吊放在定位基板设置的钻机定位圆弧内，并校核钻机的水平度，见图 8.2-24（b）。

12. 工具柱与钢管柱对接（安装测斜仪）

（1）在对接平台上进行工具柱与钢管柱螺栓对接，对接完成后进行垂直度复测、纠偏，保证两柱对接后的中心线重合，整体垂直度满足要求，见图 8.2-25。

(a) 双层双中心定位

(b) 全套管全回转钻机吊放

图 8.2-24　全套管全回转钻机就位

（2）在工具柱底部对称开设泄压孔，泄压孔对称共开设 4 个，见图 8.2-26、图 8.2-27。

（3）在工具柱上端设置方位角定位线，使其对准钢管柱腹板节点，并在工具柱顶安装 VLT340D-W433 无线测斜仪传感器，见图 8.2-28。

13. 钢管柱插入全套管全回转钻机

（1）采用 1 台 500t（ZCC5000-1）履带起重机作为主吊，1 台 400t（XGC400-Ⅰ）履带起重机作为副吊，在司索工指挥下，平直、缓慢起吊钢管柱，见图 8.2-29。

（2）将钢管柱缓慢吊至全套管全回转钻机上方，随后下放钢管柱穿过全套管全回转钻机中心，直至工具柱到达孔口后，停止下放，利用全套管全回转钻机夹紧装置将工具柱抱紧固定，见图 8.2-30。

图 8.2-25　工具柱与钢管柱对接

图 8.2-26　工具柱开设泄压孔（外视）

图 8.2-27　工具柱开设泄压孔（内视）

353

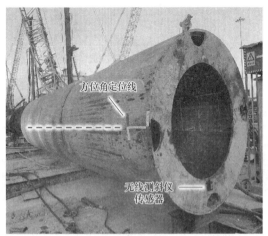

图 8.2-28　方位角定位线与测斜仪传感器

图 8.2-29　钢管柱起吊

图 8.2-30　钢管柱插入全套管全回转钻机

14. 垂直度调节

（1）工具柱固定在孔口时，将两台全站仪分别架设在钢管柱相互垂直的两侧，根据全站仪测量的垂直度偏差值，调节全套管全回转钻机四个独立的油缸支腿高度至垂直度满足要求（图 8.2-31），并将此时测斜仪地面的数据终端 X、Y 方向倾斜角读数归零校正（图 8.2-32），然后解除固定，继续缓慢下放钢管柱。

图 8.2-31　工具柱垂直度调节

图 8.2-32　无线测斜仪倾斜角读数

（2）在钢管柱下放过程中，无线测斜仪实时监控钢管柱垂直度，若倾斜角读数超过允许值 1/1000（0.06°），对全套管全回转钻机四个独立的油缸支腿高度进行调节，从而校正钢管柱的垂直度偏差。

15. 中心点、标高调节

（1）钢管柱下放至设计标高后，全套管全回转钻机抱紧工具柱，在工具柱顶中心点（即钢管柱中心点）架设棱镜，利用全站仪对工具柱中心点进行复核，见图 8.2-33。若发现与桩位中心偏差过大，则通过全套管全回转钻机精调，使钢管柱中心误差不超过±5mm。

图 8.2-33　工具柱中心点调节

（2）利用全站仪对工具柱标高（即钢管柱标高）进行复核时，在工具柱顶选取多个测点测量标高，见图 8.2-34。若发现标高与设计值误差过大，控制全套管全回转钻机的行程油缸使其伸长或缩短以调节工具柱标高，使钢管柱标高误差不超过±5mm。

16. 方位角调节

（1）钢管柱下放至设计标高后，根据方位角定位原理进行方位角复核，选取位于图纸上钢梁安装设计轴线上的两个点作为测点和校核点，分别架设全站仪和棱镜；同时，在工具柱顶中心（即钢管柱中心点）架设棱镜标记位置，确保全站仪测点、校核点、钢管柱中心点在同一钢梁安装轴线上。

图 8.2-34　工具柱标高调节

（2）测量员在方位角定位线延伸至工具柱顶的端点处架设棱镜，全站仪瞄准该点，观察其与钢梁安装轴线的位置偏差，随后通过全套管全回转钻机夹紧装置旋转工具柱，使得方位角定位线方向与钢梁安装轴线方向一致，见图 8.2-35。

方位角定位线

校核点

图 8.2-35　工具柱方位角调节

17. 工具柱内安放灌注导管

（1）钢管柱定位完成后，将导管从工具柱顶逐节吊入钢管柱中，直至导管底部距离孔底 0.3～0.5m。

（2）利用导管进行气举反循环清孔，孔底沉渣满足要求后，在导管顶部安装灌注料斗，见图 8.2-36。

图 8.2-36　安装灌注料斗

18. 灌注桩身混凝土（C40）至桩顶标高

（1）采用 2 台混凝土臂架泵灌注 C40 桩身混凝土（图 8.2-37），初灌采用容积 4m^3 的灌注料斗，保证初次灌注能将灌注导管埋入 1m 以上。现场混凝土搅拌车就位后，进行混凝土坍落度现场试验（图 8.2-38）。混凝土试验合格后，测量孔底沉渣厚度，如沉渣厚度不达标，则进行二次清孔。

图 8.2-37　臂架泵灌注桩身混凝土

图 8.2-38　进场混凝土坍落度试验

（2）孔底沉渣厚度达到要求后，在孔口灌注料斗中安放隔水球胆和提升盖板，用清水湿润斗体（图 8.2-39），并向臂架泵混凝土输送管道中泵入水泥浆以润滑管道（图 8.2-40）。操作人员远程遥控臂架泵臂架移动，将输送管道管口置于料斗内后，启动泵送开关，向料斗内泵入混凝土。孔口初灌料斗灌满后，起拔料斗底部提升盖板使混凝土灌入孔内，同步增大混凝土臂架泵泵送压力，提高混凝土泵送速度，使混凝土持续灌入孔内，直至完成罐车内混凝土输入，完成混凝土初灌。

图 8.2-39　清水湿润斗体

图 8.2-40　水泥浆润滑臂架泵输送管道

图 8.2-41　灌注桩身混凝土

（3）灌注过程中，边灌注混凝土、边利用事先安放在套管内的潜水泵将桩孔内泥浆抽至泥浆箱内，防止孔口溢浆，并及时测量孔内混凝土面上升高度和导管埋深，指导现场及时拆卸导管，始终保持灌注导管在混凝土中的埋置深度 2～4m，当灌注至桩顶标高后停止灌注，见图 8.2-41。

19. 钢管柱与钻孔间空隙内回填砾料

（1）桩身混凝土灌注至设计标高后，为避免柱内混凝土灌注对钢管柱的扰动而影响钢管柱的垂直度，以及防止柱内混凝土向外扩散至钢管柱与钻孔间空隙，在钢管柱与钻孔孔壁间的空隙均匀回填砾料，填充高度不小于 5m，确保后续施工过程中钢管柱的稳固。

（2）在全套管全回转钻机液压柱呈升起状态时，分别吊运支架式自卸回填料斗至全套管全回转钻机两侧对称安放，料斗延长底板伸入全套管全回转钻机两液压立柱空隙之间，见图 8.2-42。

（3）料斗安放完成后，使用挖掘机交替依次对全套管全回转钻机两侧料斗倒入碎石，保证钢管柱四周回填碎石均匀，碎石通过下料导槽导入钢管柱与钻孔孔壁间空隙中进行回填（图 8.2-43）。回填完成后，将料斗吊离全套管全回转钻机。

图 8.2-42　安放支架式自卸回填料斗

图 8.2-43　挖掘机上料料斗回填

20. 灌注柱内混凝土（C50）至柱顶标高

（1）由于钢管柱内混凝土强度等级与桩基础混凝土强度等级不同，在桩基础混凝土初凝后，灌注强度等级为 C50 的柱内混凝土。

（2）灌注过程中，定期测量柱内混凝土面的上升高度，并计算最后一斗的混凝土量，控制混凝土超灌量不超过钢管柱顶标高40cm以上，避免工具柱连接螺栓被超灌混凝土深埋。

21. 拆卸工具柱连接螺栓

（1）柱内混凝土灌注后，利用潜水泵抽吸工具柱内泥浆；由于泄压孔的存在，工具柱外泥浆液面同步降低，当泥浆液面降低至工具柱底部泄压孔位置后，工人顺着爬梯进入工具柱内，用风镐将工具柱内的超灌混凝土凿碎（图8.2-44）。

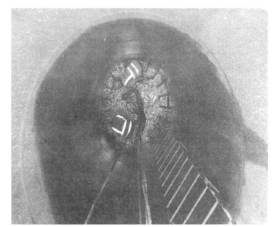

图8.2-44 凿碎超灌混凝土

（2）柱内混凝土灌注后等待约24h，当桩身混凝土具备足够强度后，工人进入工具柱内，用电动扳手松开工具柱与钢管结构柱的连接螺栓。

22. 吊离工具柱

（1）工具柱与钢管结构柱的连接螺栓拆卸后，松开抱紧工具柱的全套管全回转钻机夹具，并用履带起重机吊离工具柱。

（2）履带起重机垂直、缓慢起吊，避免碰撞套管，具体见图8.2-45。

23. 回填砾料至孔口

（1）对于钢管柱与孔壁间的空隙以及上部空孔段，向孔内回填砾料。

（2）回填采用支架式自卸回填料斗，直至砾料回填至孔口。

24. 全套管全回转钻机拔除套管

（1）钢管柱与孔壁间的空隙以及空孔段回填完成后，接入一节套管，采用全套管全回转钻机拔除钢套管，具体见图8.2-46。

（2）钢套管拔除后，若孔内砾料出现下沉，则继续用挖掘机补充回填少量砾料至孔内。

图8.2-45 吊离工具柱

图8.2-46 吊离全套管全回转钻机

（3）钢套管拔除完成后，将全套管全回转钻机及定位基板移至下一桩位施工。

8.2.7　机械设备配套

本工艺现场施工所涉及的主要机械设备见表8.2-1。

主要机械设备配置表　　　　　　　　　　　　　　表8.2-1

名称	型号	备注
全套管全回转钻机	JAR-320H	钢套管下沉、定位
旋挖钻机	SWDM550	土层取土
气举反循环钻机（RCD）	JRD300	入岩成孔、气举反循环
滚刀钻头	直径2200mm	磨岩钻进
全站仪	CTS-112R4	定位测量
无线测斜仪	VLT340D-W433	测倾角
电动扳手	旗帜P1B-30C	安拆连接螺栓
履带起重机	ZCC5000-1，额定起重量500t	吊装作业
履带起重机	XGC400-Ⅰ，额定起重量400t	吊装作业
混凝土臂架泵	TP63RZ6	输送混凝土
灌注导管	直径300mm	灌注混凝土
灌注料斗	容积4m³	灌注混凝土

8.2.8　质量控制

1. 全套管护壁钻进

（1）全回转钻机钻进成孔时，安排专人记录成孔深度，并根据成孔深度及时连接下一节套管，保证套管深度超出当前成孔深度不小于2m。

（2）钢套管接长采用销栓连接，连接采用初拧、复拧两种方式，保证连接牢固。对接完成后，复测套管垂直度，确保垂直度满足要求。

2. RCD破岩钻进

（1）采用RCD钻机累计破岩深度超过5m后，提起钻头观察球齿滚刀是磨损情况，如磨损严重则换用新的球齿滚刀，保证灌注桩破岩钻进工效。

（2）接长钻杆时，钻杆间螺栓拧紧，以防钻杆因受过大外力而垂直度不能满足成孔要求。

3. 工具柱孔口定位

（1）工具柱顶部水平板上牢固安装无线测斜仪传感器，使用过程中定期检查测斜仪精度。

（2）钢管柱下放至柱顶标高后，保持工具柱顶测点、定位线等标记清晰，确保工具柱垂直度、中心点、标高、方位角定位精度。

（3）工具柱孔口定位过程中，垂直度、中心点、标高、方位角的复核交叉进行，保证四个参数同时满足定位精度要求。当工具柱最终定位完成后，监理工程师再次复核，保证定位精度满足要求。

4. 灌注混凝土

（1）灌注前，测量孔底沉渣厚度，如沉渣厚度超标则进行清孔。

（2）初灌所需的混凝土搅拌车就位后，再开始灌注，避免现场混凝土供给量不足而灌注不连续；每罐车混凝土均进行混凝土坍落度测试试验，试验合格后使用。

（3）灌注前，用清水湿润灌注料斗，并向臂架泵输送管中泵入水泥浆，以润滑管道，防止灌注混凝土时发生堵塞；初灌时，起拔料斗底部提升盖板后，增大臂架泵泵送压力，加快混凝土泵送速度，保证灌注连续进行。

（4）桩身混凝土灌注完成，向钢管柱与孔壁之间空隙回填砾料时，使用挖机对全套管全回转钻机两侧料斗倒入碎石或砂，倒入次数相同，保证钢管柱四周回填碎石均匀、密实。

8.2.9 安全措施

1. 钻进成孔

（1）吊装定位基板、全套管全回转钻机、钢套管时，安排司索工现场指挥，无关人员撤离吊装影响半径范围。

（2）RCD钻机施工前，认真检查其与泥浆箱之间的泥浆管的连接情况，防止破岩钻进时泥浆循环产生的超大压力导致泥浆管松脱伤人；定期检查气举反循环系统高风压管路的连接紧固情况，做好防脱管措施。

（3）RCD钻头旋转破岩作业时，严禁提升钻杆。每次起钻时，仔细检查钻杆的连接处是否出现裂痕，发现损伤及时更换，防止发生钻杆断裂导致掉钻事故。

（4）如发生钻杆断裂、钻头脱落情况，立即停钻分析事故原因，针对性采用偏钩打捞，或内胀式打捞器入孔处理。

2. 钢管柱吊装定位

（1）钢管柱吊运采用专用吊具，严禁使用不满足吊运能力的设备进行吊运。吊运时，计算起吊吊点数量和位置，由专人进行旁站指挥，起重机回转半径内人员全部撤离至安全范围。起吊过程中，控制好吊放高度，严禁发生碰撞。

（2）钢管柱定位时，测量点设置于安全区域内。工作人员在全套管全回转钻机平台、工具柱顶进行测量时，做好安全防护，避免坠落。

（3）定期对起重设备的钢丝绳、液压系统进行检查，对不合格的钢丝绳及时进行更换。

3. 灌注混凝土

（1）泵送混凝土前，检查泵送设备的各个部位连接情况，管道接头紧固密封；孔口灌注架铺设在工具柱中心区域，保持灌注作业平台稳固。

（2）在全套管全回转钻机平台上灌注时，设置安全作业护栏；在专用的平台架上登高观察初灌斗混凝土卸料过程，并在初灌斗将装满混凝土时，指挥提升料斗底导管口盖板完成初灌。

（3）灌注过程中按规定起拔导管，并按指定地点堆放。

4. 工具柱拆除

（1）潜水泵放入工具柱内抽吸泥浆之前，检查潜水泵机械性能，防止其内部线圈损坏导致漏电。

（2）工人进入工具柱底部破除超灌混凝土时，戴好安全帽，系好安全绳，并注意避免被柱内钢筋划伤。

（3）工具柱拆卸后，在钻孔上部空孔段回填砾料之前，在钻孔周边设置护栏，禁止人员进入。

8.3　逆作法旋挖扩底与先插钢管柱全套管全回转定位技术

8.3.1　引言

在基坑支护工程中，钢管柱不仅作为临时支撑柱，当基坑采用逆作法施工时也作为永久承载结构使用。作为永久承载结构时，通常将钢管柱插入地下室基础灌注桩顶一定深度，形成钢管柱与灌注桩组合结构。钻孔灌注桩作为钢管柱的下部结构，其承载能力决定整个上部结构的承受能力；为提高灌注桩的承载力，通常桩端持力层需进入岩层中。而当场地上部覆盖土层超厚（大于60m）时，灌注桩持力层进入岩层时往往钻孔超深，使得钻进成孔、清孔、灌注成桩难度大，造成钻进时间长、成桩质量难保证、综合成本高等弊端。

2019年9月，福州4号线第1标段土建4工区车站基坑支护工程开工。项目设计采用灌注桩＋钢管柱组合结构，基坑深度27.2m，设计底部灌注桩桩径1000mm，钢管结构柱直径600mm，钢管柱插入灌注桩内5m，采用逆作先插法施工。该项目场地处于海陆交互相冲淤平原地貌，桩端持力层进入碎块状强风化岩，孔深超过70m。为保证灌注桩成桩质量，保障钢管结构柱的施工精度，项目设计采取直径2m扩底灌注桩，桩端持力层为土状强风化岩，桩承载力显著提高，孔深大大减小，成孔、成桩质量更为可靠。同时，采用可调节螺杆式平台实施钢管柱与工具柱现场对接，确保对接精度满足设计要求。另外，采用全套管全回转钻机精准定位，实现了既节约工程成本，又满足施工精度要求。

8.3.2　工艺特点

1. 施工效率高

本工艺通过专用扩底钻头进行扩底，在相同承载力要求下，基础桩持力层由块状强风化改为土状强风化，减少基础桩的工程量，提高施工效率。采用全套管全回转钻机进行钢管柱定位，快捷准确，大大提升了施工效率。

2. 定位精度高

本工艺采用螺杆手动调节升降平台实施工具柱与钢管柱对接，快速完成对接时垂直度调节，定位准确；根据两点定位原理，通过全套管全回转钻机液压定位装置和垂直液压系统，交替进行钢管柱的抱紧下插作业，实现了高精度定位。

3. 综合成本低

本工艺中灌注桩采用土状强风化层中扩底钻进，扩底直径大，有效提升了灌注桩承载力，大大减小了成孔深度，提高了工效，灌注桩成桩质量可靠、操作便捷，整体综合成本低。

8.3.3 适用范围

适用于岩层埋深较深、桩端持力层为强风化岩的扩底灌注桩施工，适用于钢管结构柱先插法定位施工。

8.3.4 工艺原理

本工艺对基坑逆作法旋挖扩底与先插钢管柱组合结构全套管全回转定位施工技术进行研究，主要关键技术包括灌注桩旋挖扩底钻进、工具柱与钢管桩平台对接、全套管全回转钻机定位等。

1. 灌注桩旋挖扩底钻进

钻孔扩底灌注桩在钻孔达到所要求的持力层后，在桩端换用专用扩底钻头将桩端直径扩大。在直孔段土层中，采用普通旋挖钻斗取土钻进；钻至设计标高后，更换扩底钻头进行扩底段施工。扩底采用一种专用扩底钻头钻进，先进行扩底段上部斜面扩底钻进（图 8.3-1），然后进行扩底段下部立面钻进（图 8.3-2）。

图 8.3-1 扩底段上部扩底

图 8.3-2 扩底段下部扩底

2. 工具柱与钢管柱对接

工具柱与钢管柱对接利用现场设置的对接平台施工（图 8.3-3），平台采用手动丝杆升降架按 4.5m 间距设置，对接时通过手动调节丝杆升降架来实现钢管柱和工具柱的水平位置的调整进行对接。手动丝杆升降架由可调节的活动螺栓和工字钢支撑架组成（图 8.3-4）。升降架可调节的活动螺栓见图 8.3-5。

图 8.3-3 工具柱与钢管柱平台对接

图 8.3-4　手动丝杆升降架

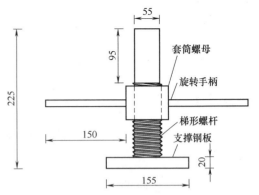

图 8.3-5　升降架可调节的活动螺栓

3. 全套管全回转钻机定位施工

（1）全套管全回转钻机定位原理

全套管全回转钻机回转机构设置两层夹紧装置，调节上下两层定位块装置，根据两点确定一条直线原理，可保证钢管柱竖向的精确度，见图 8.3-6。

图 8.3-6　全套管全回转钻机固定钢管柱原理示意图

（2）钢管柱安放原理

将钢管柱吊入全套管全回转钻机回转机构内，钻机主副夹（辅助夹紧装置为副夹，楔形夹紧装置为主夹）夹紧钢管柱，松开副夹，利用主夹缓缓下放钢管柱，当到达一个行程后，副夹夹紧钢管柱，主夹松开，主夹上升原位，如此反复，直至将钢管柱下放到设计标高，原理见图 8.3-7。

图 8.3-7　全套管全回转钻机下放钢管柱原理

8.3.5 施工工艺流程

逆作法旋挖扩底与先插钢管柱全套管全回转定位施工工艺流程见图 8.3-8。

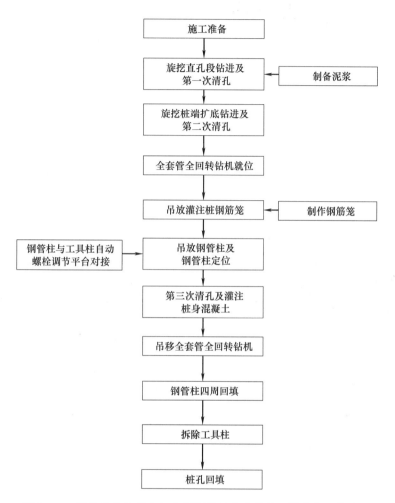

图 8.3-8 逆作法旋挖扩底与先插钢管柱全套管全回转定位工艺流程

8.3.6 工序操作要点

1. 施工准备

(1) 清理场地,按照设计和规范要求,对桩孔周围和钢管柱加工场进行硬化处理,具体见图 8.3-9。

(2) 机械设备按照施工要求进场,钢管柱、工具柱、钢筋等按施工计划进场和场地规划堆放。

(3) 根据桩位平面设计图坐标、高程控制点标高进行桩孔放线定位,施工放样测量确定灌注桩桩位中心点后做好标识,见图 8.3-10。

(4) 根据十字交叉定位方法,安放四个控制桩,以四个控制桩为基准埋设钢护筒

（图 8.3-11）。护筒高出地面 300mm，并利用四个控制桩复核护筒中心点（图 8.3-12）。护筒固定复测桩位无误后，用黏土分层回填夯实。

图 8.3-9　硬地化场地

图 8.3-10　桩位放样

图 8.3-11　埋设护筒

图 8.3-12　护筒中心点复核

2. 旋挖直孔段钻进及第一次清孔

（1）在桩位复核正确、护筒埋设符合要求后，旋挖钻机就位准确后开始钻进，见图 8.3-13。

（2）直孔段成孔采用 XR280D 旋挖钻机，旋挖机自身带有孔深和垂直度监测系统，钻孔作业过程中实时关注钻孔深度和垂直度等控制指标，如有偏差及时进行调整纠偏。

（3）直孔段钻进采用旋挖钻斗取土钻进钻头，钻进时调配优质泥浆，保证泥浆护壁效果。钻进至设计强风化岩桩底标高后终孔，并用平底捞渣钻头进行第一次清孔。旋挖直孔段钻进见图 8.3-14。

3. 旋挖桩端扩底钻进及第二次清孔

（1）直孔钻进至设计标高后，采用 MH5510B 旋挖钻更换扩底钻头（图 8.3-15）进行扩底段钻进，先进行扩底段上部挖掘，然后进行扩底段下部挖掘。

（2）扩底钻进时，先将扩底钻头下放至扩底位置，然后进行慢速旋转并加压，使扩底钻头缓慢张开并进行扩底作业。扩底钻头完全张开后扩底完成，在原位不加压快速旋转 10min 后，停止旋转缓慢匀速提出钻头。

图 8.3-13 旋挖钻头中心点定位

图 8.3-14 旋挖直孔段钻进

图 8.3-15 旋挖扩底钻头

（3）扩底完成后，进行第二次捞渣清孔。清孔时，换专用的捞渣平底钻头安装捞砂钻头将扩底段钻渣进行清除；如有必要可更换扩底钻头进行扩底位置扫孔，再换捞渣钻头捞渣，反复数次直至将沉渣清除。

（4）清孔完成孔内进行孔深测量（图 8.3-16），并使用 6m 长的探笼入孔探测钻孔垂直度（图 8.3-17），各项指标都达到设计要求后，做好资料记录。

4. 全套管全回转钻机就位

（1）全套管全回转钻机就位前，吊放定位万能平台，见图 8.3-18。

（2）将定位万能平台吊放至护筒上方后，根据"双层双向定位"原理，调节定位万能平台位置（图 8.3-19），使平台中心点引出的铅垂线与引出的桩位中心点重合。

图 8.3-16　终孔后测量孔深

图 8.3-17　探笼检测钻孔垂直度

图 8.3-18　吊放定位万能平台

图 8.3-19　定位万能平台定位调节

（3）定位万能平台定位后，将全套管全回转钻机吊放在万能平台上所设置的定位圆弧内（图 8.3-20），精确对中后校核钻机的水平度。

5. 制作钢筋笼

（1）根据设计，将支撑架按 3m 的间距摆放在同一水平面上对准中心线，将配好定长的主筋平直摆放在焊接支撑架上，将加强筋按设计要求的间距套入主筋，并保持与主筋垂直进行点焊。

（2）加强筋与主筋焊好后，将箍筋按规定间距缠绕并满焊固定。钢筋制作完成后（图 8.3-21），会同监理工程师进行隐蔽验收并做好记录。

图 8.3-20 全套管全回转钻机就位于基板定位圆弧内

6. 吊放灌注桩钢筋笼

（1）钢筋笼吊放采用 100t 履带起重机为主副钩同时起吊，设置 4 个起吊点，以保证钢筋笼在起吊时不变形。

（2）吊放钢筋笼入孔时对准孔位，保持垂直，轻放、慢放入孔。

（3）下放钢筋笼时技术人员全程旁站，现场测量护筒顶标高，并准确计算吊筋长度，以控制钢筋笼的桩顶标高，见图 8.3-22。

图 8.3-21 钢筋笼制作

图 8.3-22 钢筋笼现场吊放

7. 钢管柱与工具柱自动螺栓调节平台对接

（1）对接施工场地上等间距 4.5m 布置对接螺栓升降架（图 8.3-23），共布设 6 个。

（2）对各升降架顶同标高进行校平后，采用起重机分别将对接的钢管柱、工具柱吊放至对接架上，并采用螺栓连接固定，见图 8.3-24。

图 8.3-23 钢管柱和工具柱现场对接升降架

图 8.3-24 钢管柱与工具柱平台对接

图 8.3-25 对接后测量校核

（3）在对接过程中，利用水准仪进行校核，并根据测量人员的校核结果，旋转自动升降架的工字钢支撑架两端手动螺杆升降架手柄，确保对接精度，见图 8.3-25。

8. 吊放钢管柱及钢管柱定位

（1）钢管结构柱起吊前，在工具柱顶部的水平板上安置倾角传感器。倾角传感器通过连接倾斜显示仪（图 8.3-26），能够监测钢管结构柱下插过程的垂直度，其控制精度可达到 0.01°。

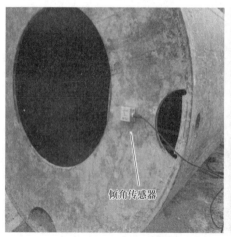

倾角传感器

图 8.3-26 倾角传感器和倾斜显示仪

（2）钢管结构柱采用双机侧式抬吊，主吊和副吊置于钢筋笼同一侧边，主吊使用100t履带起重机作业，见图8.3-27。

图8.3-27 钢管结构柱吊装

（3）钢管柱起吊后穿过全套管全回转钻机中心，下放入孔至设计灌注桩顶嵌入位置后，用定点测斜仪（测量精度<0.1%）对钢管柱进行中心点和垂直度校准，同步使用HCR-1500E全套管全回转钻机进行精确微调，以保证钢管柱的垂直度。全套管全回转钻机钢管柱定位见图8.3-28。

（4）钢管柱定位过程中，全过程采用测量仪器测量钢管柱的垂直度和水平标高，同步观察测斜仪显示的精度（图8.3-29），满足设计精度要求后用全套管全回转钻机将钢管桩固定。

图8.3-28 全套管全回转钻机安放钢管柱   **图8.3-29 定点测斜仪**

9. 第三次清孔及灌注桩身混凝土

（1）在钢管柱下放定位后，安放灌注导管，并利用导管进行第三次清孔，清孔采用气举反循环工艺，清孔过程实时检查泥浆指标。

图 8.3-30　灌注桩身混凝土

（2）清孔满足要求后，立即实施桩身混凝土灌注，根据灌注桩扩底段的直径及深度，选择直径为 300mm 导管灌注，初灌采用 $3m^3$ 料斗进行，以保证初灌时孔内混凝土的导管埋深不小于 1m。

（3）灌注过程中，定期测量导管底在混凝土内的埋管深度，根据埋管情况拔除导管，始终保持导管埋深为 2～4m，并在混凝土至桩顶位置时停止灌注，并在钢管柱外回填碎石不小于 4m。在停待约 4h 后，继续灌注钢管结构柱内混凝土，直至柱顶设计标高并超灌 800mm 后结束。现场桩身混凝土灌注见图 8.3-30。

10. 吊移全套管全回转钻机

（1）灌注完成后，待混凝土终凝达到设计强度后，采用万能平台的楔形夹紧装置固定工具柱，起重机将全套管全回转钻机调离孔位。

（2）起吊过程时，采用四点平衡起吊，待钻机提出工具柱后，再缓慢下放至地面指定位置。

11. 钢管柱四周回填

（1）全套管全回转钻机调离后，在万能平台上对钢管柱与孔壁间的空隙进行回填，回填材料选用级配碎石。

（2）回填采用铲车将碎石运送至孔口附近，在万能平台工具柱孔口安放数块导板，采用机械配合人工回填，碎石经导板滑落于孔内。回填时，沿工具柱四周位置均匀回填，回填至工具柱底部位置，见图 8.3-31。

图 8.3-31　万能平台孔内回填级配碎石

12. 拆除工具柱

（1）采用泥浆泵将工具柱内的泥浆抽空，露出钢管柱和工具柱衔接位置。

（2）泥浆抽空后，安排专业人员下到工具柱底，清除超灌混凝土、污泥等，拆除对接螺栓。

（3）拆除完成后，将工具柱吊出。

13. 桩孔回填

（1）工具柱吊离后，将万能平台吊移，桩孔空孔段采用碎石、水泥土或砖渣等回填。

（2）回填过程中，采用泥浆泵及时将剩余泥浆进行回收利用，严禁泥浆随意流淌，污染环境。

（3）回填完成后，采用挖机进行碾压平整并做好警示标志，防止大型机械进入造成陷机。

8.3.7 机械设备配置

本工艺现场施工所涉及的主要机械设备见表 8.3-1。

主要机械设备配置表

表 8.3-1

名称	型号	备注
旋挖钻机	XR280D	灌注桩直孔段钻进
旋挖钻机	MH5510B	灌注桩扩底钻进
扩底钻头	扩底直径 2m	扩底
全套管全回转钻机	HCR-1500E	定位、作业
万能平台	MARUGO	孔口钢管柱定位
履带起重机	100t	吊装
定点测斜仪	上海直川 ZCT-CX05-RC01	监测钢管桩垂直度
灌注导管	外径 300mm	灌注桩身混凝土
灌注斗	3m³	初灌斗
全站仪	SOKKIA	桩位放样、垂直度观测
经纬仪	T2	工程测量
电焊机	NBC-250	焊接、加工
铲车	ZL50E	回填料运输

8.3.8 质量控制

1. 灌注桩成孔、清孔

（1）桩位放样后进行复核并作好保护措施，在成孔过程和成孔后复核桩孔中心的准确性。

（2）扩底前，检查扩底钻头的规格型号、扩底行程等。

（3）终孔后，对孔深、孔径、倾斜度进行检查，满足要求后清孔。

（4）清孔采用气举反循环工艺，孔底沉渣厚度、泥浆指标满足设计、规范要求后进行灌注桩身混凝土。

2. 钢管柱吊放

（1）全套管全回转钻机就位后，使用钻机上安放的定点式水平位移计对全套管全回转钻机进行水平调整和精确对位；同时，复测万能平台的水平度，确保万能平台、桩位点、全回旋钻机中心点3点共线。

（2）使用履带起重机主吊和副吊对钢管柱进行抬吊，钢管柱起吊后穿过全套管全回转钻机回转机构和万能平台中心下放至桩顶设计较高位置。

（3）钢管柱在安放过程中，缓慢放置，避免碰撞。

3. 桩身混凝土灌注

（1）混凝土坍落度符合要求，混凝土无离析现象，运输过程中严禁任意加水。

（2）导管连接严格密封，下放导管时管口与孔底距离控制在0.3～0.5m。

（3）混凝土初灌量保证导管底部一次性埋入混凝土内0.8m以上。

（4）灌注混凝土连续进行，定期测量孔内混凝土面上升高度，及时拆除导管、确保合理导管埋深。

4. 钢管结构柱定位

（1）为了保证拼接质量，钢管结构柱与工具柱在专用的加工操作平台上对接。

（2）钢筋笼和钢管结构柱吊装前，对工人进行安全技术交底；吊装时，由信号司索工进行指挥，采用双机抬吊方法起吊。

（3）工具柱水平板上安装倾角传感器，钢管结构柱安放过程中通过显示仪上的数据监控钢管结构柱的垂直度。

8.3.9　安全措施

1. 焊接与切割作业

（1）钢筋笼加工制作由专业电焊工操作，正确佩戴安全防护罩。

（2）氧气、乙炔罐的摆放要分开放置，切割作业由持证专业人员进行。

2. 对接平台吊装作业

（1）对接平台吊装前，将场地平整、加固，防止平台就位后发生下沉。

（2）现场起重机起吊对接平台时，派专门的司索工指挥吊装作业，无关人员撤离影响半径范围，吊装区域设置安全隔离带。

（3）起重机司机听从司索工指挥，在确认区域内无关人员全部退场后，由司索工发出信号，开始吊装作业。

3. 钢筋笼焊接

（1）钢筋加工过程中，不得出现随意抛掷钢筋现象，制作完成的单段钢筋笼移动前检查移动方向是否安全。

（2）起吊钢筋笼时，采用多点起吊，并根据笼重和提升高度，调整起重臂长度和仰角。预估吊索和笼体本身的高度，留出适当空间。

4. 桩身混凝土灌注

（1）灌注混凝土桩时，孔口灌注架铺设在定位平台的中心区域，保持稳固的作业工作面。

（2）灌注混凝土时，吊具稳固可靠，起拔导管由专人指挥，并按指定位置堆放。

（3）灌注过程处于钻机平台上高处作业，所有人员系好安全带。

（4）桩身混凝土浇灌结束后，桩顶混凝土低于现状地面时，设置孔口护栏和安全标志。

8.4 逆作法钢管柱全套管全回转定位钢管柱与孔壁间隙双料斗对称回填技术

8.4.1 引言

逆作先插法施工中，一般采用底部钻孔灌注桩与上部钢管柱结合的形式。钢管柱定位施工时，先将钢管柱插入灌注桩顶部钢筋笼4m位置并进行定位，再将底部桩身混凝土灌注至设计标高位置。在灌注钢管柱内混凝土之前，为避免柱内混凝土灌注时对钢管柱的扰动而影响钢管柱的垂直度，需要在钢管柱与钻孔孔壁间的空隙均匀回填料，以确保后续施工过程中钢管柱的稳固。

通常逆作法施工时，对钢管柱使用万能平台进行定位（图8.4-1），使用双管回填料斗架设在工具柱侧边，将料对称导入钢管柱与钻孔孔壁间空隙均匀回填，一般将碎石、砂或建筑废渣作为回填料，见图8.4-2。但逆作法使用全套管全回转钻机对钢管柱定位时（图8.4-3），受全套管全回转钻机体型、高度等因素的影响，不适用双管回填料斗进行回填。而挖机直接上料回填难度大、人工回填效率低。因此，亟需一种实用、高效的工具辅助钢管柱周边空隙的回填。

图8.4-1 钢管柱万能平台定位

图8.4-2 万能平台定位双管料斗回填

针对上述情况，为保证回填效果和施工质量，深圳市工勘基础工程有限公司及项目组专门设计一种支架式自卸回填料斗。该装置由下料导槽和支架焊接组成，下料导槽延伸进入全套管全回转钻机液压柱之间的空隙，将回填料导入钻孔孔壁与钢管柱之间的空隙。支架可根据现场情况做出调整，使其更适合全套管全回转钻机的高度，提高回填效率。施工时，采用对称双料斗同时使用，见图8.4-4。

图 8.4-3　钢管柱全套管全回转钻机定位

图 8.4-4　支架式自卸回填料斗对称回填

8.4.2　工艺特点

1. 制作方便

该装置可在现场加工制作，加工所需原材料主要为槽钢、钢板及螺纹钢筋，精度要求不高，在现场通过焊接加工方式完成制作。

2. 使用便捷

该装置为成品制作，使用吊放就位后即可使用。同时，该装置采用挖掘机直接上料，较以往挖机上料困难、人工回填等方式更为便捷。另外，采用自卸式倾斜板设计，利用回填料自身重力作用回填。

3. 均匀回填

使用时，对称使用于全套管全回转钻机两侧，保证钢管结构柱四周回填碎石均匀，避免柱内混凝土灌注时对钢管柱的扰动，提高了回填效率，保证了施工质量。

8.4.3　装置整体组成

本料斗由下料导槽、支架互相焊接组装，具体见图 8.4-5、图 8.4-6。

8.4.4　装置结构设计

以施工过程中使用景安 JAR260H 型全套管全回转钻机进行定位为例，对装置进行具体说明。

图 8.4-5 料斗结构图

图 8.4-6 料斗实物

1. 下料导槽

（1）下料导槽由侧板、底板、支撑钢筋焊接组成（图 8.4-7、图 8.4-8），侧板和底板材质均为 15mm 厚的钢板。侧板为两块上底 1710mm、下底 2100mm、高 400mm 的直角梯形板，底板为 2240mm×2380mm 的方形板，底板长度大于侧板长度。支撑钢筋为直径 36mm 的螺纹钢筋，支撑钢筋两端焊接于两侧板中部，防止侧板受力变形。

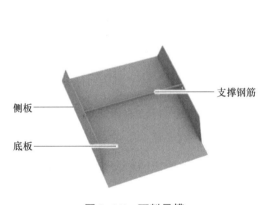

图 8.4-7 下料导槽

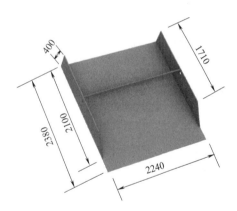

图 8.4-8 下料导槽尺寸（单位：mm）

（2）景安 JAR260H 型全套管全回转钻机侧面两个液压立柱之间间距为 3000mm（图 8.4-9），将下料导槽宽度设计为 2240mm。同时，根据钻机外边缘至钢管柱的距离，下料导槽设计底板长于侧板 280mm，使其伸入全套管全回转钻机中靠近钢管柱处，将回填料直接导入钢管柱与钻孔孔壁之间的空隙，具体见图 8.4-10、图 8.4-11。下料导槽长度设计为 2380mm，向全套管全回转钻机外延伸一定长度，为挖机铲斗提供了充足的上料空间。

（3）下料导槽采用自卸式倾斜板设计（图 8.4-12），竖直夹角约为 60°，可充分利用碎石自重作用将碎石导入，从而达到提升回填速度、提高回填工效的目的。

图 8.4-9　钻机液压立柱之间间距

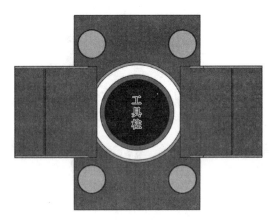

图 8.4-10　下料导槽与钻机位置关系平面图

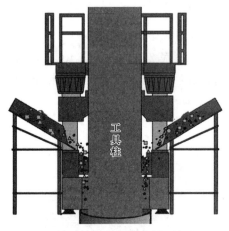

图 8.4-11　下料导槽下料示意图

图 8.4-12　下料导槽倾斜设计示意图

2. 支架

（1）支架由支腿、横梁和斜撑焊接组成，支架支腿为 10 号槽钢，规格为 100mm×48mm×5.3mm，横梁和斜撑为直径 36mm 的螺纹钢筋。

（2）施工时，全套管全回转钻机回填进料口位置距地面高度约 1800mm（图 8.4-13），为便于下料导槽伸入全套管全回转钻机液压柱之间空隙中进行回填，设计倾斜下料导槽前端距地面高度 1900mm，见图 8.4-14。支架的高度和宽度尺寸，可根据现场实际情况进行调整。

8.4.5　工序操作要点

1. 自卸回填料斗就位

（1）逆作先插法施工中，采用全套管全回转钻机对钢管柱完成定位，柱下钻孔灌注桩桩身混凝土灌注至设计标高后，在全套管全回转钻机液压柱呈升起状态下，分别吊放支架式自卸回填料斗至全套管全回转钻机两侧，具体见图 8.4-15。

图 8.4-13　全套管全回转钻机底座距地面高度

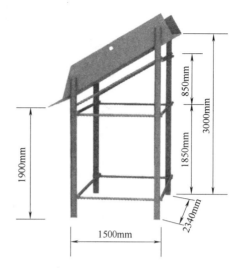

图 8.4-14　支架尺寸示意图

图 8.4-15　自卸式回填料斗对称放置

（2）安放料斗时，料斗延长底板伸入全套管全回转钻机两液压立柱空隙之间。具体见图 8.4-16。

2. 挖掘机料斗回填碎石

（1）料斗安放完成后，使用挖掘机依次对全套管全回转钻机左右两侧料斗交替倒入碎石，倒入次数相同，保证钢管柱四周回填碎石均匀。

（2）碎石通过下料导槽导入钢管柱与钻孔孔壁间空隙中，回填高度 5～8m，见图 8.4-17。回填完成后，将料斗吊离全套管全回转钻机。

图 8.4-16　自卸式回填料斗安放

图 8.4-17　挖机上料过程

第9章　全套管全回转设备与机具

9.1　全套管全回转钻机

9.1.1　JSP150H

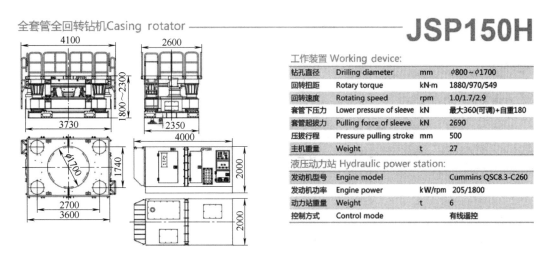

全套管全回转钻机 Casing rotator — JSP150H

工作装置 Working device:			
钻孔直径	Drilling diameter	mm	$\phi 800 \sim \phi 1700$
回转扭距	Rotary torque	kN·m	1880/970/549
回转速度	Rotating speed	rpm	1.0/1.7/2.9
套管下压力	Lower pressure of sleeve	kN	最大360(可调)+自重180
套管起拔力	Pulling force of sleeve	kN	2690
压拔行程	Pressure pulling stroke	mm	500
主机重量	Weight	t	27
液压动力站 Hydraulic power station:			
发动机型号	Engine model		Cummins QSC8.3-C260
发动机功率	Engine power	kW/rpm	205/1800
动力站重量	Weight	t	6
控制方式	Control mode		有线遥控

图 9.1-1 景安 JSP150H 全套管全回转钻机

9.1.2　JAR210H

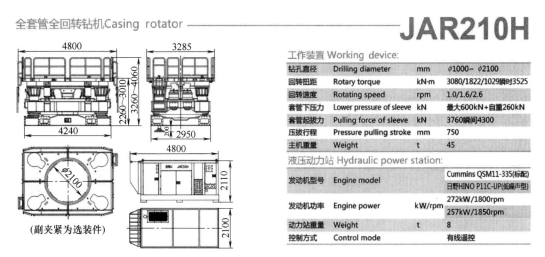

全套管全回转钻机 Casing rotator — JAR210H

（副夹紧为选装件）

工作装置 Working device:			
钻孔直径	Drilling diameter	mm	$\phi 1000 \sim \phi 2100$
回转扭距	Rotary torque	kN·m	3080/1822/1029瞬时3525
回转速度	Rotating speed	rpm	1.0/1.6/2.6
套管下压力	Lower pressure of sleeve	kN	最大600kN+自重260kN
套管起拔力	Pulling force of sleeve	kN	3760瞬间4300
压拔行程	Pressure pulling stroke	mm	750
主机重量	Weight	t	45
液压动力站 Hydraulic power station:			
发动机型号	Engine model		Cummins QSM11-335(标配) 日野HINO P11C-UP(低噪声型)
发动机功率	Engine power	kW/rpm	272kW/1800rpm 257kW/1850rpm
动力站重量	Weight	t	8
控制方式	Control mode		有线遥控

图 9.1-2　景安 JAR210H 全套管全回转钻机

9.1.3 JAR260H

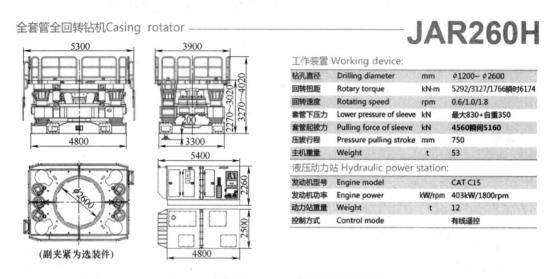

全套管全回转钻机Casing rotator — **JAR260H**

工作装置 Working device:			
钻孔直径	Drilling diameter	mm	$\phi1200\sim\phi2600$
回转扭距	Rotary torque	kN·m	5292/3127/1766瞬时6174
回转速度	Rotating speed	rpm	0.6/1.0/1.8
套管下压力	Lower pressure of sleeve	kN	最大830+自重350
套管起拔力	Pulling force of sleeve	kN	4560瞬间5160
压拔行程	Pressure pulling stroke	mm	750
主机重量	Weight	t	53
液压动力站 Hydraulic power station:			
发动机型号	Engine model		CAT C15
发动机功率	Engine power	kW/rpm	403kW/1800rpm
动力站重量	Weight	t	12
控制方式	Control mode		有线遥控

（副夹紧为选装件）

图 9.1-3 景安 JAR260H 全套管全回转钻机

9.1.4 JAR320H

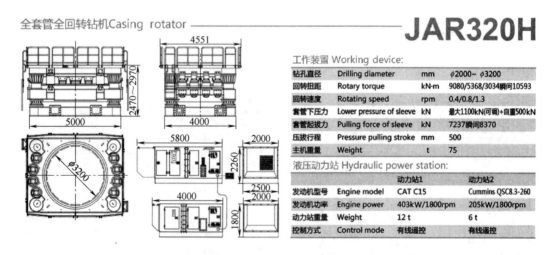

全套管全回转钻机Casing rotator — **JAR320H**

工作装置 Working device:			
钻孔直径	Drilling diameter	mm	$\phi2000\sim\phi3200$
回转扭距	Rotary torque	kN·m	9080/5368/3034瞬间10593
回转速度	Rotating speed	rpm	0.4/0.8/1.3
套管下压力	Lower pressure of sleeve	kN	最大1100kN(可调)+自重500kN
套管起拔力	Pulling force of sleeve	kN	7237瞬间8370
压拔行程	Pressure pulling stroke	mm	500
主机重量	Weight	t	75

液压动力站 Hydraulic power station:			
		动力站1	动力站2
发动机型号	Engine model	CAT C15	Cummins QSC8.3-260
发动机功率	Engine power	403kW/1800rpm	205kW/1800rpm
动力站重量	Weight	12 t	6 t
控制方式	Control mode	有线遥控	有线遥控

图 9.1-4 景安 JAR320H 全套管全回转钻机

9.1.5 JAR200H

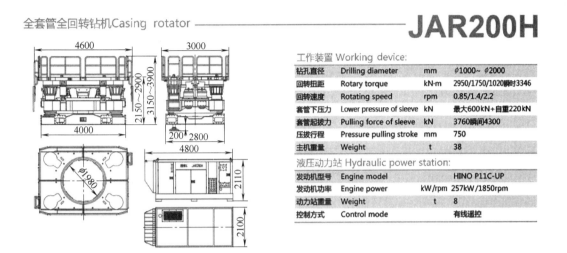

图 9.1-5 景安 JAR200H 全套管全回转钻机

9.1.6 JAD150

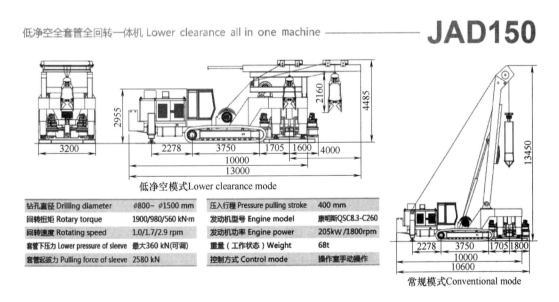

图 9.1-6 景安 JAR150 低净空全套管全回转一体钻机

9.2 套　管

9.2.1 单壁双排钢套管

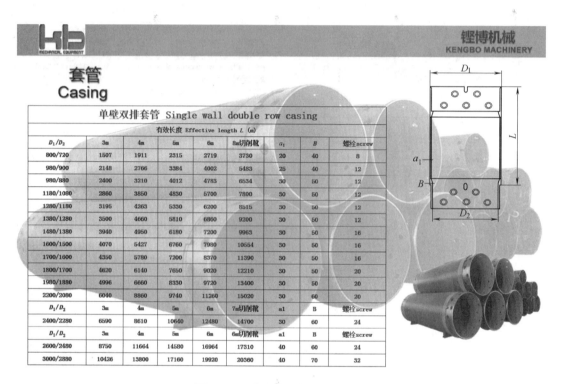

单壁双排套管 Single wall double row casing							
D_1/D_2	有效长度 Effective length L (m)				a_1	B	螺栓screw
D_1/D_2	3m	4m	5m	6m	8m切削靴	a_1	B	螺栓screw
800/720	1507	1911	2315	2719	3730	20	40	8
980/900	2148	2766	3384	4002	5483	25	40	12
980/880	2400	3210	4012	4783	6534	30	50	12
1180/1080	2860	3850	4830	5700	7800	30	50	12
1280/1180	3195	4263	5330	6200	8515	30	50	12
1380/1280	3500	4660	5810	6860	9200	30	50	12
1480/1380	3940	4950	6180	7200	9963	30	50	16
1600/1500	4070	5427	6760	7980	10554	30	50	16
1700/1600	4350	5780	7200	8370	11390	30	50	16
1800/1700	4620	6140	7650	9020	12210	30	50	20
1980/1880	4996	6660	8330	9720	13400	30	50	20
2200/2080	6040	8860	9740	11260	15020	30	60	20
D_1/D_2	3m	4m	5m	6m	7m切削靴	a1	B	螺栓screw
2400/2280	6590	8610	10640	12480	14700	30	60	24
D_1/D_2	3m	4m	5m	6m	6m切削靴	a1	B	螺栓screw
2600/2480	8750	11664	14580	16964	17310	40	60	24
3000/2880	10426	13800	17160	19920	20360	40	70	32

图 9.2-1　单壁双排套管技术参数

图 9.2-2　套管及套管管靴（铿博重工）

9.2.2 套管接头组

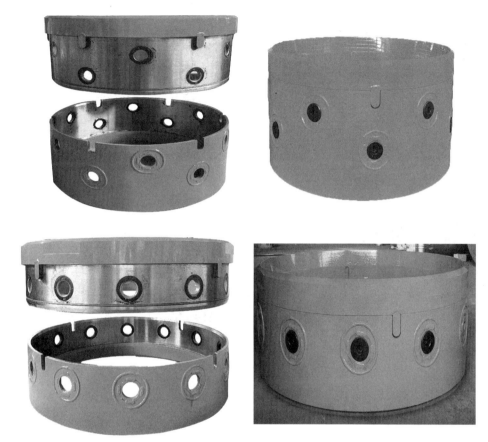

图 9.2-3 套管接头组（铿博重工）

9.2.3 套管接头组螺栓

NCB螺栓   NCB丝圈   NCB锥圈

图 9.2-4 套管接头组螺栓（铿博重工）

9.2.4　套管配套辅助件

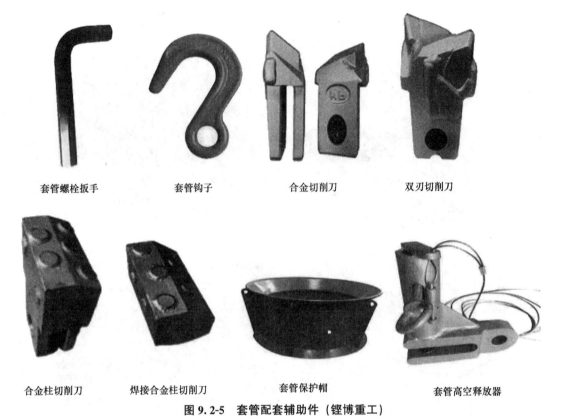

套管螺栓扳手	套管钩子	合金切削刀	双刃切削刀
合金柱切削刀	焊接合金柱切削刀	套管保护帽	套管高空释放器

图 9.2-5　套管配套辅助件（铿博重工）

9.3　冲　抓　斗

9.3.1　干式冲抓斗

图 9.3-1　干式抓斗（韧高科技）

9.3.2 湿式冲抓斗

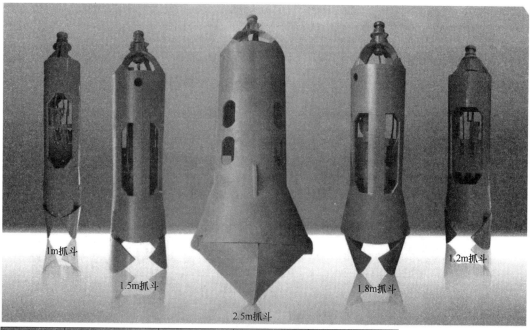

型号	斗壳最大直径(mm)	抓半容量(L)	管帽容量(L)	钢丝绳直径(mm)
HT-800	660	160	160	22
HT-1000	820	200	200	24
HT-1200	980	250	250	26
HT-1500	1250	290	290	28
HT-1800	1500	450	450	30
HT-2000	1650	600	600	30
HT-2500	2100	850	850	30

图 9.3-2 湿式抓斗及技术参数

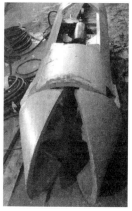

图 9.3-3 液压冲抓斗 (韧高科技)

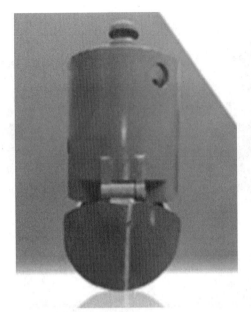

图 9.3-4　低净空微型冲抓斗及套管内取土（韧高科技）

9.4　楔 形 钎 锤

9.4.1　楔形钎锤

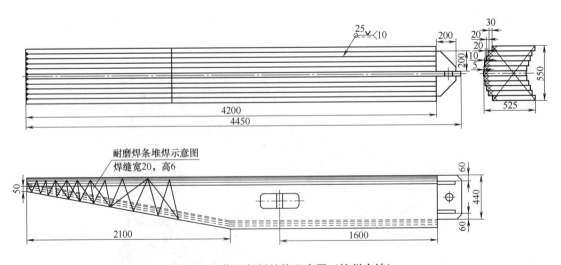

图 9.4-1　楔形钎锤结构示意图（杭州南坤）

图 9.4-2 现场楔形钎锤（杭州南坤）

9.4.2 微型楔形钎锤

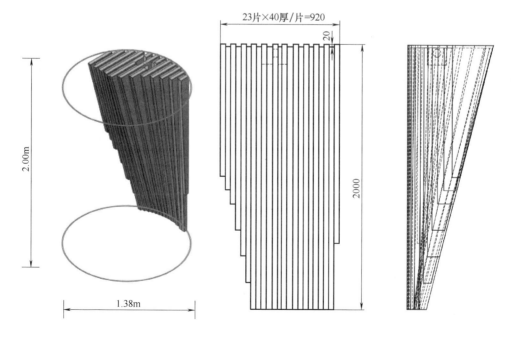

图 9.4-3 微型楔形钎锤结构示意图（杭州南坤）

图 9.4-4　微型楔形钎锤（杭州南坤）

9.5　冲　　锤

9.5.1　长冲锤

图 9.5-1　长冲锤

9.5.2　短冲锤

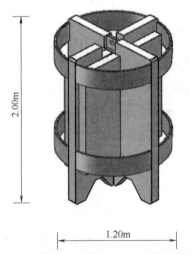

图 9.5-2　微型短冲锤（5.9t）（杭州南坤）

附：《全套管全回转灌注桩施工新技术》自有知识产权情况统计表

章名	节名	完成单位	类别	名称	编号	备注
第1章 全套管全回转灌注桩施工新技术	1.1 全套管全回转灌注桩套管内气举反循环清孔技术	深圳市工勘岩土集团有限公司	发明专利	一种灌注桩的清孔系统及清孔方法	202010172106.5	申请进入实质审查
			发明专利	岩溶发育区灌注桩成桩方法	ZL 2021 1 0499080.X 证书号第 5588517 号	国家知识产权局
			发明专利	桩孔沉渣气举反循环设备	ZL 2021 1 0498826.5 证书号第 5590783 号	国家知识产权局
			实用新型专利	一种灌注桩的清孔系统	ZL 2020 2 0310070.8 证书号第 11979545 号	国家知识产权局
			实用新型专利	桩孔底部沉渣的清除设备	ZL 2021 2 0975974.7 证书号第 15280578 号	国家知识产权局
			实用新型专利	用于桩孔沉渣气举循环的清渣头	ZL 2021 2 0982297.1 证书号第 16097425 号	国家知识产权局
			科技成果鉴定	省内领先 《全套管全回转灌注桩套管内气举反循环清孔施工技术》	粤建协鉴字[2020]751号	广东省建筑业协会
				国内领先 《岩溶发育区灌注桩全套管全回转成桩综合配套施工技术》	粤地学评字[2021]第6号	广东省地质学会
			工法	深圳市市级工法 《全套管全回转灌注桩套管内气举反循环清孔施工工法》	SZSJGF064-2020	深圳建筑业协会
				广东省省级工法 《岩溶发育区灌注桩全套管全回转成桩综合配套施工工法》	GDGF330-2021	广东省住房和城乡建设厅

章名	节名	完成单位	类别	名称	编号	备注
第1章 全套管全回转灌注桩施工新技术	1.1 全套管全回转灌注桩套管内气举反循环清孔技术	深圳市工勘岩土集团有限公司	获奖	岩土工程技术创新应用成果一等成果《岩溶发育区灌注桩全套管施工技术》	—	中国施工企业管理协会
				广东省地质科学技术奖一等奖《岩溶发育区灌注桩全套管施工技术》	DZXHKJ211-8	广东省地质学会
			论文	《全套管全回转灌注桩套管内气举反循环清孔施工技术》	《施工技术》2021年12月上 第50卷第23期	亚太建设科技信息研究院有限公司,中国建筑集团有限公司,中国土木工程学会主办
	1.2 复杂条件下深长嵌岩桩全回转与液压反循环钻进技术	深圳市工勘岩土集团有限公司,徐州景安重工机械制造有限公司	发明专利	大直径深长嵌岩桩全回转与气举反循环组合钻进施工方法	ZL 2021 1 1198799.6 证书号第5761809号	国家知识产权局
			发明专利	气举反循环钻机的钻头结构	ZL 2021 1 1198798.1 证书号第7034962号	国家知识产权局
			实用新型专利	用于支撑钻机的孔口平台	ZL 2021 2 2494661.2 证书号第16096376号	国家知识产权局
			科技成果鉴定	国内领先《复杂条件大直径深长嵌岩桩全回转与RCD组合钻进施工技术》	粤建学鉴字〔2022〕第111号	广东省土木建筑学会
			工法	深圳市市级工法《复杂条件大直径深长嵌岩桩全回转与RCD组合钻进施工工法》	SZSJGF143-2021	深圳建筑业协会
				广东省省级工法《复杂条件大直径深长嵌岩桩全回转与RCD组合钻进施工工法》	GDGF220-2022	广东省住房和城乡建设厅

章名	节名	完成单位	类别	名称	编号	备注
第1章 全套管全回转灌注桩施工新技术	1.2 复杂条件下深长嵌岩桩全套管全回转灌注与液压反循环钻进技术	深圳市工勘岩土集团有限公司、徐州景安重工机械制造有限公司	获奖	岩土工程技术创新应用成果一等成果《复杂条件大直径深长嵌岩桩全回转与RCD组合钻进施工技术》	—	中国施工企业管理协会
			获奖	工程建设行业高推广价值专利大赛一等专利《大直径深长嵌岩桩全回转与气举反循环组合钻进施工方法》	2024-ZL-2-758	中国施工企业管理协会
			获奖	广东省地质科学技术奖二等奖《复杂条件大直径深长嵌岩桩全回转与RCD组合钻进施工技术》	DZXHKJ222-25	广东省地质学会
	1.3 旋挖与全套管全回转钻机组合装配式钢结构平台钻进技术	深圳市工勘岩土集团有限公司、深圳市金刚钻机械工程有限公司	论文	《复杂条件下大直径深长嵌岩灌注桩全回转钻机与RCD钻机组合钻进施工技术》	《施工技术》2022年12月下第51卷第24期	亚太建设科技信息研究院有限公司、中国建筑集团有限公司、中国土木工程学会主办
			实用新型专利	用于辅助旋挖钻机配合全回转作业的装配式平台	ZL 2020 2 1664299.8 证书号第13085731号	国家知识产权局
			工法	深圳市市级工法《钢结构装配式平台配合全套管全回转双套管组合旋挖施工工法》	SZSJGF035-2021	深圳建筑业协会
第2章 岩溶区全套管全回转灌注桩套管成桩新技术	2.1 岩溶区大直径超长套管全回转双套管变截面成桩技术	深圳市工勘岩土集团有限公司、深圳市金刚钻机械工程有限公司	发明专利	灌注桩全回转双套管变截面护壁成桩方法	ZL 2021 1 0387854.X 证书号第5587731号	国家知识产权局
			发明专利	灌注桩全回转双套管成桩结构	ZL 2021 1 0387849.9 证书号第5589933号	国家知识产权局
			实用新型专利	灌注桩全回转双套管成桩结构	ZL 2021 2 0744429.7 证书号第15286465号	国家知识产权局
			实用新型专利	用于辅助旋挖钻机配合全回转作业的装配式平台	ZL 2020 2 1664299.8 证书号第13085731号	国家知识产权局

章名	节名	完成单位	类别	名称	编号	备注
第2章 岩溶区全套管全回转桩成桩新技术	2.1 岩溶区大直径桩全套管全回转双套管变截面成桩技术	深圳市工勘岩土集团有限公司 深圳市金刚钻机械工程有限公司	科技成果鉴定	国内领先《岩溶发育区大直径超长灌注桩全回转双套管变截面护壁成桩施工技术》	粤建协鉴字〔2022〕516号	广东省建筑业协会
			工法	深圳市市级工法《岩溶发育区大直径超长灌注桩全回转双套管变截面护壁成桩施工工法》	SZSJGF066-2022	深圳建筑业协会
				广东省省级工法《岩溶发育区大直径超长灌注桩全回转双套管变截面护壁成桩施工工法》	GDGF025-2022	广东省住房和城乡建设厅
				岩土工程技术创新应用新成果一等成果《岩溶发育区大直径超长灌注桩全回转双套管变截面护壁成桩施工技术》	—	中国施工企业管理协会
			获奖	工程建设行业高推广价值专利三等专利《灌注桩全回转双套管变截面护壁成桩方法》	ZL2021 10387854.X	中国施工企业管理协会
				广东省土木建筑学会科学技术奖二等奖《岩溶发育区大直径超长灌注桩全回转双套管变截面护壁成桩施工技术》	2023-2-X45-D	广东省土木建筑学会
	2.2 无充填溶洞全回转钻进灌注桩钢筋笼双套网成桩技术	深圳市工勘岩土集团有限公司	发明专利	国内领先 岩溶发育区灌注桩全套管成桩方法	ZL 2021 1 0499080.X 证书号第5588517号	国家知识产权局
			实用新型专利	一种用于喀斯特地貌的灌注桩施工的钢筋笼	ZL 2020 2 0830924.5 证书号第13087740号	国家知识产权局
			实用新型专利	一种具有防浮笼功能的钢筋笼	ZL 2020 2 0847524.5 证书号第12616389号	国家知识产权局
			科技成果鉴定	国内领先《岩溶发育区灌注桩全套管成桩综合配套桩施工技术》	粤地学评字〔2021〕第6号	广东省地质学会

章名	节名	完成单位	类别	名称	编号	备注
第2章 岩溶区全套管全回转成桩新技术	2.2 无充填溶洞全回转钻进灌注桩钢筋笼双套网成桩技术	深圳市工勘岩土集团有限公司	工法	深圳市市级工法《喀斯特无充填溶洞全回转钻进灌注桩钢筋笼双套网综合成桩施工工法》	SZSJGF053-2020	深圳建筑业协会
				广东省省级工法《岩溶发育区灌注桩全套管全回转成桩施工工法》	GDGF330-2021	广东省住房和城乡建设厅
			获奖	岩土工程技术创新应用成果《岩溶发育区灌注桩全套管全回转成桩综合施工技术》二等成果	—	中国施工企业管理协会
				广东省地质科学技术奖一等奖《岩溶发育区灌注桩全套管全回转成桩综合施工技术》	DZXHKJ1211-8	广东省地质学会
			论文	《喀斯特无充填溶洞全回转钻进灌注桩钢筋笼双套网综合施工技术》	《施工技术》2022年4月上,第51卷,第7期	亚太建设科技信息研究院有限公司、中国建筑集团有限公司、中国土木工程学会主办
第3章 全套管全回转、旋挖、RCD钻机成套钻进成桩新技术	3.1 海上百米嵌岩桩全套管全回转与旋挖、RCD钻机组合成桩技术	深圳市工勘岩土集团有限公司、深圳市金刚钻机械工程有限公司	发明专利	海上平台大直径百米嵌岩桩组合成桩施工方法	202310748567.6	申请进入实质审查
			发明专利	海上平台大直径百米嵌岩桩组合成桩施工设备	202310748572.7	申请进入实质审查
			实用新型专利	套管注浆减阻结构	ZL 2023 2 1616894.8 证书号第20095340号	国家知识产权局
			实用新型专利	套管切削减阻结构	ZL 2023 2 1607640.X 证书号第19921202号	国家知识产权局
			实用新型专利	渣土箱起吊倾倒结构	ZL 2023 2 1610223.0 证书号第20027532号	国家知识产权局

章名	节名	完成单位	类别	名称	编号	备注
第3章 全套管全回转、旋挖、RCD钻机成套钻进成桩新技术	3.1 海上百米嵌岩桩全套管全回转与旋挖、RCD钻机组合成桩技术	深圳市工勘岩土集团有限公司、深圳市金刚钻机械工程有限公司	科技成果鉴定	国内领先《海上平台大直径百米嵌岩桩全套管全回转与旋挖、RCD钻机组合成桩施工技术》	粤建协鉴字(2023)201号	广东省建筑业协会
			工法	深圳市市级工法《海上平台大直径百米嵌岩桩全套管全回转与旋挖、RCD钻机组合成桩施工工法》	SZSJGF-2023A-040	深圳建筑业协会
				广东省省级工法《海上平台大直径百米嵌岩桩全套管全回转与旋挖、RCD钻机组合成桩施工工法》	(已公示、暂未取得证书)	广东省住房和城乡建设厅
			获奖	岩土工程技术创新新成果二等成果《海上平台大直径百米嵌岩桩全套管全回转、旋挖与RCD组合成桩施工技术》	—	中国施工企业管理协会
				广东省地质科学技术奖二等奖《海上平台大直径百米嵌岩桩全套管全回转、旋挖、RCD钻机组合成桩施工技术》	DZXHKJ232-21	广东省地质学会
			论文	《海上平台大直径百米嵌岩桩全套管全回转、旋挖与RCD组合成桩施工技术研究》	《工程技术研究》2023年10月第8卷 第19期	广州市金属学会 广东工程职业技术学院主办
	3.2 深厚填海区硬岩全套管全回转与RCD滚刀钻扩成桩技术	深圳市工勘岩土集团有限公司、深圳市鸿宇建筑服务有限公司	发明专利	深厚填海区深长大直径硬岩滚刀扩底灌注桩施工方法	202311582499.7	申请进入实质审查
			发明专利	填海区下层微风化硬岩底部液压钻刀扩孔钻进方法	202311598102.3	申请进入实质审查
			发明专利	填海区上部深厚不良地层钻进方法	202311573615.9	申请进入实质审查

章名	节名	完成单位	类别	名称	编号	备注
第3章 全套管全回转、旋挖、RCD钻机成套钻进成桩新技术	3.2 深厚填海区硬岩全套管全回转与RCD滚刀钻扩成桩技术	深圳市工勘岩土集团有限公司、深圳市鸿宇建筑服务有限公司	实用新型专利	一种捞渣取样机构	ZL 2022 2 1349378.9 专利号第17528226号	国家知识产权局
			科技成果鉴定	国内领先 《填海区大直径硬岩全套管护壁与气举反循环滚刀钻扩成桩施工技术》	粤建协评字〔2024〕119号	广东省建筑业协会
	3.3 填海区深长大直径斜岩面全套管全回转、RCD及摆管钻机成套组合钻进成桩技术	深圳市工勘岩土集团有限公司	发明专利	一种填海区斜岩面桩钻进成桩方法	2024109570041.3	申请受理中
			发明专利	基坑底支撑梁下低净空灌注桩综合成桩施工方法	202211625575.3	申请进入实质审查
			实用新型专利	基坑底支撑梁下低净空灌注桩施工设备布置结构	ZL 2022 2 3423155.5 证书号第19033711号	国家知识产权局
第4章 低净空全套管全回转施工成桩新技术	4.1 基坑底支撑梁下低净空灌注全回转成桩技术	深圳市工勘岩土集团有限公司、武汉鑫地岩土工程有限公司	科技成果鉴定	国内先进 《基坑底支撑梁下低净空履带式全回转灌注桩综合成桩施工技术》	粤建协鉴定〔2022〕515号	广东省建筑业协会
			工法	深圳市市级工法 《基坑底支撑梁下低净空履带式全回转灌注桩综合成桩施工工法》	SZSJGF-2022B-014	深圳建筑业协会
			获奖	广东省建筑业协会科学技术进步奖三等奖 《基坑底支撑梁下低净空履带式全回转灌注桩综合成桩施工技术》	2022-J3-080-1	广东省建筑业协会

章名	节名	完成单位	类别	名称	编号	备注
第4章 低净空管全回转全套管桩施工新技术	4.2 复杂地层深基坑栈桥支撑梁底低净空灌注桩综合成桩技术	深圳市工勘岩土集团有限公司、武汉鑫地岩土工程技术有限公司	发明专利	复杂地层深基坑栈桥板支撑梁区深底低净空灌注桩施工方法	202410091433.6	申请进入实质审查
			科技成果鉴定	国内先进《复杂地层深基坑栈桥板支撑梁区深底低净空灌注桩综合成桩施工技术》	粤建协鉴字〔2023〕488号	广东省建筑业协会
	4.3 高铁桥下5m超低净空盾构穿越区隔离灌注桩组合成桩技术	深圳市工勘岩土集团有限公司、徐州景安工程机械制造重工有限公司	发明专利	高铁桥下超低净空盾构穿越区隔离灌注桩成桩施工方法	（待收申请受理通知书）	国家知识产权局
			实用新型专利	护筒送压结构	（待收申请受理通知书）	国家知识产权局
第5章 全回转与潜孔锤组合钻进施工新技术	5.1 限高区硬岩咬合桩全回转与潜孔锤组合钻进技术	深圳市工勘岩土集团有限公司、深圳市晟辉机械有限公司	发明专利	限高区基坑咬合桩硬岩钻进施工系统及施工方法	20201056 1736.1	（已授权，暂未取得证书）
			实用新型专利	限高区基坑咬合桩硬岩钻进施工系统	ZL 2020 2 1146636.4 证书号第12459515号	国家知识产权局
			科技成果鉴定	国内领先《限高区基坑咬合桩硬岩全回转与潜孔锤钻进施工技术》	粤建协鉴字〔2020〕754号	广东省建筑业协会
			工法	深圳市市级工法《限高区基坑咬合桩硬岩全回转与潜孔锤组合钻进施工工法》	SZSJGF078-2020	深圳建筑业协会
				广东省省级工法《限高区基坑咬合桩硬岩全回转与潜孔锤组合钻进施工工法》	GDGF325-2020	广东省住房和城乡建设厅
				工程建设企业数字化、工业化、绿色低碳施工工法大赛二等工法《复杂特殊条件下潜孔锤钻进关键施工工法》	2024-GF-2-227	中国施工企业管理协会

章名	节名	完成单位	类别	名称	编号	备注
第5章 全套管全回转与潜孔锤组合施工新技术	5.1 限高区基坑硬岩咬合桩全回转与潜孔锤组合钻进技术	深圳市工勘岩土集团有限公司,深圳市晟辉机械有限公司	获奖	岩土工程技术创新应用成果一等成果《限高区基坑硬岩咬合桩全回转与潜孔锤组合钻进施工技术》	—	中国施工企业管理协会
			获奖	广东省土木建筑学会科学技术奖三等奖《限高区基坑硬岩咬合桩全回转与潜孔锤组合钻进施工技术》	2021-3-X168-D01	广东省土建筑学会
			论文	《限高区咬合桩全回转与潜孔锤组合硬岩钻进技术研究》	《建筑细部》2021年8月(下)第24期	大连理工大学主办
			发明专利	海堤深厚填石层灌注桩双护筒定位成桩施工方法	202311190668.2	申请进入实质审查
			发明专利	深厚填石层灌注桩预制咬合导槽结构引孔施工方法	202211141224.5	申请进入实质审查
	5.2 海堤填石层钢管潜孔锤灌注桩潜孔锤阵列引孔与全套管全回转双护筒定位成桩技术	深圳市工勘岩土集团有限公司,深圳市晟辉机械有限公司	发明专利	潜孔锤跟管钻头	ZL 2014 1 0849858.5 证书号第2585271号	国国家知识产权局
			发明专利	控制垂直度的双护筒施工方法	ZL 2016 1 0096644.4 证书号第3012846号	国家知识产权局
			实用新型专利	预制咬合式咬合导槽结构	ZL 2022 2 2494716.4 证书号第18502965号	国家知识产权局
			实用新型专利	潜孔锤跟管钻头	ZL 2014 2 0870957.7 证书号第437426号	国家知识产权局
			实用新型专利	潜孔锤全护筒跟管钻进的管靴结构	ZL 2014 2 0436322.6 证书号第4098251号	国家知识产权局
			实用新型专利	控制垂直度的双护筒施工结构	ZL 2016 2 0133026.8 证书号第5458520号	国家知识产权局
			实用新型专利	用于与潜孔锤配合的钻进结构	ZL 2021 2 1603876.7 证书号第15286730号	国家知识产权局

续表

章名	节名	完成单位	类别	名称	编号	备注
第5章 全套管全回转潜孔锤组合施工新技术	5.2 海堤填石层钢管灌注桩潜孔锤阵列引孔与全套管全回转双护筒筒定位成桩技术	深圳市工勘岩土集团有限公司,深圳市晟辉机械有限公司	科技成果鉴定	国内领先《海堤深厚填石层钢管灌注桩潜孔锤阵列引孔与双护筒定位成桩施工技术》	粤建协鉴字[2023]482号	广东省建筑业协会
				国内领先《深厚填石层灌注桩预制导槽潜孔锤跟管阵列咬合引孔钻进技术》	粤建学鉴字[2023]第0175号	广东省土木建筑学会
			工法	深圳市市级工法《海堤深厚填石层钢管灌注桩潜孔锤阵列引孔与双护筒定位成桩施工工法》	SZSJGF-2024-055	深圳建筑业协会
				深圳市市级工法《深厚填石层灌注桩预制导槽潜孔锤跟管阵列咬合引孔钻进施工工法》	SZSJGF-2022B-015	深圳建筑业协会
			获奖	岩土工程技术创新成果一等奖《海堤深厚填石层钢管灌注桩潜孔锤阵列引孔与双护筒定位成桩技术》	—	中国施工企业管理协会
				广东省建筑业协会科学技术进步奖二等奖《海堤深厚填石层钢管灌注桩潜孔锤阵列引孔与双护筒定位成桩施工技术》	2024-J2-017	广东省建筑业协会
				广东省土木建筑学会科学技术奖三等奖《深厚填石层灌注桩预制导槽潜孔锤跟管阵列咬合引孔钻进施工技术》	2023-3-X40-D	广东省土木建筑学会

章名	节名	完成单位	类别	名称	编号	备注
	6.1 全套管全回转钻机旧桩无损拔除施工技术	深圳市工勘岩土集团有限公司	发明专利	高铁桥下超低净空盾构穿越区隔离灌注桩成桩施工方法	(待收申请受理通知书)	国家知识产权局
	6.2 高架桥下盾构穿越区低净空废旧灌注桩清除及桥基保护综合施工技术	深圳市工勘岩土集团有限公司,杭州南坤建设有限公司	发明专利	高架桥下盾构穿越区灌注桩清除及桥基保护施工方法	202411222110.2	申请进入实质审查
			发明专利	高架桥下盾构穿越区灌注桩清除施工方法	202411222534.9	申请进入实质审查
			实用新型专利	配合套管扭断灌注桩的纤锤结构	202421776356.X	申请受理中
			实用新型专利	桩孔自动提水结构	202422144028.4	申请受理中
第6章 桩清障施工新技术			实用新型专利	一种更换灌注桩的施工设备	ZL.2018 2 0911826.7 证书第 9516600 号	国家知识产权局
			科技成果鉴定	国内领先	粤建协鉴字〔2018〕049 号	广东省建筑业协会
	6.3 旧桩拔除及新桩原位复建成套施工技术	深圳市工勘岩土集团有限公司,深圳市工勘基础工程有限公司	工法	《旧桩拆除及新桩原位复建成套施工工法》	SZSJGF021-2018	深圳建筑业协会
				《旧桩拆除及新桩原位复建成套施工工法》	GDGF216-2018	广东省住房和城乡建设厅
			获奖	广东省土木建筑学会科学技术奖三等奖《旧桩拆除及新桩原位复建成套施工技术》	2020-3-X111-D01	广东省土木建筑学会
			论文	《旧桩拆除及新桩原位复建成套施工技术》	《第十届深基础工程发展论坛论文集》2020 年 9 月	中国建筑业协会深基础与地下空间工程分会、中国工程机械学会桩工机械学会分会、中国土木工程学会土力学及岩土工程分会、建筑安全与环境国家重点实验室主办

章名	节名	完成单位	类别	名称	编号	备注
第7章 全套管全回转钻孔钢管结构柱后插法定位新技术	7.1 逆作后插法钢管柱旋挖与全套管全回转组合"三线一角"综合定位技术	深圳市工勘岩土集团有限公司、中国建筑一局（集团）有限公司、深圳市工勘基础工程有限公司	发明专利	逆作法大直径钢管结构柱全套管全回转施工方法	ZL 2021 1 0765628.0 证书号第5757376号	国家知识产权局
			发明专利	逆作法大直径钢管结构柱全套管全回转施工装置	ZL 2021 1 0765626.1 证书号第5787303号	国家知识产权局
			实用新型专利	全回转钻机中心线定位安装结构	ZL 2021 2 1533437.3 证书号第16089910号	国家知识产权局
			实用新型专利	钢管柱安插垂直度监测结构	ZL 2021 2 1532813.7 证书号第15284221号	国家知识产权局
			实用新型专利	安插后的结构柱的水平线检测结构	ZL 2021 2 1533420.8 证书号第15280208号	国家知识产权局
			实用新型专利	安插后的结构柱的方位角判断调节结构	ZL 2021 2 1533039.1 证书号第16093478号	国家知识产权局
			科技成果鉴定	《逆作法大直径钢管柱全回转"三线一角"综合定位施工技术》 国内先进	粤建协鉴字〔2021〕428号	广东省建筑业协会
			工法	《逆作法大直径钢管结构柱全套管全回转"三线一角"综合定位施工工法》 深圳市市级工法	SZSJGF068-2021	深圳建筑业协会
			获奖	《逆作法大直径钢管柱全套管全回转"三线一角"综合定位施工技术》 广东省建筑业协会科学技术进步奖三等奖	2021-J-106-1	广东省建筑业协会
			论文	《逆作法大直径钢管结构柱全回转"三线一角"综合定位施工技术》	《科技和产业》2022年10月 第22卷第10期	中国技术经济学会主办

章名	节名	完成单位	类别	名称	编号	备注
第7章 全回转全套管钢管柱后插法定位新技术	7.2 逆作法"旋挖＋全套管全回转"钢管柱后插法定位施工技术	深圳市工勘岩土集团有限公司、深圳市工勘基础工程有限公司	发明专利	灌注桩混凝土标高测量及超灌控制方法	ZL 2018 1 0378977.5 证书号第 3640077 号	国家知识产权局
			实用新型专利	钢管结构柱和超长钢管结构桩	ZL 2021 2 0156586.6 证书号第 15276989 号	国家知识产权局
			实用新型专利	灌注桩混凝土标高测量及超灌控制结构	ZL 2018 2 0598711.7 证书号第 8233446 号	国家知识产权局
			科技成果鉴定	国内领先《逆作法钢管结构柱后插法定位施工技术》	粤建协鉴字〔2022〕514 号	广东省建筑业协会
			工法	深圳市市级工法《逆作法钢管结构柱后插法定位施工工法》	SZSJGF166-2020	深圳建筑业协会
			获奖	岩土工程技术创新应用成果一等成果《逆作法钢管结构柱后插法定位施工技术》	—	中国施工企业管理协会
				工程建设行业高推广价值专利大赛三等专利《逆作法钢管结构柱后插法定位施工方法》	2024-ZL-3-834	中国施工企业管理协会
				广东省建筑业协会科学技术进步奖三等奖《逆作法钢管结构柱后插法定位施工技术》	2022-J3-077	广东省建筑业协会
			论文	《逆作法钢管结构柱后插法定位施工技术》	《现代装饰》2022 年 1 月 第 1 期	深圳市建筑装饰（集团）有限公司主办
	7.3 基坑钢管结构柱定位环板后插法定位施工技术	深圳市工勘岩土集团有限公司、深圳市工勘基础工程有限公司	发明专利	灌注桩混凝土标高测量及超灌控制方法	ZL 2018 1 0378977.5 证书号第 3640077 号	国家知识产权局
			实用新型专利	基础桩与钢立柱的一体安装结构	ZL 20222 0635933.8 证书号第 16899071 号	国家知识产权局
			实用新型专利	灌注桩混凝土标高测量及超灌控制结构	ZL 2018 2 0598711.7 证书号第 8233446 号	国家知识产权局

章名	节名	完成单位	类别	名称	编号	备注
第7章 全套管全回转钢管结构柱后插法后插定位新技术	7.3 基坑钢管结构柱定位环板后插定位施工技术	深圳市工勘岩土集团有限公司、深圳市工勘基础工程有限公司	科技成果鉴定	国内先进《基坑钢管结构柱定位环板后插定位施工技术》	粤建协鉴字〔2023〕205号	广东省建筑业协会
			工法	《基坑钢管结构柱定位环板后插定位施工工法》	SZSJGF030-2022	深圳建筑业协会
			获奖	广东省土木建筑学会科学技术奖三等奖《基坑钢管结构柱定位环板后插定位施工技术》	2024-3-X12-D	广东省土木建筑学会
			发明专利	逆作法钢管柱先插法工具柱综合施工工法	202410316426.1	申请进入实质审查
			发明专利	灌注桩灌注混凝土过程中拆除工具柱的施工方法	20231071 0246.7	申请进入实质审查
			实用新型专利	逆作法用于钢管柱定位的带泄压孔的工具柱	ZL 2023 2 152693.3 证书号第19990862号	国家知识产权局
			实用新型专利	用于逆作法中拆除工具柱的下料回填装置	202420133745.4	申请受理中
第8章 全套管全回转钢管结构柱先插定位新技术	8.1 逆作法插先钢管柱工具柱定位、泄压、拆卸施工技术	深圳市工勘岩土集团有限公司、深圳市工勘基础工程有限公司	科技成果鉴定	国内领先《逆作法钢管柱先插法工具柱定位、泄压、拆卸综合施工技术》	粤建协评字〔2024〕121号	广东省建筑业协会
			工法	广东省省级工法《逆作法钢管柱先插法工具柱定位、泄压、拆卸综合施工工法》	（已公示、暂未取得证书）	广东省住房和城乡建设厅
	8.2 大直径嵌岩管支承桩逆作先插法全套管全回转RCD钻机旋挖组合成桩定位技术	深圳市工勘岩土集团有限公司	发明专利	大直径嵌岩管支承桩逆作先插法工具柱定位成桩定位施工方法	202410609630.2	申请进入实质审查
			发明专利	气举反循环钻机的钻头结构	ZL 2021 1 1198798.1 证书号第7034962号	国家知识产权局
			发明专利	泥浆净化分离结构	ZL 2022 1 0163754.3 证书号第7196064号	国家知识产权局

章名	节名	完成单位	类别	名称	编号	备注
第8章 全回转套管全回转钢管结构柱先插定位新技术	8.2 大直径嵌岩逆作先插钢管支承桩柱全回转与旋挖,RCD钻机组合成桩定位技术	深圳市工勘岩土集团有限公司	发明专利	装配式泥浆多级除渣净化循环装置	2022210164618.6	申请进入实质审查
			发明专利	灌注桩孔底泥浆捞取施工方法	202410597258.8	申请进入实质审查
			发明专利	灌注桩灌注混凝土过程中拆除工具柱的施工方法	20231071 0246.7	申请进入实质审查
			实用新型专利	全回转钻机中心定位安装结构	ZL 2021 2 1533437.3 证书号第 16089910 号	国家知识产权局
			实用新型专利	钢管柱安插垂直度监测结构	ZL 2021 2 1532813.7 证书号第 15284221 号	国家知识产权局
			实用新型专利	安插后的结构柱的水平线检测结构	ZL 2021 2 1533420.8 证书号第 15280208 号	国家知识产权局
			实用新型专利	安插后的结构构件的方位角判断调节结构	ZL 2021 2 1533039.1 证书号第 16093478 号	国家知识产权局
			实用新型专利	泥浆循环沉淀结构	ZL 2022 2 0365702.X 证书号第 16929399 号	国家知识产权局
			实用新型专利	灌注桩孔底泥浆捞取器	20242104 5887.1	申请受理中
			实用新型专利	逆作法用于钢管柱定位的带泄压孔的工具柱	ZL 2023 2 1526693.3 证书号第 19990862 号	国家知识产权局
			科技成果鉴定	国内先进《大直径嵌岩逆作先插钢管支承桩柱全回转与旋挖,RCD组合成桩定位施工技术》	粤建协评字〔2024〕120 号	广东省建筑业协会
			工法	深圳市市级工法《大直径嵌岩逆作先插钢管支承桩柱全回转与旋挖,RCD组合成桩定位施工工法》	SZSJGF-2024-057	深圳建筑业协会
			获奖	广东省地质科学技术奖一等奖《大直径嵌岩逆作先插钢管支承桩柱全回转与旋挖,RCD组合成桩定位施工技术》	(已公布,暂未取得证书)	广东省地质学会

章名	节名	完成单位	类别	名称	编号	备注
第8章 全套管全回转钢管结构柱先插定位新技术	8.3 逆作法旋挖扩底与先插钢管柱全套管全回转定位技术	深圳市工勘岩土集团有限公司	发明专利	一种基坑逆作法钢管结构柱对接平台及对接方法	ZL 2020 1 0374562.8 证书号第7572976号	国家知识产权局
			实用新型专利	一种用于基坑逆作法施工的两段式旋挖扩底钻头	ZL 2022 2 0926167.0 证书号第17401278号	国家知识产权局
			实用新型专利	一种基坑逆作法钢结构柱对接平台	ZL 2020 2 0726491.9 证书号第12623464号	国家知识产权局
			科技成果鉴定	国内领先《基坑逆作法旋挖扩底与先插钢管柱组合结构全回转定位施工技术》	粤建学鉴字[2022]第117号	广东省土木建筑学会
			工法	《基坑逆作法旋挖扩底与先插钢管柱组合结构全回转施工工法》	SZSJGF155-2021	深圳建筑业协会
			获奖	岩土工程技术创新应用成果二等成果《基坑逆作法旋挖扩底与先插钢管柱组合结构全回转施工技术》	—	中国施工企业管理协会
				广东省建筑业协会科学技术进步奖三等奖《基坑逆作法旋挖扩底与先插钢管柱组合结构全回转定位施工技术》	2022-J3-076	广东省建筑业协会
			论文	《逆作法旋挖扩底与先插钢管柱定位施工技术》	《中国新技术新产品》2022年7月上 总第467期	中国民营科技促进会、科技部火炬高技术产业开发中心主办
	8.4 逆作法钢管柱全套管全回转定位孔壁同隙双料斗对称回填技术	深圳市工勘岩土集团有限公司,深圳市工勘基础工程有限公司,深圳市金刚钻机械工程有限公司	发明专利	逆作先插全套管全回转钢管定位自卸回填料施工方法	202410192157.2	申请进入实质审查
			实用新型专利	自卸填料的支架料斗	ZL 2024 2 0320682.3 证书号第22168920号	国家知识产权局